本教材由山东省高等教育本科教改项目（M20
东省高校基层党建突破项目（0003490103）、德州
（2018005）和德州学院教材出版基金资助出版

基础化学实验教程

主　编：崔培培　王丽燕

副主编：焦德杰　曾强成　魏振林

参　编：曹际云　张静霞　管培燕　张培亮

　　　　刘　慧　闫文宁

辽宁大学出版社
Liaoning University Press

图书在版编目（CIP）数据

基础化学实验教程/崔培培，王丽燕主编. 一沈阳：辽宁大学出版社，2020.9

食品质量与安全专业实验育人系列教材

ISBN 978-7-5698-0131-6

Ⅰ.①基… Ⅱ.①崔…②王… Ⅲ.①化学实验－教材 Ⅳ.①O6-3

中国版本图书馆 CIP 数据核字（2020）第 182009 号

基础化学实验教程

JICHU HUAXUE SHIYAN JIAOCHENG

出 版 者：辽宁大学出版社有限责任公司
　　　　　（地址：沈阳市皇姑区崇山中路 66 号　　邮政编码：110036）
印 刷 者：大连金华光彩色印刷有限公司
发 行 者：辽宁大学出版社有限责任公司
幅面尺寸：170mm×240mm
印　　张：21.25
字　　数：413 千字
出版时间：2020 年 9 月第 1 版
印刷时间：2021 年 1 月第 1 次印刷
责任编辑：范　微
封面设计：孙红涛　韩　实
责任校对：齐　悦

书　　号：ISBN 978-7-5698-0131-6
定　　价：65.00 元

联系电话：024-86864613
邮购热线：024-86830665
网　　址：http://press.lnu.edu.cn
电子邮件：lnupress@vip.163.com

前　言

　　习近平在全国高校思想政治工作会议上指出，高校立身之本在于立德树人，要坚持把立德树人作为中心环节，把思想政治工作贯穿教育教学全过程。课程思政就是要将思想政治教育融入课程教学的各环节、各方面，以构建全员、全程、全课程育人格局，教书与育人同等重要。德州学院生命科学学院参照教育部颁发的《高等学校课程思政建设指导纲要》，各专业教师制订课程思政教学计划，系统挖掘和梳理课程中蕴含的思想政治教育元素，凝练成具有课程特色的育人理念。课程思政不仅成为理论课课堂教学的重要内容，也列入实验教学大纲中。通过编写本教材和填写《"课程思政"教学设计表》，切实把政治信仰、理想信念、价值理念、道德情操、精神追求、科学思维等思政教育融入教学各个环节。

　　化学是一门基础科学，是人类用以认识和改造物质世界的主要方法和手段之一。随着科技的发展，与生物学、物理学、地理学、天文学等学科相互交叉和相互渗透，化学在迅速发展的同时，也推动了其他学科和技术的发展。化学是一门以实验为基础的学科，基础化学实验是化学及其相关专业的基础课程。食品以及生物相关专业是应用与实践密切结合的综合性专业，培养目标多为创新性应用型人才。毕业生既可在从事产品研发、品质控制、技术管理等工作，亦可在相关院校和研究部门从事教学与科研工作。这要求学生在大学期间不仅具有较高的综合素质和扎实的基础理论知识，还要拥有强大的动手能力。实验教学是培养创造性思维能力的有效手段，通过实验操作，培养学生科学的思维方式，增强学生的综合实践能力。长期以来，食品及生物等相关专业均开设了化学相关课程作为基础课，但是针对基础化学实验的教材非常少。因此，本教材根据食品及生物相关专业的化学课程教学目标，在传统基础化学实验教材的基础上，结合专业人才培养方案，采用4+3+3创新型人才培养模式，减少了化合物合成及性质验证相关实验，侧重基础化学实验操作、分离鉴定常用化学方法以及大型仪器的介绍及应用，更加侧重与后续课程之间的联系。

　　本教材以落实立德树人目标为根本任务，按照价值引领、知识传授、能力达成的总体要求，深化实验课程教学改革，充分发挥实验课程育人作用，着力培养有社会责任、家国情怀、创新精神、专业知识、实践能力、健康身心的新时代中国特色社会主义事业建设者和接班人。本教材包括三部分，共 75 个实验。第一部分以基础型实验为主，该部分包含 30 个实验，旨在与无机及分析化学、有机化学等基础理论课程契合。在加强基础知识运用的同时，主要训练和培养学生的实践能力和团队协作能力，培育团结互助的精神。第二部分以综合型实验为主，该部分包含 22 个实验，加深对基础实验的理解和应用，主要训练学生对知识的综合应用能力，从而培养学生形成科学思想、建立科学思维方式。第三部分以研究型实验为主，该部分包含 23 个实验，通过对实验的探究，达到培养学生创造性思维的目的，使学生具有创新精神和创新能力。

本教材主要由德州学院生命科学学院相关教师编写，全书由崔培培博士负责具体编写、修改和统稿。本教材课程思政体系由焦德杰教授指导撰写，编写过程中得到了曾强成、王丽燕、魏振林、曹际云、张静霞、管培燕、张培亮、刘慧、闫文宁等老师的支持和帮助，在此表示衷心感谢。本教材可作为高等院校食品及生物相关专业的化学基础实验用书。编者根据实验教学经验，同时参阅了大量化学实验相关教材及论著编写此教材，在此对相关同行、专家表示诚挚的感谢。由于编者能力有限，时间仓促，本书还存在一定的缺陷和不妥之处，敬请读者提出宝贵建议。

本教材的编写与出版是在山东省高等教育本科教改项目（M2018X016）、德州学院重点教研课题（2018005）和德州学院 2019 年度教材建设项目的支持下完成的。

编者

2020 年 1 月于德州学院

目　录

第一部分　基础型实验

本教材的第一部分以基础型实验为主，共有 30 个实验，主要讲授化学实验的基础知识和基本实验操作，旨在与《无机及分析化学》《有机化学》等基础理论课程契合。该部分包括实验室规则的介绍、常用玻璃仪器等耗材的使用、常用溶液的配制与标定以及常规的基础实验操作等。在能力培养方面，通过理论与实践的结合，使学生掌握基本实验技能，安全规范地进行实验操作，培养学生遵守规则、规范操作的能力，提高学生的团队协作能力。在价值引领方面，适时适度将课程思政元素融入实验教学中，不仅培养学生严谨务实的科研态度，更注重培养学生理论和实践相统一的学风。

思政触点一：化学实验基础知识学习（实验一）——准守纪律，听从指挥，提高规则意识与安全意识。

该实验主要介绍了基础化学实验的重要性、实验室学生守则、实验室安全知识（化学试剂及仪器设备的安全操作和实验室常见意外事故的处理方法）。实验前要求学生必须进行充分的预习，实验中尽可能做到静、精、洁，实验后要打扫卫生，整个实验过程要井然有序，强调规则意识。化学实验室守则是学生实验正常进行的保证。通过对学生守则的学习，学生要遵守纪律和制度，听从指挥和安排。化学实验室存在许多易燃易爆的试剂，个别仪器操作不规范也会引起安全事故。本着安全无小事的原则，让学生对化学试剂与仪器设备的安全操作进行统一学习和掌握，提高学生的安全意识，防患于未然。本实验作为基础实验中的前导课，通过教师的强调和实时监督管理，督促学生遵守纪律，听从指挥，增强规则意识与安全意识，以保证实验安全地正常进行。

思政触点二：常用玻璃仪器的认领、洗涤、干燥与保存（实验二）——注重学思结合、知行合一，培养学生良好的基础性工作品质。

习近平在中央政治局常务委员会会议上强调，面对严峻复杂的国际疫情和世界经济形势，我们要坚持底线思维，做好较长时间应对外部环境变化的思想准备和工作准备。通过对做好"两个准备"重大意义的深刻学习和认识，导出化学实验准备工作的重要性。玻璃仪器是实验室最常见的实验器皿，用途广泛，类型多样，规格大小多有不同，使用方法不一。通过对常见玻璃仪器的认领和学习操作，学生将理论知识与实践经验结合起来。玻璃仪器是否干净，使用方法是否符合要求，对实验结果的准确性影响很大。教师通过讲解常用玻璃仪器的洗涤、干燥与保存的重要性，让学生意识到准备工作的重要性。

实验一　化学实验基础知识学习

一、实验目的

（1）了解学习基础化学实验的目的和方法。
（2）掌握实验室学生守则并且认真遵守。
（3）通过对实验室学生守则的学习，培养学生规则意识。
（4）通过学习实验室安全知识，减少安全事故的发生，防患于未然。

二、实验原理

化学是一门以实验为基础的课程，其重要性不言而喻。开展基础化学实验目的在于使学生掌握常见化学实验的基本操作技能；验证、巩固和加深化学相关的基本理论和基础知识；培养学生具有正确观察、记录、分析、总结实验现象的能力；能够合理处理数据、撰写实验报告，并且具有改进和设计创新实验的能力；以及培养学生的动手观察能力、独立思考能力和团结合作能力等。

基础化学实验课的学习过程主要包括预习、实验操作、实验报告等。

（1）预习：实验前必须进行充分的预习，明确待做实验的目的和要求，弄清实验原理、操作步骤和注意事项，写好预习报告，做到心中有数，这是做好实验的前提。

（2）实验操作：按拟定的实验操作计划与方案进行实验。实验操作过程中尽可能做到静、精、洁。

①静：在实验中应保持安静，不可大声喧哗，如果需要交流，声音尽可能小。如遇问题，可向指导老师请教。要爱护仪器设备，严格遵守实验室各项工作守则，仪器轻拿轻放，尽可能避免碰撞。如遇事故发生，应沉着冷静，妥善处理，并及时报告老师。

②精：在整个实验过程中，应集中注意力，对实验开始、中间过程及最后现象都应细心观察，用心记录。试剂用量要精准，操作过程要精致规范且细心观察，实验记录详细精确，实验结果准确无误。

③洁：实验中使用的仪器要保持清洁干净，必要时提前洗净烘干。实验桌面要整洁，实验装置要安装美观。实验结束后要把实验桌面及实验室打扫干净。

（3）实验报告：做完实验后，应根据实验数据进行相关计算和处理，合理解释实验现象，做出相应的结论。

实验报告内容一般主要包括六部分：实验目的、实验原理、仪器与试剂、实验步骤、实验现象及数据处理（含误差原因及分析）、思考题以及心得体会等。

三、主要仪器与试剂

仪器：钢瓶、抹布、沙土、灭火器、烘箱、马弗炉、电热套、油浴锅等。

试剂：实验室常用酸碱等试剂。

四、实验步骤

（一）化学实验室学生守则

化学实验室学生守则是学生实验正常进行的保证，学生进入实验室必须遵守以下规则：

（1）进入实验室须遵守实验室纪律和制度，听从老师的指导与安排。

（2）进入实验室应穿好实验服，不许穿拖鞋，不许衣冠不整。

（3）不准将食品带入实验室，不准在实验室内吃喝，不准大声说话，不准玩手机。

（4）进入实验室后，要熟悉周围环境，熟悉安全通道、防火及急救设备器材的使用方法和存放位置，遵守安全规则。

（5）实验前应清点并检查仪器，明确仪器规范操作方法及注意事项，未经许可不得动手操作。

（6）使用药品时，明确其性质及使用方法后方可根据实验要求规范使用。禁止使用不明药品，禁止随意混合药品。

（7）实验中应保持安静，认真操作，仔细观察，积极思考，如实记录，不得擅自离开实验台。

（8）实验室公用物品用完后，应放回指定位置。实验废液、废物等应按要求放入指定容器中。

（9）爱护公物，注意卫生，保持整洁，节约使用水、电、气及器材。

（10）实验完毕后，要求整理、清洁实验台面，打扫实验室卫生，注意关掉水、电、气源、门窗等，洗干净手后方可离开实验室。

（二）部分实验安全知识

1. 化学试剂的安全操作

（1）防止中毒

①药品瓶必须有标签，剧毒药品必须有专门的使用、保管制度。

②严禁试剂入口，严禁直接用鼻子靠近试剂瓶口。

③使用或处理有毒物品时应在通风橱内进行，且头部不能进入通风橱内。

④离开实验室后，喝水及吃食品前一定要洗净双手。

（2）防止燃烧和爆炸

①挥发性药品应放在干燥通风良好的地方，存放易燃药品时应远离热源。室温过高使用挥发性药品时，应先进行降温然后再开启，且不能使瓶口对着自己或他人。在实验中使用易燃、易挥发的溶剂，如乙醚、丙酮等，或要除去易燃、易挥发的有机溶剂时，应严禁明火，防止爆炸。

②易燃易爆类药品及高压气体瓶等应放在低温处保管，移动或启用时不得剧烈振动，高压气体的出口不得对着人。

③装有挥发性药品或受热分解放出气体的药品瓶，最好用石蜡封住瓶塞，以免爆炸。

④手上或身上沾有易燃物时，不能靠近灯火，应立即洗净。

⑤严禁氧化剂与可燃物一起研磨。

⑥严禁使用无标签、性质不明确的药品，不得将实验室药品带出实验室。

（3）防止腐蚀、化学灼伤、烫伤

①为防止药品腐蚀皮肤，不能用手直接拿取药品，要使用药匙或指定器具取用。取用腐蚀性、刺激性药品时，如强酸（HF）、强碱（NaOH），应戴上橡皮手套；用

移液管吸取液体时，必须用洗耳球操作，不能用口吸。

②稀释浓硫酸等强酸时，放出大量热，须在烧杯等耐热容器内进行，且必须在搅拌下将酸缓慢地加入水中，防止迸溅；溶解氢氧化钠、氢氧化钾等强碱固体药品时放热，也要在烧杯等耐热容器内进行。如需将浓酸或浓碱中和，则必须先稀释再中和。

③从烘箱、马弗炉等仪器中拿出高温烘干的仪器或药品时应使用坩埚钳或戴上手套，以免烫伤。

④在压碎或研磨固体药品时，要注意防范小碎块溅散，以免灼伤眼睛、皮肤等。

⑤开启大瓶液体药品时，须用锯子将石膏锯开，严禁用他物敲打。

⑥未经允许，不得乱动实验室物品，不得打开实验室橱柜。

2. 电器设备的安全操作

（1）在实验室内不应有裸露的电线头，不能用裸露的电线头接通电灯、仪器等。

（2）电器开关箱内不准放任何物品，以免导电燃烧。

（3）在使用电器时，必须事先检查电器开关、马达和机械设备的各部分是否正常。

（4）开始工作或停止工作时，必须将开关彻底扣严或拉下。不能用湿手或湿物接触电源，实验完毕后及时关掉开关，拔下插头，切断电源。

（5）电气动力设备发生过热现象时，应立即停止使用，如烘箱、电热套、油浴锅等。

（6）在实验过程中突然停电时，必须关闭一切仪器电源开关。

（7）实验室所有电器设备不得私自拆动及修理。

（8）有人触电时，要立即用不导电的物体把触电者从电线上挪开，同时采取措施关掉电源。

3. 实验室常见意外事故及处理

实验室常见意外事故及处理方法见表 1-1-1。

表 1-1-1　实验室常见意外事故及处理方法

意外事故	一般处理方法	具体原因	具体处理方法
起火	一般小火可用湿抹布、石棉布或砂土覆盖扑灭。火势较大应用灭火器灭火。如不能有效控制火势，应及时报警。实验室常见有机物不溶于水且比水轻，通常不用水灭火	金属钠、钾起火	砂土，不可用水
		酒精灯不慎碰倒，起火	用湿抹布
酸碱腐蚀	除浓硫酸、固体强碱外，多数强酸强碱溶液沾在皮肤上均先用大量水洗，再用相应的弱碱或弱酸进行中和，最后再水洗	浓碱沾到皮肤上	用水冲洗，再涂上 20% 硼酸溶液
		浓硫酸沾到皮肤上	先拭去表面的浓硫酸，再立即用水冲洗，再用 3% ~ 5% 的碳酸氢钠溶液清洗。如果浓硫酸大面积灼伤，即使隔着一层衣服没有直接接触皮肤，也要及时就医
		不慎酸或碱溅入眼中	立即用水冲洗，边洗边眨眼，再用 20% 硼酸或 3% ~ 5% 的碳酸氢钠溶液清洗
		酸或碱流到实验台上	先中和（$NaHCO_3$ 或 HAc），后用水冲
有机物腐蚀	一般有机物沾到皮肤上，可直接用洗手液等洗涤剂清洗。如果是有毒有机物，可先用酒精擦洗，再水洗	有毒有机物洒到皮肤上	酒精擦洗后，再大量水洗
		磷灼伤	用 5% 硫酸铜，10% 的硝酸银或高锰酸钾溶液处理后，及时就医
重金属中毒	—	重金属盐中毒	豆浆、牛奶、鸡蛋清
		水银洒在桌面上	在上面铺一层硫粉，再将水银扫起。如果是水银温度计打碎，水银不容易收集时，应及时开窗通风，以免中毒

续 表

意外事故	一般处理方法	具体原因	具体处理方法
割伤	实验室仪器众多，在洗刷或使用过程中，均容易被割伤。割伤后，首先剔除异物，之后再消毒包扎	玻璃或铁器等刺伤	先将异物从伤口剔除，轻伤可用生理盐水或稀硼酸溶液擦洗伤口，必要时撒消炎药粉，包扎伤口。重伤应简单包扎后去医院就医

五、思考题

（1）点燃的酒精灯不慎碰倒着火了，如何灭火？

（2）水银温度计摔碎了，应如何处理？

（3）配制稀硫酸水溶液时，如何稀释浓硫酸？

实验二 常用玻璃仪器的认领、洗涤、干燥与保存

一、实验目的

（1）认识和领取化学实验常用玻璃仪器，熟知其名称、规格、用途及使用注意事项。

（2）了解洗液的种类以及不同洗液的使用范围和注意事项。

（3）掌握玻璃仪器的洗涤和干燥方法，养成良好的实验习惯。

（4）通过认领、洗涤、干燥、保存玻璃仪器等实验前准备工作，让学生意识到准备工作的重要性。

二、实验原理

在实验室中，玻璃仪器是最常见的实验器皿，它们的用途非常广泛，类型多种多样，规格大小多有不同，使用方法不一。玻璃仪器是否干净，使用方法是否符合要求，对实验结果的准确性影响很大。因此，洗涤玻璃仪器不仅是一项必须做的实验前的准备工作，也是一项技术性的工作。本实验以规范实验室常用玻璃仪器的洗涤、干燥与保存方法为目的，以便将常用玻璃仪器清洗干净，做好实验前的准备工作。

玻璃仪器的洗涤原理：选择合适溶剂，利用洗涤剂与污物间的化学反应或物理化学作用，使污物脱离器壁后与溶剂一起流走，最后用蒸馏水按"少量多次"原则洗涤干净。一般判断玻璃仪器洁净的标准是器壁透明且不挂水珠。

要本着对工作认真负责的精神，玻璃仪器用完后要及时清洗干净，按要求保管，养成良好的实验习惯。不要在仪器里遗留油脂、酸液、腐蚀性物质（包括浓碱液）或有毒药品，以免后患。

三、主要仪器与试剂

仪器：烧杯、锥形瓶、量筒、移液管、容量瓶、玻璃漏斗、表面皿、圆底烧瓶、洗瓶、玻璃棒、烘箱、吹风机、烧瓶、试剂瓶等。

试剂：去污粉、铬酸洗液、蒸馏水、乙醇、洗洁精、氨水、氯仿、肥皂、氢氧化钠、盐酸等。

四、实验步骤

（一）仪器的认领

按仪器清单逐一对照认识和检查领取的仪器，熟悉其名称、规格、用途及使用注意事项（图 1-2-1）。

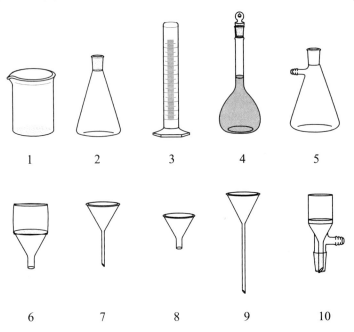

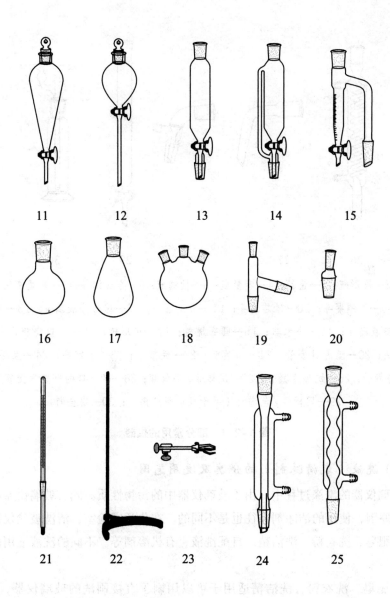

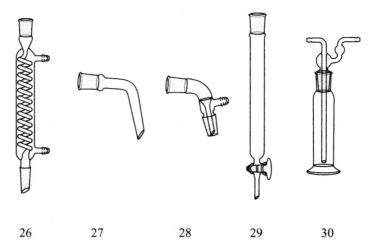

| 26 | 27 | 28 | 29 | 30 |

1—烧杯；2—锥形瓶；3—量筒；4—容量瓶；5—抽滤瓶；6—布氏漏斗；7—普通常压漏斗；8—加料漏斗；9—长颈漏斗；10—砂芯漏斗；11—分液漏斗；12—球形分液漏斗；13—滴液漏斗；14—恒压滴液漏斗；15—分水器；16—圆底烧瓶；17—茄形瓶；18—三口烧瓶／三颈烧瓶；19—蒸馏头；20—温度计套管；21—温度计；22—铁架台；23—十字夹；24—直形冷凝管；25—球形冷凝管；26—蛇形冷凝管；27—尾接管／牛角管；28—带支口的磨口尾接管／牛角管；29—层析柱／色谱柱（用于柱层析分离）；30—安全瓶

图 1-2-1　部分常用的仪器

（二）洗液（或清洗剂）的分类及适用范围

在玻璃仪器的洗涤过程中，由于玻璃仪器中的污物性质不同、玻璃仪器本身的构型不同等原因，使用的洁净剂往往也是不同的。在化学实验室，清洗玻璃仪器常用的洁净剂有肥皂、洗衣粉、洗洁精、自配洗液、有机溶剂等。不同的洗液适用范围也是不同的。

（1）肥皂、洗衣粉、洗洁精适用于可以用刷子直接刷洗的玻璃仪器，如烧杯、烧瓶、锥形瓶、试剂瓶等。

（2）自配洗液主要用于洗涤常规方法不能洗涤干净的仪器、不便于用刷子洗刷的仪器，如仪器口径较小、管细长不便刷洗（蒸馏头、尾接管、冷井等），以及造型特殊、难以用普通方法洗涤干净的仪器。有些仪器为了保持精密度不能使用刷子刷洗，比如量筒、移液管、容量瓶等。此外，新购回的玻璃仪器、长久不用的杯皿器具也会使用自配洗液洗涤。

（3）有机溶剂作洗液主要是应用了相识相溶的原理，针对属于某种类型的油腻污物，借助有机溶剂能溶解油脂的作用，如可以用汽油、甲苯、二甲苯、丙酮、酒精、三氯甲烷、乙醚等有机溶剂擦洗或浸泡。

对于无法使用刷子的小件或特殊形状的仪器，使用有机溶剂洗涤更为有效，如活塞内孔、移液管尖头、滴定管尖头、滴定管活塞孔、滴管、小瓶等。另外，借助某些有机溶剂能与水混合而又挥发快的特殊性，经常冲洗一下带水的仪器，加快仪器的干燥。例如，水洗后的玻璃器皿可以用酒精、乙醚等易挥发的溶剂冲洗一下，加快水的挥发。

（三）玻璃仪器的清洗方法

对玻璃仪器的洗涤要根据具体实验要求、污物性质和沾污的程度选用适宜的洗涤方法。

1. 常规清洗

洗刷仪器时，应首先将手洗净，免得手上的油污附在仪器上增加洗刷的难度。一般的玻璃仪器，如烧杯、烧瓶、锥形瓶、试管等，可以用毛刷从外到里用水刷洗，这样可刷洗掉水溶性物质、部分不溶性物质和灰尘；若有油污等有机物，可用一定浓度的洗洁精水溶液浸泡一定时间后，再用蘸有洗涤剂的毛刷擦洗，然后用自来水冲洗干净，最后用纯化水润洗内壁 2～3 次。洗净的玻璃仪器内壁应能被水均匀地润湿而无水的条纹，且不挂水珠。常使用磨口的玻璃仪器，洗刷时应注意保护磨口。

砂芯玻璃滤器在使用后须立即清洗，针对滤器砂芯中残留的不同沉淀物，采用适当的洗涤剂先溶解砂芯表面沉淀的固体，然后用减压抽洗法反复用洗涤剂把砂芯中残存的沉淀物全部抽洗掉，再用蒸馏水冲洗干净。

用来配制、盛放高浓度溶液的带磨口塞的玻璃仪器，如容量瓶、比色管、滴定管等，用后应及时把溶液倒出，做废弃处理或放入试剂瓶中贮存，并及时清洗，以防溶质析出黏住磨口塞，损坏玻璃仪器。

2. 铬酸洗液清洗

铬酸洗液是化学实验室中常用的一种洗液，主要成分是重铬酸钾，所以有时也叫重铬酸钾洗液，用于清除各种难去除的油污、浮锈等污垢。

用铬酸洗液清洗时，先往仪器内注入少量洗液，使仪器倾斜并慢慢转动，让仪器内壁全部被洗液湿润，再转动仪器，使洗液在内壁流动，流动几圈后，把洗液倒回原瓶（不可倒入水池或废液桶，铬酸洗液变暗绿色失效后可另外回收再生使用）。对沾污严重的仪器可用洗液浸泡一段时间，或者用热洗液洗涤。用铬酸洗液洗涤时，不允许将毛刷放入洗瓶中。倒出洗液后，再用水冲洗或刷洗，必要时还应用蒸馏水淋洗。

对于长期不用的和新购回的玻璃仪器，应先用水刷洗，洗去水溶性物质、部分不溶性物质和灰尘，晾干后，再用重铬酸钾洗液洗涤。

3. 其他难洗污物的洗涤方法

（1）结晶和沉淀物的洗涤

当玻璃仪器中存在某种沉淀物质（如氢氧化铜）或者反应后生成难溶的物质时（如氢氧化钠因吸收空气中的二氧化碳而形成碳酸盐），可用水浸泡数日后，用稀酸溶液洗涤，使之生成能溶于水的物质，再用水冲洗。如果沉淀物为有机物，则可用煮沸的有机溶剂或氢氧化钠溶液进行洗涤。

（2）干性油、油脂、油漆的洗涤

干性油、油脂、油漆可用氨水或氯仿进行洗涤，未变硬的油脂可用有机溶剂洗涤，煤油可用热肥皂水洗涤；黏性油可用热氢氧化钠溶液浸泡洗涤。

（3）污斑的洗涤

实验室常见一些玻璃仪器上有污斑形成，需要根据污斑的性质进行洗涤。比如，玻璃上的白色污斑，是长期贮碱而被碱腐蚀形成的；玻璃上吸附着的黄褐色的铁锈斑点，可用盐酸溶液洗涤；电解乙酸铅时生成的混浊物，可用乙酸洗涤；褐色的二氧化锰斑点，可用硫酸亚铁、盐酸或草酸溶液洗涤；玻璃上的墨水污斑，可用苏打或氢氧化钠溶液洗涤。

（4）超声清洗

对于小容量的玻璃容器（非量具），无法用刷子刷洗，也不太容易灌入液体清洗，可采用超声清洗，如气相色谱法用的小瓶。超声清洗前应先用水洗去水溶性物质、部分不溶性物质和灰尘，再注入一定浓度的洗洁精溶液，置烧杯中，超声清洗 10 ~ 30 分钟，用水洗去洗涤液，然后用纯化水超声清洗 2 ~ 3 次。对于其内有难溶于水的物质或油污的玻璃容器，应先用合适的有机溶剂冲洗第一遍，再按上述方法进行超声清洗。超声清洗的玻璃容器不能有裂纹，超声时间不宜过长，以防容器破碎。

4. 玻璃仪器洗净标准

仪器是否洗净可通过器壁是否挂水珠来检查。将洗净后的仪器倒置，如果器壁透明，不挂水珠，则说明已洗净；如器壁有不透明处或附着水珠或有油斑，则未洗净，应予重洗。

（四）玻璃仪器的干燥方法

实验用到的玻璃仪器应在每次实验完毕后洗净干燥备用。不同实验对干燥有不同的要求，除个别实验结果不受水影响的实验外，多数情况下洗净后干燥过的玻璃仪器更受欢迎，特别是无水操作实验对仪器干燥要求更高。因此，我们应根据实验不同的要求决定是否干燥玻璃仪器。玻璃仪器的干燥方法有多种，常用的主要有以下几种。

1. 晾干

不急用的仪器或使用时对水分没有要求的仪器，可在蒸馏水冲洗后放在无尘处倒置，自然晾干即可。

2. 烘干

烘干是将洗净的玻璃仪器控去水分，放在烘箱内烘干，烘箱温度为105℃~110℃，烘1小时左右，也可以放在红外灯干燥箱中烘干。此方法适用于一般的玻璃仪器。升温过程中注意慢慢升温并且温度不可过高，以免玻璃破裂。量器、量具不可放于烘箱中烘干。

3. 热（冷）风吹干

对于急于干燥的仪器或不适合放入烘箱的较大的仪器可用吹干的办法。通常用少量乙醇、丙酮（或最后再用乙醚）倒入已控去水分的仪器中摇洗，然后用电吹风机吹，开始用冷风吹1~2分钟，当大部分溶剂挥发后吹入热风至完全干燥，再用冷风吹去残余蒸汽，不使其又冷凝在容器内。

（五）玻璃仪器的保存方法

实验室常用玻璃仪器多种多样，洗净后的保存方法也是不同的。经常使用的玻璃仪器放在防尘的存放柜内，存放要分门别类，便于取用。带磨口塞的玻璃仪器，如容量瓶、比色管最好在洗净前就用橡皮筋或线绳把塞和管口栓好，以免打破塞子或互相弄混。需长期保存的磨口仪器要在塞子间垫一张纸片，以免日久黏住。

五、操作要点说明

（1）在使用铬酸洗液时，要切实注意不能溅到身上，以防"烧"破衣服和损伤皮肤。

（2）将铬酸洗液倒入待洗仪器后，应使仪器内壁全浸过洗液后稍停一会儿再将洗液倒回洗瓶。

（3）刚用铬酸溶液浸洗过的玻璃仪器第一次用少量水冲洗，冲洗后废水应倒在废液缸中，不要倒在水池里和下水道里，长久会腐蚀水池和下水道。

（4）滴定管使用后，倒去内装的溶液，洗净后装满纯水，上盖玻璃短试管或塑料套管，也可倒置夹于滴定管架上。长期不用的滴定管要除掉凡士林后垫纸，用皮筋栓好活塞保存。其他常见的带磨口和塞子的玻璃仪器也用类似的方法保存。

（5）比色皿用完洗净后，要在瓷盘或塑料盘中垫上滤纸，倒置晾干后装入比色皿盒或清洁的器皿中。

（6）成套仪器如索氏萃取器、气体分析器等用完要立即洗净，放在专门的纸盒里保存。

（7）移液管洗净后置于防尘的盒中。

六、思考题

（1）洗涤试管和烧瓶时，端头无直立竖毛的秃头毛刷为什么不可使用？

（2）用铬酸洗液进行洗涤时，为什么不允许将毛刷放入洗瓶中？

（3）已洗净的仪器能不能用布或纸抹？

（4）长期不用的滴定管为什么活塞处要除掉凡士林后垫纸片保存？

实验三　试剂的取用和存放

一、实验目的

（1）了解实验室常规试剂的分类方法，掌握我国试剂的纯度分类方法。

（2）掌握试剂瓶分类以及试剂存储和取用的方法。

（3）通过对实验室常规试剂的分类、取用和存放的学习，了解事物按照种类、等级或性质进行归类的重要性。

二、实验原理

分类是指按照种类、等级或性质对事物分别归类。在我国，将试剂规格按纯度（杂质含量的多少）基本上划分为高纯、光谱纯、基准、分光纯、优级纯、分析和化学纯 7 种。国家和主管部门颁布质量指标的主要有优级纯、分级纯和化学纯 3 种。

优级纯（GR）：又称一级品或保证试剂，纯度为 99.8%，这种试剂纯度最高，杂质含量最低，适用于重要精密的分析工作和科学研究工作，使用绿色瓶签。

分析纯（AR）：又称二级试剂，纯度很高，为 99.7%，略次于优级纯，适用于重要分析及一般研究工作，使用红色瓶签。

化学纯（CP）：又称三级试剂，纯度大于等于 99.5%，纯度与分析纯相差较大，适用于工矿、学校中的一般分析工作，使用蓝色（深蓝色）瓶签。

实验试剂（LR）：又称四级试剂。

化学试剂常用纯度标准见表 1-3-1。

表 1-3-1 化学试剂常用纯度标准

纯度等级	优级纯	分析纯	化学纯	实验试剂
英文缩写	GR guarantee reagent	AR analytical reagent	CP chemical Pure	LR laboratory reagent
瓶签颜色	绿色	红色	蓝色（深蓝色）	黄色
适用范围	用作基准物质，主要用于精密的科学研究和分析实验	用于一般科学研究和分析实验	用于要求较高的无机和有机化学实验，或要求不高的分析检验	用于一般的实验和要求不高的科学实验

除了上述四个级别，目前市场上尚有以下几种试剂。

基准试剂（PT）：专门作为基准物，可直接配制标准溶液的化学物质，也可用于标定其他非基准物质的标准溶液。当实验室暂无储备但急用时，一般可用优级纯试剂代替。

基准物质一般符合以下要求：

（1）组成与化学式严格相符。

（2）纯度足够高，级别一般在优级纯以上。

（3）稳定，可以长期保存。

（4）参加反应时，按反应式定量进行，不发生副反应。

（5）有较大的分子量，可以减少称量误差。

实验室常用的基准试剂有：金属铜、金属锌、碘酸钾、重铬酸钾、邻苯二甲酸氢钾、氯化钠、碳酸钠、草酸钠、氟化钠、草酸、氨基磺酸、三氧化二砷、硝酸银等。

光谱纯试剂（SP）：通常是指经发射光谱法分析过的、纯度较高的试剂。光谱纯试剂、化合物或金属通常以简单的光谱分析方法鉴定，仅要求在光谱中不出现或很少出现杂质元素的谱线。不同的光谱纯试剂、化合物或金属所含杂质多少也不相同。使用时必须注意，特别是作基准物时，必须进行标定。

高纯试剂（EP）：化学试剂的一种分类名称。通常情况下，纯度远高于优级纯的试剂叫作高纯试剂（≥ 99.99%）。高纯试剂是在通用试剂的基础上发展起来的，它是为了专门的使用目的而使用特殊方法生产的高纯度试剂。它的杂质含量要比优级试剂低2个、3个、4个或更多个数量级。因此，高纯试剂特别适用于优级纯试剂达不到的一些痕量分析。不同行业使用的高纯试剂有各自的标注方式。目前，除对少数产品制定了国家标准外（如高纯硼酸、高纯冰乙酸、高纯氢氟酸等），大部分高纯试剂的质量标准还很不统一，在名称上有高纯试剂、特纯试剂、超纯试剂等不同叫法。

试剂的种类不同，存放使用的器皿不同，一般将试剂存放在试剂瓶中。试剂瓶根据口径大小主要分为广口瓶和细口瓶，根据颜色不同可以分为普通瓶和棕色瓶，根据有无磨口分为磨口试剂瓶和无磨口试剂瓶。实验室最常见的广口瓶和细口瓶均为磨口试剂瓶。广口瓶用于盛固体试剂，细口瓶盛液体试剂；棕色瓶用于避光的试剂，磨口塞瓶能防止试剂吸潮和浓度变化。

三、主要仪器与试剂

仪器：细口瓶、广口瓶、滴瓶、洗瓶等。

试剂：盐酸、氯化钠、石灰石、金属钠、金属锌、乙醇、硫酸等。

四、实验步骤

（一）试剂瓶的种类

1. 细口瓶

细口瓶是一种用于存放液体试剂的玻璃容器，细口方便液体倾倒，并且能够避免试剂挥发，因此口比较小（图1-3-1），有透明和棕色两种。棕色瓶用于盛放需避光保存的试剂，也可以装粉末状固体。两种细口瓶都不能用于加热。

取用试剂时，瓶塞要倒放在桌上，用后将塞塞紧，必要时密封。瓶口内侧磨砂，跟玻璃磨砂塞配套。玻璃塞的细口瓶不能盛放强碱性试剂，如果盛放碱性试剂，要改用橡皮塞。因为强碱的氢氧根离子与玻璃中的二氧化硅反应，生成物会使口与塞粘连。

图1-3-1　细口瓶

不同。粉末状或颗粒状的固体用干燥洁净的药匙取用（图1-3-5），专匙专用，用后擦干净。若取用块状固体药品可以用镊子（图1-3-6），镊子使用完以后要立刻用干净的纸擦拭干净，以备下次使用。需称量一定质量的固体时，可把固体放在干燥的称量纸上称量，对于具有腐蚀性或易潮解的固体应放在烧杯或表面皿或称量瓶中称量。

图1-3-5 药匙　　　　　　　　图1-3-6 镊子

2. 液体试剂的取用

液体试剂可以存放在不同的容器中，如滴瓶、细口瓶等。从滴瓶中取液体的方法：将滴瓶上的滴管胶头内的空气排净，再伸入滴瓶中吸取液体。注意转移液体时，滴管口不能伸入容器中，也不能碰到其他容器的口。从细口瓶中取出液体试剂用倾注法即可。定量取用液体时，可以用量筒或移液管。

（四）将不同种类试剂放入试管的方法

1. 将粉末状的固体试剂（如氯化钠）放入试管

方法一：可以直接用长柄药匙将固体试剂送入试管底部。

方法二：将固体放在长条状纸条上送入试管底部。

2. 将块状的固体试剂或密度较大的金属颗粒（如金属钠、金属锌、石灰石等）放入试管

先将试管倾斜或者横放，再用镊子夹住固体放入试管口，然后把试管缓缓地直立起来，使药品或金属颗粒缓缓地滑到容器的底部，以免打破试管底。

五、思考题

（1）玻璃磨口的试剂瓶为什么不能盛放氢氧化钠溶液？

（2）需避光保存的试剂为什么不用黑色细口瓶？

（3）将块状的固体试剂放入试管时，为什么在固体放入试管口后要缓缓直立起试管？

实验四　称量瓶的使用和天平称量练习

一、实验目的

（1）了解常规电子分析天平的构造和原理。

（2）掌握称量瓶和常规电子分析天平的使用方法。

（3）掌握直接称量法、固定质量称量法和递减称量法的规范操作。

（4）督促学生养成准确、真实、简明记录实验原始数据的习惯，培养学生遵守规则、规范操作的能力，以及严谨务实的科研态度和实事求是的学习作风。

二、实验原理

分析天平是实验中进行准确称量时应用到的最重要的仪器，它能够满足一般定量分析的准确度要求，灵敏度多为 0.1 mg，可以分为机械类分析天平和电子类分析天平。机械类分析天平都是利用杠杆原理制成的，可细分为普通分析天平、空气阻尼天平、半自动光电天平、单托盘天平等。电子分析天平（图 1-4-1）多采用电磁平衡方式，是目前实验室应用最多的称量仪器。

电子分析天平一般灵敏度非常高，轻微的振动和风吹都会影响最终称量结果的准确性。因此，电子分析天平在使用时要把天平玻璃门关上，避免测试结果误差值太大。在本教材中，我们使用的称量工具多数默认为电子分析天平。电子分析天平的称量方法一般有直接称量法、固定质量称量法和递减称量法三种。

图 1-4-1　电子分析天平

（一）直接称量法

直接称量法（又称直接法）一般用于称量某些不吸水、在空气中性质稳定的固体，如坩埚、金属、矿石等。称量时，将被称量物直接放入电子分析天平，称出其准确质量。

（二）固定质量称量法

固定质量称量法一般用于称取某一固定质量的试样，一般为液体或固体的极细粉末，且不吸水，在空气中性质稳定。称量时，先在电子分析天平上称出干净且干燥的器皿的准确质量（如烧杯、坩埚、表面皿等），再往电子分析天平的器皿中加入略少于固定质量的试样，再轻轻振动药匙使试样慢慢撒入器皿中，直至其到达应称质量的平衡点为止。

（三）递减称量法

递减称量法（又称差减法）多用于称取易吸水、易氧化或易与二氧化碳反应的物质。该方法要求称取物的质量不是一个固定质量，而只要符合一定的质量范围即可。

称量瓶是一种常用的实验室玻璃器皿，一种磨口塞的筒形的玻璃瓶，一般用于准确称量一定量的固体（图 1-4-2），规格表示方法为直径 × 瓶高 (mm)。称量瓶带有磨口塞子 / 盖子，可以防止瓶中的试样吸收空气中的水分和二氧化碳等，适用于称量易吸潮的试样，主要用于递减称量法称量试样。

图 1-4-2　称量瓶

用递减称量法称量时，首先将适量的试样装入称量瓶中，然后放入电子分析天平称出其准确质量 m_1。取出称量瓶，移至小烧杯或锥形瓶上方，将称量瓶倾斜，用称量瓶瓶盖轻敲瓶口上部，使试样慢慢落入容器中（图 1-4-3）。当倾出的试样已接近所需要的质量时，慢慢地将瓶竖起，再用称量瓶瓶盖轻敲瓶口上部，使黏在瓶口的试样落到称量瓶中，然后盖好瓶盖将称量瓶放到天平盘上，称出其质量。如果这时倾出的试样质量不足，则继续按上述方法倾出，直至合适为止，称得其质量 m_2。如此继续进行，可称取多份试样。两次质量之差即倾出的试样质量。

图 1-4-3　称量瓶使用

第一份试样质量 = $m_1 - m_2$。

第二份试样质量 = $m_2 - m_3$。

……

注意：

（1）不管是用哪一种称量方法，都不许用手直接拿称量瓶或试样，可用一干净纸条或塑料薄膜等套住拿取，取放称量瓶瓶盖也要用小纸片垫着拿取（图 1-4-4）。

图 1-4-4　称量瓶正确拿取示意图

（2）每次称量时，一般将被称量物先在托盘天平上称出其约略质量再移到电子分析天平上精确称量。这样既可节省称量时间，又不易损坏天平。

三、主要仪器与试剂

仪器：电子分析天平、表面皿、称量瓶、称量纸、纸条、烧杯、药勺/药匙等。

试剂：氯化钠、硫酸铜、碳酸钠等待称量物质。

四、实验步骤

（一）电子分析天平操作规程

1. 天平按键功能

一般电子分析天平常见的按键功能如下：PCS 表示"计数"，UNIT 表示"单位转换"，TARE 表示"去皮"，CAL 表示"校正"，ON/OFF 表示"开关"。

2．调节水平仪

一般电子分析天平上都有水平仪，有的在天平前侧，有的在天平后侧。使用电子分析天平前首先要观察水平仪的气泡是否在中间位置，如果不在则需要调节电子分析天平下方的水平调节脚，直到气泡在水平仪中间为止。不同天平型号，水平调节脚个数不同，有的有两个，有的有四个。

3．天平开机

接上电源，按"开关"（ON/OFF）键，显示最大称重值，等待 3 ~ 5 秒（视工作环境而定）后会显示相应的称重模式，如 0 g、0.0 g、0.00 g、0.000 g 等。

4．天平校准

（1）预热：将电源打开预热 10 ~ 30 分钟（不同型号预热时间有所差别）。

（2）天平线性校准：此项操作请务必准备好相应的标准砝码。不同天平型号，略有不同。

情况一：在天平不加载任何物体的情况下，长按"CAL"校正键不放，约过 8 秒显示"CAL"时松开，稍后显示闪烁的校准砝码值，此刻将等同于闪烁的校准砝码值的砝码置于称盘上，等待数秒后显示"校准砝码值"后，取下砝码，等天平再次显示"…"后自动归零，校正完毕。首次使用校准后如果还有稍微误差，请按上述过程重新校准几遍或进行线性校准。

情况二：在天平不加载任何物体的情况下，长按"CAL"校准键不放，约过 8 秒后显示"CAL"后松开，再长按"COU"计数键不放，约过 8 秒后显示各段相应的线性校准值。闪烁数字即表示须加载的砝码值，待加载后该数字值不再闪烁，则表示天平已记忆该段线性称值。取下砝码等待下一段闪烁的数字校准值，再加载相应的砝码值，直到取下砝码后自动归零，表示线性校准完毕。

该校准步骤不必每一次称量都进行，一般是天平使用一段时间后校正一次。

5．称量

（1）开机预热稳定或校正后，天平示数稳定显示零刻度，不再跳动。

（2）置物品于秤盘上，即显示该物品的重量。

（3）如需去皮，则先放容器于秤盘上，按 TAR 去皮键去皮重。显示"0.0"或"0.00"或"0.000"（根据天平精确度不同，小数点后数字位数不同）后，再把物品置于容器内，即显示该物品的重量。记录数据。

6.天平使用中常见故障分析及处理方法（表 1-4-1）

表 1-4-1　天平使用中常见故障分析及处理方法

故障	原因	处理方法
…（上横线）	超载／负载	卸载／重新校准
显示不稳定	工作环境不良	改善工作环境，比如，关好天平的各个门，保持周围环境无振动等
显示不稳定	未使用防风罩	使用防风罩
	称盘与机壳刮碰或有异物	清除异物
	被测物品不稳定	固定被测物
显示值与实际读数不符	天平没校准	校准天平
	称量前没清零	按去皮键
	没调整好水平	调好水平

（二）称量练习

1. 直接称量法练习

在电子分析天平上用直接称量法称出空称量瓶（瓶身＋瓶盖）的准确质量以及实验台上固体 $CuSO_4$ 的质量，将称量结果记录于表 1-4-2 中。

表 1-4-2　直接法称量练习结果记录

空称量瓶 [瓶身＋瓶盖的质量（g）]	固体 $CuSO_4$ 的质量（g）

2. 固定质量称量法练习

在电子分析天平上用此法称出 3 份氯化钠样品，每份 0.5000 g ± 0.0001 g，将称量结果记录于表 1-4-3 中。

表 1-4-3　固定质量称量练习结果记录

记录项目	1	2	3
小烧杯质量 m_0（g）			
小烧杯质量＋试样 m_1（g）			
试样质量 m（g）			

3. 递减称量法练习

在分析天平上用递减法称出 3 份碳酸钠样品，每份 0.3 ～ 0.4 g，将称量结果记录于表 1-4-4 中。

表 1-4-4　递减法称量习结果记录

称量瓶和试样的质量（g）	试样序号	试样质量（g）
$m_1=$	—	—
$m_2=$	1	$m_1-m_2=$
$m_3=$	2	$m_2-m_3=$
$m_4=$	3	$m_3-m_4=$

五、操作要点说明

（1）称量瓶、表面皿、小烧杯实验前要准备好，需洁净，最好在前一次实验后先洗净，晾干。如果本次实验课前未准备好，可将称量瓶、表面皿洗净后，放在烘箱烘干，冷却至室温后使用。

（2）一切数据必须直接记录在原始记录单上，电子分析天平称量记录需注意有效数字。

（3）使用电子分析天平的注意事项如下：

①使用天平前要按规定开机，预热后用标准砝码对天平校准，不要在有爆炸危险的环境中使用天平。

②天平应保持清洁，视情况随时更换干燥剂（变色硅胶）。

③称量前应检查天平是否正常，是否处于水平位置，并调整水平及零点。

④称量时，取放物体通常打开左、右边门，一般右门放进待称量的物品，左门取出称量后的物品。化学试剂和试样不得直接放在称量盘上，必须盛在干净的容器里或称量纸上称量。

六、思考题

（1）在实验中，称量瓶适合在什么情况下应用？

（2）如何使用称量瓶？从称量瓶往外倒样品时如何操作，为什么？

（3）电子分析天平的灵敏度越高，是否称量的准确度就越高？

（4）递减称量法称量过程中能否用小勺取样，为什么？

实验五　常见玻璃量器的使用和溶液的配制

一、实验目的

（1）学习并掌握滴管、量筒、移液管、吸量管、容量瓶等量器的使用方法。

（2）掌握有关浓度的各种计算方法和配制溶液的常规方法。

（3）通过对滴管、量筒、移液管、吸量管、容量瓶等不同量器的学习，培养学生具体情况具体分析的能力。

二、实验原理

在化学实验中，溶液的配制是指将化学物品和溶剂按照要求配制成实验需要浓度的溶液的过程。在溶液配制过程中往往涉及多种称量、滴定、量取仪器的使用。实验要求不同，原料不同，需要的量器也不同。在溶液配制过程中，最常用到的称量仪器是电子天平，量取仪器则有量筒、滴管、移液管、吸量管、滴定管等。

（一）量筒的使用

量筒是用来量取液体的一种玻璃仪器，规格以所能度量的最大容量（mL）表示，常用的有 10 mL、25 mL、50 mL、100 mL、250 mL、500 mL、1000 mL 等（图 1-5-1）。外壁注有刻度单位，一般为 mL。通常情况下，10 mL 量筒每小格表示 0.2 mL，而 50 mL 量筒每小格表示 1 mL。可见量筒越大，管径越粗，其精确度越小，由视线的偏差所造成的读数误差也越大。因此，在实验中应根据所取溶液的体积，尽量选用能一次量取的最小规格的量筒。量取次数越多，引起的误差越大。量筒的使用方法如下：

（1）左手持量筒，以大拇指指示所需体积的刻度处，右手持试剂瓶（标签朝向手心），瓶口紧靠量筒口边缘，慢慢注入液体至所需刻度。

（2）读数：量筒竖直，视线与量筒内凹液面最低处保持水平。

图 1-5-1　量筒

（二）滴管的使用

滴管是实验室常用的转移少量液体的仪器，通常由橡皮乳头和尖嘴玻璃管构成（图 1-5-2）。现在实验中也常常使用一次性塑料滴管。滴管的使用方法：使用滴管时，用手指捏紧橡胶乳头，赶出滴管中的空气，然后把滴管伸入试剂瓶中，放开手指，试剂即被吸入。注意事项如下：

（1）如果是配有滴管的滴瓶，从滴瓶中取用少量液体试剂时，要用滴瓶中原有的滴管，不准用其他滴管。

（2）不可将滴管伸入试管或其他仪器内部，以免接触器壁污染试剂。

（3）装有试剂的滴管不得横放或使滴管口向上斜放，以免试剂流入滴管的橡皮头内。

（4）不要把滴管放在试验台或其他地方，以免沾污滴管。

（5）用过的滴管要立即用清水冲洗干净，以备再用。

（6）严禁用未经清洗的滴管再吸取其他试剂，对于滴瓶上的滴管则不用水冲洗。

图 1-5-2 滴管

（三）移液管和吸量管的使用

准确移取一定体积的液体时，用移液管或吸量管（图 1-5-3）。移液管是准确移取一定量溶液的量出式量器（符号为 Ex）。通常情况下，它是一根细长而中间膨大的玻璃管，在管的上端有一环形标线，膨大部分标有容积和标定时的温度。常用的移液管规格有 10 mL、25 mL、50 mL、100 mL 等。吸量管的全称是分度吸量管，又称刻度移液管，是带有分度线的量出式玻璃量器，在一定范围内可以量取不同体积的溶液。吸量管的操作方法基本与移液管相同。在此，以移液管为例进行说明。在使用移液管时，还会用到洗耳球（图 1-5-4）。洗耳球也称吸耳球、吹尘球、皮老虎、皮吹子，是一种以橡胶为材质的工具仪器，主要用于吸量管定量抽取液体，也可以用于吹走灰尘等。

（1）移液管使用前应洗涤干净，洗涤的方法为：依次用洗液、自来水、蒸馏水洗涤，至内壁不挂水珠，用滤纸将尖端内外的水吸去，用欲移溶液润洗 3 次。

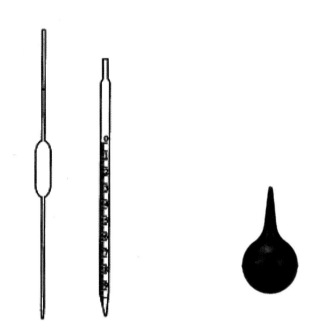

图 1-5-3　移液管（左）和吸量管（右）　　　图 1-5-4　洗耳球

（2）使用时，右手拇指和中指拿住移液管标线上部，左手拿洗耳球，将液体吸入管内（尖端部分插入液面以下约 1 cm）（图 1-5-5）。液面升至刻度线以上时，迅速用食指按住管口，将移液管从溶液中取出，尖端部分仍靠在盛溶液器皿的内壁上，稍微放松食指，用拇指和中指轻轻转动管身，使液面平稳下降至凹液面与标线相切，迅速压紧管口，取出。用滤纸拭干移液管下端及外壁。将尖端靠在承接溶液的器皿内壁上，容器稍微倾斜，保持移液管直立，松开食指，使溶液自由地顺壁流下（图 1-5-6）。此时，移液管尖端仍残留有一滴液体。对于标明"吹"字的移液管，可以将尖端残留液体吹出；未标"吹"字的移液管，则不可吹出管尖的残留液体。移液管使用过程中应保持自然竖直。实验室多数的移液管或吸量管均未标明"吹"，所以多数情况下不能吹出最后一滴残液。

图 1-5-5　用洗耳球吸液操作　图 1-5-6　移液管放液操作

（四）容量瓶的使用

容量瓶是一种细颈梨形平底容量器，瓶身标有温度、容量、刻度线，同时带有相配套的磨口玻塞（图 1-5-7）。颈上的刻度线表示在所指温度下（非标明温度下，多为 293 K）液体凹液面与容量瓶颈部的标线相切时，溶液体积恰好与瓶上标注的体积相等。容量瓶是配制准确的一定物质的量浓度的溶液用的精确仪器。

1. 使用前检查是否漏水

　　检验方法：注自来水至标线附近，盖好瓶塞，右手托住瓶底，倒立 2 分钟（图 1-5-8）。观察瓶塞周围是否漏水，可用干滤纸片沿瓶口缝处检查，看有无水珠渗出。如果不漏，再把塞子旋转 180°，塞紧，倒置，检验这个方向有无渗漏。

图 1-5-7　容量瓶

2. 容量瓶的使用

（1）用固体配制溶液

　　将准确称量的固体物质放入烧杯，加入少量水，搅拌溶解，用玻璃棒引流转移至容量瓶中（图 1-5-9）。用蒸馏水淋洗烧杯 3 次，一并转入容量瓶中，加水至 2/3 时，振荡摇匀，加水至标线 1 cm 处，等 1~2 分钟，使颈壁上的水流下，

图 1-5-8　容量瓶查漏

用滴管或洗瓶加至标线处，塞紧瓶塞，用食指压住，另一手托瓶底，倒转，边到边摇，反复多次，使溶液混合均匀（图1-5-10）。

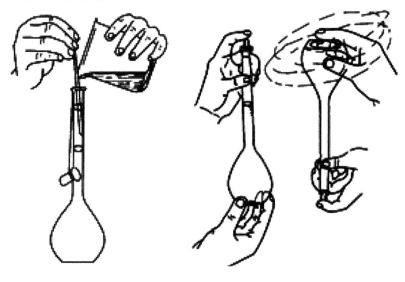

图1-5-9　转移溶液　　　　　图1-5-10　容量瓶摇匀溶液

（2）定容稀释

先在烧杯中稀释（注意：浓硫酸应在烧杯中加少量水，再将浓硫酸沿玻璃棒分批慢慢加入水中，搅拌）再转入容量瓶中定量。容量瓶是量器而不是反应容器，配好后再将溶液转入试剂瓶中储存（试剂瓶应用该溶液洗涤2～3次）。

3.后处理

容量瓶用后立即洗净，在磨口处垫上纸片后保存，不可放入烘箱中干燥。

三、主要仪器与试剂

仪器：电子分析天平、称量纸、称量瓶、药匙、滴管、量筒、移液管、容量瓶、100 mL烧杯、玻璃棒、吸量管、洗耳球等。

试剂：蒸馏水、市售分析纯NaOH固体、市售分析纯$CuSO_4 \cdot 5H_2O$固体、$2\ mol \cdot L^{-1}$的醋酸溶液、浓硫酸等。

四、实验步骤

（一）配制0.1 mol·L⁻¹的NaOH溶液100 mL

准确称取0.4 g NaOH固体置于小烧杯中，加少量蒸馏水溶解，冷却后，通过玻璃棒引流将溶液定量转入容量瓶中，定容。最后倒入指定容器中，贴标签后保存。

（二）精确配制 0.2 mol·L⁻¹ 的 CuSO₄ 溶液 50 mL

计算应该称取溶质的质量（$CuSO_4·5H_2O$ 的用量为 2.5 g）→称量（天平）→溶解（小烧杯、玻璃棒）→定容（50 mL 容量瓶、玻璃棒）→倒入指定容器。

（三）用 2 mol·L⁻¹ 的醋酸溶液配制 0.2 mol·L⁻¹ 的醋酸溶液 50 mL

计算移取醋酸的体积（2 mol·L⁻¹ 的醋酸溶液 5 mL）→用 5.0 mL 吸量管吸取 2 mol·L⁻¹ 的醋酸溶液 5 mL（吸量管、洗耳球/吸耳球）→转移至 50 mL 容量瓶，定容（50 mL 容量瓶、玻璃棒）→倒入指定容器。

（注：冰乙酸又称无水乙酸，即纯乙酸，在 20℃时它的密度是 1.05 g·mL⁻¹，摩尔质量是 60 g·mol⁻¹，由此换算的物质的量浓度是 17.5 mol·L⁻¹）

（四）精确配制 100 mL 溶液，并计算浓度

用吸量管移取 10 mL 浓硫酸转移至小烧杯 A 中，另取装有 10 mL 蒸馏水的小烧杯 B。将小烧杯 A 中的浓硫酸缓慢加入小烧杯 B 中，并且不断用玻璃棒搅拌。对小烧杯 A 用蒸馏水小心清洗三次，清洗后的溶液转移到小烧杯 B 中。待小烧杯 B 冷却后，将里面的溶液用玻璃棒引流转移到 100 mL 容量瓶中。转移完毕后，对小烧杯 B 和玻璃棒洗涤三次，并将每一次洗涤后的溶液转移到容量瓶中。最后向容量瓶中加蒸馏水，定容。

五、思考题

（1）用浓 H_2SO_4 配制稀 H_2SO_4 溶液的过程中应注意哪些问题？

（2）稀释浓 H_2SO_4 时，为什么要将浓 H_2SO_4 慢慢倒入水中，并不断搅拌，而不能将水倒入浓 H_2SO_4 中？

（3）①用容量瓶配制溶液时，要不要把容量瓶干燥？②用容量瓶稀释溶液时，能否用量筒取浓溶液？③配制 100 mL 溶液时，为什么要先用少量水把固体溶解，而不能用 100 mL 水把固体溶解？

（4）用容量瓶配制溶液时，水没有加到刻度以前，为什么不能把容量瓶倒置摇荡？

（5）用容量瓶配制溶液时，要不要把容量瓶干燥？能否用量筒量取溶液？

实验六　酒精灯的使用和橡皮塞钻孔

一、实验目的

（1）了解酒精灯的构造和原理。

（2）掌握酒精灯正确的使用方法和橡皮塞钻孔操作。

（3）通过对酒精灯的使用和橡皮塞钻孔的学习，增强学生对实验操作安全性的理解，培养学生的安全意识。

二、实验原理

酒精灯是以酒精为燃料的加热工具，通常可以分为挂式酒精喷灯和坐式酒精喷灯及常规酒精灯。实验室中一般以玻璃材质的常规酒精灯最多（图1-6-1）。实验室常用的酒精灯是由灯体、棉灯绳（棉灯芯）、灯芯瓷套管、灯帽和酒精五大部分所组成的，有不同容积规格，如60 mL、150 mL、250 mL等。酒精灯可以用于加热试管、烧瓶、烧杯、蒸发皿等中的液体。在加热固体时，可用干燥的试管、蒸发皿等。有些仪器不允许用酒精灯加热，如集气瓶、量筒、漏斗等。而实验室常用的烧杯和烧瓶不可直接放在火焰上加热，应放在石棉网上加热。正常使用的酒精灯火焰应分为焰心、内焰和外焰三部分。酒精灯火焰温度的高低顺序为外焰＞内焰＞焰心。加热时应用外焰加热。理论上一般认为酒精灯的外焰温度最高，由于外焰与外界大气充分接触，燃烧时与环境的能量交换最容易，热量释放最多，因而外焰温度高于内焰。

图1-6-1　玻璃酒精灯

塞子通常是指塞住容器口使内外隔绝的东西，在实验室中应用广泛。根据塞子的材质不同，主要有玻璃塞和橡皮塞两种。橡皮塞在化学实验中常常用于密封某个容器或设备，由橡胶制成，所以也叫胶塞。没有磨口的化学仪器一般可以用橡皮塞密封。橡皮塞有大小不同的规格，往往1号最小，号码越大，体积越大。橡皮塞根据是否有螺纹，又可分为螺纹橡胶塞和无螺纹橡胶塞。橡皮塞可以用打孔器打孔，并且插入玻璃管形成连接设备，可用于导出密封容器里的气体。橡皮塞耐碱，不可以用玻璃塞的装碱液试剂瓶，可以用橡皮塞封口。

　　实验操作中一般用打孔器给橡皮塞打孔。实验室使用的打孔器往往是一端有柄，另一端是很锋利的一组直径不同的金属管，中间还有一根铁条（图1-6-2）。打孔时，选择一个比要插入橡皮塞的玻璃管略粗一点的打孔器。通常先将塞子小头向上，放在平稳的桌面上，左手稳住塞子，右手按住打孔器的手柄，在选定的位置，沿一个方向垂直地边转动边向下钻。打孔时，为了增加润滑作用更容易打孔，打孔器的金属管可以蘸一些水或肥皂水做润滑剂。如果橡皮塞比较厚，钻到一半时，可以反方向转动拔出打孔器，把橡皮塞倒转过来，对准原孔方向打孔，直到打通为止。最后用铁条把打孔器中的橡皮捅出。

图1-6-2　打孔器

三、主要仪器与试剂

　　仪器：酒精灯、橡皮塞、打孔器、火柴、三脚架、铁环、坩埚钳、试管夹、湿棉布、漏斗、圆锉等。

　　试剂：酒精。

四、实验步骤

（一）酒精灯的使用

1.检查灯芯并修整

灯芯不要太短，一般浸入酒精后还要长4～5 cm。对于新购置的酒精灯应首先配置灯芯。灯芯通常用多股棉纱线拧在一起，插进灯芯瓷套管中。对于旧灯，特别是长时间未用的灯，在取下灯帽后，应提起灯芯瓷套管，用洗耳球或嘴轻轻地向灯内吹一下，以赶走其中聚集的酒精蒸气，再放下灯芯瓷套管检查灯芯。若灯芯不齐或烧焦，通常应用剪刀修整为平头等长。

2. 添加酒精

酒精不能装得太满，以不超过灯壶容积的 2/3 为宜。一般加入酒精量为 1/2 ~ 2/3 灯壶，燃烧过程中不能添加酒精。灯壶内酒精少于其容积 1/4 的都应及时添加酒精。酒精量太少则灯壶中酒精蒸气过多，易引起爆燃；酒精量太多则受热膨胀，易使酒精溢出，发生事故。

添加酒精时一定要借助小漏斗，以免将酒精洒出。燃着的酒精灯，若需添加酒精，必须熄灭火焰，绝不允许燃着时加酒精，否则，很易着火，造成事故。万一洒出的酒精在桌上燃烧起来，要立即用湿棉布盖灭。

3. 点燃

酒精灯一般用火柴点燃。新灯加完酒精后须将新灯芯放入酒精中浸泡，并移动灯芯套管使每端灯芯都浸透，然后调好其长度，才能点燃。因为未浸过酒精的灯芯，一经点燃就会烧焦。

点燃酒精灯一定要用燃着的火柴，绝不能用一盏酒精灯去点燃另一盏酒精灯，否则易将酒精洒出，引起火灾。不提倡使用打火机，较容易烧到手。

4. 加热

若无特殊要求，加热时一般用酒精灯外焰加热。加热的器具与灯焰的距离要合适，过高或过低都不正确。与灯焰的距离通常可以用灯的垫木、升降台或铁圈的高度来调节。被加热的器具必须放在支撑物（三脚架、铁环等）上或用坩埚钳、试管夹夹持，绝不允许手拿仪器加热。

给玻璃仪器加热时，应把仪器外壁擦干否则仪器会炸裂。给试管中的药品加热时，必须先预热。预热的方法：在火焰上来回移动试管，对已固定的试管，可移动酒精灯，待试管均匀受热后，再把灯焰固定在放固体的部位加热。给试管里的液体加热时，液体不得超过试管容积的 1/3，试管与桌面成 45° 角。在加热时要不时地移动试管，使之受热均匀。同时，加热过程中不能让试管接触灯芯，否则试管可能会炸裂。为避免试管里的液体沸腾喷出伤人，切不可将试管口朝着自己和有人的方向。试管夹应夹在试管的中上部，手应该持试管夹的长柄部分，以免大拇指将短柄按下，造成试管脱落。特别注意在夹持时应该从试管底部往上套，撤除时也应该由试管底部撤出。

5. 熄灭

加热完毕或要添加酒精时，需熄灭灯焰，必须用灯帽盖灭，不可用嘴吹灭，以免引起酒精灯内酒精燃烧，发生危险。如果是玻璃灯帽，盖灭后需再重盖一次，放走酒精蒸气，让空气进入，免得冷却后盖内造成负压使盖打不开；如果是塑料灯帽，则可以不用盖两次，因为塑料灯帽的密封性不好。

注意：不用的酒精灯必须将灯帽罩上，以免酒精挥发，因为酒精灯中的酒精不是纯酒精，所以挥发后会有水在灯芯上，致使酒精灯无法点燃。如长期不用，灯内的酒精应倒出，以免挥发；同时在灯帽与灯颈之间应夹小纸条，以防粘连。

（二）塞子的钻孔步骤

（1）塞子大小的选择：选择与容器配套的橡皮塞。

（2）钻孔器的选择：选择一个要比插入橡皮塞的玻璃管口径略粗的钻孔器。

（3）钻孔的方法：将塞子小的一端朝上，平放在桌面上的一块木块上，左手持塞，右手握住钻孔器的柄，并在钻孔器的前端涂点甘油或水；将钻孔器按在选定的位置上，以顺时针的方向，一面旋转一面用力向下压，向下钻动。钻孔器要垂直于塞子的面，不能左右摆动，更不能倾斜，以免把孔钻斜。钻孔超过塞子高度 2/3 时，以逆时针方向一面旋转一面向上提，拔出钻孔器。按同法以塞子大的一端钻孔，注意对准塞子小的那端的孔位，直至两端圆孔贯穿为止。

（4）拔出钻孔器捅出钻孔塞内嵌入的橡皮。

（5）钻孔后，检查孔道是否重合。若塞子孔稍小或不光滑，可用圆锉修整。

五、思考题

（1）用完酒精灯可用嘴去吹灭吗？为什么？

（2）酒精灯内合理的酒精体积范围是多少？过多过少有什么危险？

（3）酒精灯使用外焰加热，那么加热时，离外焰距离远也没关系。这个说法对吗？

实验七　铬酸洗液的配制

一、实验目的

（1）练习常用玻璃仪器的洗涤方法。

（2）掌握铬酸洗液的组成、洗涤原理和配制方法。

（3）通过对铬酸洗液强腐蚀作用的学习，加深学生对实验室安全的理解以及学会对强酸腐蚀事故的处理。

二、实验原理

在实验室中，玻璃仪器是最常见的实验器皿，它们的用途非常广泛，类型多种多样，规格大小多有不同，使用方法不一。玻璃仪器是否干净，使用方法是否符合要求，对实验结果的准确性影响很大。由于玻璃仪器上的附着物性质不同，特别是附着有黏稠状大分子有机物时，简单的水冲洗或普通洗涤剂浸泡往往不能将玻璃仪器洗涤干净，这时需要我们根据附着物的性质配制特定的洗液以便除去玻璃仪器上的污物。洗涤剂通常可以分为不同的种类，除了常见的肥皂、洗衣粉、洗洁精、去污粉，还有许多自配洗液。配洗液适合应用的情形主要包括以下几种。

（一）不便用于刷子洗刷的仪器

实验室用的很多玻璃仪器，造型特殊，难以用普通方法洗涤干净，如仪器口径较小、管细长不便刷洗（蒸馏头、尾接管、冷井等）。有些仪器为了保持精密度不能使用刷子刷洗，如量筒、移液管、容量瓶等。

（二）常规方法不能洗涤干净的仪器

常规方法不能洗涤干净的仪器的判断标准是常规清洗后仍然挂液的玻璃仪器。该类型仪器需要根据仪器上油污的性质有针对性地自配洗液，浸泡后洗涤。

此外，新购回的玻璃仪器、长久不用的杯皿器具也会使用自配洗液洗涤。

实验室玻璃容器污物的组成多种多样，去除污物的洗液成分也应该是不完全相同的。自制洗液洗涤仪器利用洗液本身与污物起化学反应的作用，将污物去除。因此，一般需要浸泡一定的时间使其充分作用。

铬酸洗液可以清除各类油污、手印、浮锈等污垢，一般是指硫酸－重铬酸钾溶液，所以又常常称为重铬酸钾洗液。重铬酸钾室温下为橙红色三斜晶体或针状晶体（图1-7-1），溶于水，不溶于乙醇，别名为红矾钾，分子式为$K_2Cr_2O_7$，摩尔质量为294.1846 g/mol，熔点为398℃，沸点为500℃，CAS号为7778-50-9。重铬酸钾是一种有毒且有致癌性的强氧化剂，它被国际癌症研究机构划归为第一类致癌物质，不能用手直接接触，在实验室和工业中都有很广泛的应用，可以用于制铬矾、火柴、铬颜料，并供鞣革、电镀、有机合成等用。

图 1-7-1　重铬酸钾

　　重铬酸钾在酸性溶液中有很强的氧化能力，对玻璃仪器又少有侵蚀作用，所以这种洗液在实验室内使用最广泛。配制浓度各有不同，但是配制方法大致相同：取一定量的 $K_2Cr_2O_7$（工业品即可），先用约 1～2 倍的水加热溶解，稍冷后，将浓 H_2SO_4 按所需体积数徐徐加入 $K_2Cr_2O_7$ 水溶液中（千万不能将水或溶液加入浓 H_2SO_4 中），边倒边用玻璃棒搅拌，并注意不要溅出，混合均匀，待冷却后装入洗液瓶备用。新配制的洗液为红褐色，氧化能力很强。洗液用久后变为黑绿色，即说明洗液已无氧化洗涤能力，应废弃处理，重新配制。常见配方见表 1-7-1。

表 1-7-1　不同强度铬酸洗液配料配比

试剂	配方一（强洗液）	配方二（中强洗液）	配方三（弱洗液）
重铬酸钾（g）	63	120	10
水（mL）	200	1000	100
浓硫酸（mL）	1000	200	10

三、主要仪器与试剂

　　仪器：烧杯、药匙、酒精灯、石棉网、三脚架、量筒、玻棒、棕色细口瓶、橡胶手套等。

试剂：蒸馏水、$K_2Cr_2O_7$ 固体、浓 H_2SO_4 等。

四、实验步骤

（一）称量

用天平称取 5 g $K_2Cr_2O_7$ 固体置于干净的烧杯中。

（二）溶解

向烧杯中加入 10 mL 蒸馏水，加热，搅拌使 $K_2Cr_2O_7$ 溶解。

（三）加浓 H_2SO_4

稍冷后，用量筒量取 90 mL 浓 H_2SO_4。在不断搅拌下，把浓 H_2SO_4 沿烧杯壁慢慢地全部加入烧杯。

（四）冷却，装瓶

等待冷却至室温后，把配制好的铬酸洗液转移到带玻璃塞的棕色试剂瓶中盖紧，贴上标签备用。盖紧的目的是防止浓 H_2SO_4 吸收空气中的水分或与空气中的还原性物质发生反应，从而降低铬酸洗液的洗涤能力。

五、思考题

（1）配制铬酸洗液时，为何需要戴橡胶手套？
（2）铬酸洗液配制过程中能不能把 $K_2Cr_2O_7$ 溶液加入浓 H_2SO_4 中？
（3）铬酸洗液为什么需要存放在棕色瓶中？

实验八　高锰酸钾标准溶液的配制与标定

一、实验目的

（1）了解配制标准溶液的常用方法。
（2）复习和巩固高锰酸钾的性质，掌握高锰酸钾标准溶液的配制方法和保存条件。
（3）掌握用草酸钠（$Na_2C_2O_4$）作基准物标定高锰酸钾标准溶液的方法，准确判断滴定终点。

（4）通过滴定终点的判断，让学生牢记"过犹不及"的道理。

二、实验原理

高锰酸钾（分子式为 $KMnO_4$，CAS 号为 7722-64-7）为黑紫色、细长的棱形结晶或颗粒，无异味，带有蓝色的金属光泽，是一种强氧化剂（图 1-8-1）。$KMnO_4$ 稀溶液为紫色。高锰酸钾与某些有机物或易氧化的物质接触，易发生爆炸，可以溶于水、碱液，微溶于甲醇、丙酮、硫酸等。因此，高锰酸钾的使用和贮存中要避免还原剂、强酸、有机材料、易燃材料、过氧化物、醇类和化学活性金属等物质。高锰酸钾的应用非常广泛。在化学品生产中，高锰酸钾可以用作氧化剂，如用作制糖精、维生素 C、异烟肼及安息香酸等化合物的氧化剂；在医药上高锰酸钾可以用作防腐剂、消毒剂、除臭剂及解毒剂；在水质净化及废水处理中，高锰酸钾可以用作水处理剂，以氧化硫化氢、酚、铁、锰以及有机、无机等多种污染物，控制臭味和脱色；在气体净化过程中，高锰酸钾可除去痕量硫、砷、磷、硅烷、硼烷及硫化物；在采矿冶金方面，高锰酸钾用于从铜中分离钼、从锌和镉中除杂等；此外，高锰酸钾还可以用于做特殊织物、蜡、油脂及树脂的漂白剂，防毒面具的吸附剂，木材及铜的着色剂等。

图 1-8-1　高锰酸钾

标准溶液配制方法最常用的有直接配制法和间接配制法（标定法）。直接配制法通常是指在电子分析天平上准确称取一定量已干燥的基准物质溶于水后，转入已校正的容量瓶中，用水稀释至标线，定容，摇匀，即可算出其准确浓度。然而，很多物质不符合基准物条件，不能直接配制标准溶液，所以要用间接配制法。间接配制法一般先将这些物质配成近似所需浓度溶液，再用基准物标定其准确浓度。市售的高锰酸钾

试剂常含有少量 MnO_2 和硫酸盐、氯化物及硝酸盐等其他杂质；另外，蒸馏水中也常含有少量的有机物杂质，能使高锰酸钾还原，并且还原产物还能促进高锰酸钾自身分解，分解方程式如下：

$$4MnO_4^- + 2H_2O = 4MnO_2 + 3O_2 \uparrow + 4OH^-$$

如果见光，则分解更快。因此，高锰酸钾溶液的浓度容易发生改变，不能用直接法配制准确浓度的标准溶液，所以，配制高锰酸钾标准溶液需要基准物质。

基准物质是分析化学中用于直接配制标准溶液或标定滴定分析中操作溶液浓度的物质。一般情况下，基准物质是一种高纯度的、其组成与它的化学式高度一致的化学物质。基准物质应该符合以下要求：

（1）组成与它的化学式严格相符。若含结晶水，其结晶水的含量也应该与化学式相符合。

（2）纯度足够高，主成分含量在99.9%以上，且所含杂质不影响滴定反应的准确度。

（3）性质稳定，不易吸收空气中的水分、二氧化碳以及不易被空气中的氧所氧化等。

（4）参加反应时，按反应式定量地进行，不发生副反应。

（5）最好有较大的摩尔质量，在配制标准溶液时可以称取较多的量，以减少称量的相对误差。

标定 $KMnO_4$ 溶液的基准物质较多，如 As_2O_3、$H_2C_2O_4 \cdot 2H_2O$、$Na_2C_2O_4$ 和纯铁丝等。因为 $Na_2C_2O_4$ 不含结晶水，不宜吸湿，宜纯制，性质稳定，所以 $Na_2C_2O_4$ 是标定 $KMnO_4$ 溶液时最常用的基准物质。用 $Na_2C_2O_4$ 标定 $KMnO_4$ 溶液的反应为

$$2MnO_4^- + 5C_2O_4^{2-} + 16H^+ = 2Mn^{2+} + 10CO_2 \uparrow + 8H_2O$$

滴定时，利用 MnO_4^- 本身的紫红色指示终点，称为自身指示剂。

另外，除了 $Na_2C_2O_4$ 常作标定 $KMnO_4$ 标准溶液的基准物，草酸（$H_2C_2O_4$）也偶尔使用。$KMnO_4$ 标准溶液必须正确的配制和保存，如果长期使用，必须定期进行标定。

三、主要仪器与试剂

仪器：电子天平、烧杯、锥形瓶、酸碱滴定管、棕色细口瓶、微孔玻璃漏斗或玻璃砂芯漏斗等。

试剂：$KMnO_4$、$Na_2C_2O_4$、$3\ mol \cdot L^{-1}\ H_2SO_4$、$H_2C_2O_4$ 等。

四、实验步骤

（一）KMnO$_4$ 标准溶液的配制

用电子天平称量 1.0 g 固体 KMnO$_4$，置于大烧杯中，加水至 300 mL，盖上表面皿，加热煮沸约 1 小时。冷却静置后，在暗处放置一周左右时间。然后，用微孔玻璃漏斗或玻璃砂芯漏斗过滤，滤液装入棕色细口瓶中，塞上橡皮塞，贴上标签，待标定，保存备用。

（二）KMnO$_4$ 标准溶液的标定

方法一：用 Na$_2$C$_2$O$_4$ 溶液标定 KMnO$_4$ 溶液

准确称取 0.13 ~ 0.16g 基准物质 Na$_2$C$_2$O$_4$ 三份，分别置于 250 mL 的锥形瓶中，分别加入约 30 mL 蒸馏水和 3 mol·L^{-1} H$_2$SO$_4$ 10mL（或直接加入 25 mL 1 mol·L^{-1} H$_2$SO$_4$），盖上表面皿。在石棉铁丝网上慢慢加热到 70℃ ~ 80℃，趁热用上述制备的 KMnO$_4$ 溶液进行滴定。开始滴定时，反应速度慢，待溶液中产生了 Mn^{2+} 后，滴定速度可适当加快，直到溶液呈现微红色并持续半分钟不褪色即终点。根据称量的 Na$_2$C$_2$O$_4$ 的质量和消耗 KMnO$_4$ 溶液的体积，计算 KMnO$_4$ 浓度。用同样方法滴定其他两份 Na$_2$C$_2$O$_4$ 溶液，相对平均偏差应控制在 0.2% 以内。

方法二：用 H$_2$C$_2$O$_4$ 溶液标定 KMnO$_4$ 溶液

准确称取约 0.1 g 草酸置于 250 mL 锥形瓶中，加入 25 mL 1 mol·L^{-1} 的 H$_2$SO$_4$ 溶液，溶解后加热至 70℃ ~ 80℃（刚好冒出蒸汽），用 KMnO$_4$ 溶液进行滴定，开始滴定时要慢并摇动均匀，待红色褪去后再滴加。当滴定至溶液呈粉红并在 30s 内不褪色时即达到终点。平行滴定三份，计算 KMnO$_4$ 溶液的浓度。

五、实验数据记录与处理

表 1-8-1　Na$_2$C$_2$O$_4$ 标定 KMnO$_4$ 溶液

项目	1	2	3
Na$_2$C$_2$O$_4$ 的质量（g）			
滴定管终读数 V_1（mL）			
滴定管初读数 V_2（mL）			
KMnO$_4$ 标准溶液的体积（mL）			
KMnO$_4$ 标准溶液的浓度（mol·L^{-1}）			

项目	1	2	3
KMnO₄ 标准溶液的平均浓度（mol·L⁻¹）			
相对偏差（%）			
相对平均偏差（%）			

表 1-8-2　H₂C₂O₄ 标定 KMnO₄ 溶液

项目	1	2	3
草酸的质量（g）			
滴定管终读数 V_1（mL）			
滴定管初读数 V_2（mL）			
KMnO₄ 标准溶液的体积（mL）			
KMnO₄ 标准溶液的浓度（mol·L⁻¹）			
KMnO₄ 标准溶液的平均浓度（mol·L⁻¹）			
相对偏差（%）			
相对平均偏差（%）			

六、操作要点说明

（1）蒸馏水中常含有少量的还原性物质，使 KMnO₄ 还原为 $MnO_2 \cdot nH_2O$。市售高锰酸钾内含的细粉状的 $MnO_2 \cdot nH_2O$ 能加速 KMnO₄ 的分解，故通常将 KMnO₄ 溶液煮沸一段时间，冷却后，还需放置 2～3 天，使之充分作用，然后再将沉淀物过滤除去。

（2）配制 KMnO₄ 溶液时，因为煮沸会使水蒸发，所以可以适当多加些水。

（3）在室温条件下，KMnO₄ 与 $C_2O_4^-$ 之间的反应速度缓慢，故加热提高反应速度，但温度又不能太高，如温度超过 85℃，则有部分 $H_2C_2O_4$ 分解：

$$H_2C_2O_4=CO_2 \uparrow +CO \uparrow +H_2O$$

（4）Na₂C₂O₄ 溶液的浓度在开始滴定时，约为 1mol·L⁻¹；滴定终了时，约为 0.5mol·L⁻¹。这样能促使反应正常进行，并且防止 MnO₂ 的形成。滴定过程如果产生棕色浑浊（MnO₂），应立即加入 H₂SO₄ 补救，使棕色浑浊消失。

（5）开始滴定时，反应很慢，在第一滴 KMnO₄ 还没有完全褪色以前，不可加入第二滴。当反应生成能使反应加速进行的 Mn^{2+} 后，可以适当加快滴定速度，但过快则局部 $KMnO_4$ 过浓而分解，放出 O_2 或引起杂质的氧化，可能造成误差。如果滴定速度过快，部分 $KMnO_4$ 将来不及与 $Na_2C_2O_4$ 反应，而会按下式分解：

$$4MnO_4^- + 4H^+ = 4MnO_2 + 3O_2 \uparrow + 2H_2O$$

（6）$KMnO_4$ 标准溶液滴定时的终点较不稳定，当溶液出现微红色，在30秒内不褪时，滴定就可认为已经完成，如对终点有疑问，可先将滴定管读数记下，再加入1滴 $KMnO_4$ 标准溶液，产生紫红色即证实终点已到，滴定时不要超过计量点。

（7）$KMnO_4$ 标准溶液应放在酸式滴定管中，由于 $KMnO_4$ 溶液颜色很深，液面凹下弧线不易看出，应该从液面最高边上读数。

七、思考题

（1）滴定时，$KMnO_4$ 溶液为什么要放在酸式滴定管中？

（2）标定高锰酸钾溶液的过程中，在控制溶液酸度时，为什么不能采用 HCl 或 HNO_3？

（3）用 $Na_2C_2O_4$ 标定 $KMnO_4$ 溶液浓度时，应严格控制溶液的酸度与温度，酸度过高或过低有无影响？溶液的温度过高或过低有无影响？

（4）标定 $KMnO_4$ 溶液浓度时，第一滴 $KMnO_4$ 加入后红色褪去很慢，以后褪色较快为什么？

（5）配制好的 $KMnO_4$ 溶液为什么要盛放在棕色瓶中保护？如果没有棕色瓶怎么办？

（6）盛放 $KMnO_4$ 溶液的烧杯或锥形瓶等容器放置较久后，其壁上常有棕色沉淀物生成，是什么？此棕色沉淀物用通常方法不容易洗净，应怎样洗涤才能将其除去？

实验九　EDTA 标准溶液的配制和标定

一、实验目的

（1）了解络合滴定的特点，掌握络合滴定的原理。

（2）复习和巩固 EDTA 的成分和性质，学习 EDTA 标准溶液的配制和不同的标定方法。

（3）掌握钙指示剂或二甲酚橙指示剂的使用及其终点的变化。

（4）掌握锌为基准物质、铬黑 T 为指示剂标定 EDTA 标准溶液的方法。

（5）巩固直接称量、准确配制溶液、准确移取溶液、滴定等基本操作，培养学生温故而知新的习惯。

二、实验原理

乙二胺四乙酸（简称 EDTA，常用 H_4Y 表示，如图 1-9-1 所示）为四元酸，是一种白色晶体粉末，难溶于水，常温下其溶解度为 $0.2\ g\cdot L^{-1}$，本身不易得到纯品，在分析中不适用，通常使用其二钠盐配制标准溶液。一般情况下，实验中提到的 EDTA 溶液均为由乙二胺四乙酸二钠（化学式为 $C_{10}H_{14}N_2O_8Na_2$，分子量 336.21，CAS 号为 139-33-3）配制的溶液。通常采用间接法配制该标准溶液。标定 EDTA 溶液常用的基准物有 Zn、ZnO、$CaCO_3$、Bi、Cu、$MgSO_4\cdot 7H_2O$、Hg、Ni、Pb 等。通常选用其中与被测组分相同的物质作基准物，这样滴定条件较一致。

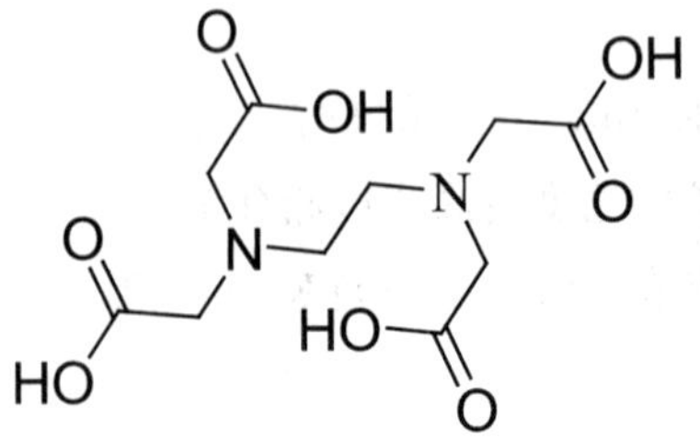

图 1-9-1　EDTA 分子结构

EDTA 溶液若用于测定石灰石或白云石中 CaO、MgO 的含量，则宜用 $CaCO_3$ 作基准物。首先，可加 HCl 溶液与之作用，其反应如下：

$$CaCO_3 + 2HCl == CaCl_2 + H_2O + CO_2 \uparrow$$

然后，把溶液转移到容量瓶中并稀释，制成钙标准溶液。吸取一定量钙标准溶液，调节酸度至 pH ≥ 12，用钙指示剂以 EDTA 滴定至溶液从酒红色变为纯蓝色，即终点，其变色原理如下 [钙指示剂（常以 H_3Ind 表示）在溶液中按下式电离]：

$$H_3Ind == 2H^+ + HInd^{2-}$$

在 pH ≥ 12 溶液中，$HInd^{2-}$ 与 Ca^{2+} 离子形成比较稳定的络离子，反应如下：

$$HInd^{2-} + Ca^{2+} == CaInd^- + H^+$$

纯蓝色　　酒红色

所以，在钙标准溶液中加入钙指示剂，溶液呈酒红色，当用 EDTA 溶液滴定时，由于 EDTA 与 Ca^{2+} 离子形成 $CaInd^-$ 络离子（更稳定的络离子），在滴定终点附近，$CaInd^-$ 络离子不断转化为较稳定的 CaY^{2-} 络离子，而钙指示剂则被游离出来，其反应可表示如下：

$$CaInd^- + H_2Y^{2-} = CaY^{2-} + HInd^{2-} + H^+$$

因为 CaY^{2-} 离子无色，所以到达终点时溶液由酒红色变成纯蓝色。

用此法测定钙，若 Mg^{2+} 离子共存（在调节溶液酸度 pH ≥ 12 时，Mg^{2+} 离子将形成 $Mg(OH)_2$ 沉淀），此时共存的少量 Mg^{2+} 离子不仅不干扰钙的测定，而且会使滴定终点比 Ca^{2+} 离子单独存在时更敏锐。当 Ca^{2+}、Mg^{2+} 离子共存时，滴定终点溶液由酒红色变到纯蓝色。当 Ca^{2+} 离子单独存在时，溶液则由酒红色变紫蓝色，所以测定单独存在的 Ca^{2+} 离子时，常常加入少量 Mg^{2+} 离子溶液。一般操作为：在 pH=10 的溶液中，用 EDTA 滴定 Ca^{2+} 时，常于溶液中先加入少量 Mg^{2+}，使之发生置换反应。EDTA 与 Ca^{2+} 的络合能力比 Mg^{2+} 强，滴定时 EDTA 先与 Ca^{2+} 络合。当达到终点时指示剂显蓝色，变色更明显，提高终点敏锐度，且不影响滴定结果。

EDTA 若用于测定 Pb^{2+}、Bi^{3+} 离子，则宜以 ZnO 或金属锌为基准物，以二甲酚橙为指示剂。在 pH 为 5～6 的溶液中，二甲酚橙为指示剂本身显黄色，与 Zn^{2+} 离子的络合物呈紫红色。EDTA 与 Zn^{2+} 离子形成更稳定的络合物，因而用 EDTA 溶液滴定至近终点时，二甲酚橙被游离出来，溶液由紫红色变成黄色。络合滴定中所用的蒸馏水应不含 Fe^{3+}、Al^{3+}、Cu^{2+}、Ca^{2+}、Mg^{2+} 等杂质离子。pH 为 5～6 也是二甲酚橙做指示剂时的最佳酸度范围。为了维持该酸度范围，一般加入用六亚甲基四胺和盐酸组成的缓冲溶液。

EDTA 以 ZnO 或金属锌为基准物标定时，除了二甲酚橙为指示剂外，铬黑 T 也是一种常见的指示剂。铬黑 T 属于金属指示剂。金属指示剂通常是具有酸碱性质的有机染料，几乎都是有机多元酸，同时具有酸碱性，而且指示剂的不同种类又常具有不同的颜色。铬黑 T 是常用的金属指示剂、络合指示剂，为棕黑色粉末，溶于水，可以用于测定钙、镁、钡、铟、锰、铅、钪、锶、锌和锆等。

当滴定用铬黑 T 作指示剂（常以 H_2In 表示）时，选用适当方法制备 Zn^{2+} 标准溶液。在 pH=10 的条件下，EDTA 滴定前，Zn^{2+} 与指示剂反应，溶液颜色由纯蓝色变成酒红色，反应如下：

$$HIn^{2-} + Zn^{2+} = ZnIn^- + H^+$$

滴定终点时，溶液颜色由酒红色变为纯蓝色，发生如下反应：

$$ZnIn^- + H_2Y^{2-} = ZnY^{2-} + HIn^{2-} + H^+$$

此时，溶液颜色变化明显。在用铬黑 T 作指示剂时，一般加 $NH_3 \cdot H_2O-NH_4Cl$ 为缓冲溶液。这是由于 pH<6.3 时，铬黑 T 指示剂显紫红色；pH>11.5 时，铬黑 T 指示剂显橙色。只有当 6.3<pH<11.5 时，铬黑 T 指示剂才显示为纯蓝色。所以，当 pH<6.3 或 pH>11.5 时，由于指示剂本身接近红色而不能使用。根据实验结果，使用铬黑 T 的最适宜酸度是 pH 为 9 ~ 10.5，所以一般用 $NH_3 \cdot H_2O-NH_4Cl$ 缓冲液。

三、主要仪器与试剂

仪器：50.00 mL 酸式滴定管、分析天平、量筒、细口瓶、250 mL 锥形瓶、烧杯、250 mL 容量瓶等。

试剂：$C_{10}H_{14}N_2Na_2O_8$、$CaCO_3$、6 mol·L^{-1} HCl 溶液、10% NaOH 溶液、钙指示剂（固体指示剂）、镁溶液（溶解 1 克 $MgSO_4 \cdot 7H_2O$ 于水中，稀释至 200mL）、ZnO、氨水（1:1）、二甲酚橙指示剂（0.2% 水溶液）、20% 六次甲基四胺、金属锌、铬黑 T 指示剂、$NH_3 \cdot H_2O-NH_4Cl$（pH=10）缓冲溶液、蒸馏水等。

四、实验步骤

（一）0.02 mol·L^{-1} EDTA 溶液的配制

在天平上称取乙二胺四乙酸二钠 7.6 g，溶解于 300 ~ 400 mL 温水中。由于乙二胺四乙酸二钠溶解速度较慢，通常搅拌后放置一段时间使其溶解。溶解后稀释至 1 L，如有混浊，应过滤。然后转移至 1000 mL 细口瓶中，摇匀，贴上标签，注明试剂名称、配制日期等相关信息。

（二）以 $CaCO_3$ 为基准物标定 EDTA 溶液

1. 0.02 mol·L^{-1} 钙标准溶液的配制

置碳酸钙基准物于称量瓶中，在 110℃ 环境下干燥 2 小时，冷却后，准确称取 0.2 ~ 0.25g $CaCO_3$ 于 250 mL 烧杯中，盖上表面皿。加水润湿，再从杯嘴边逐滴加入数毫升 6 mol·L^{-1} HCl 溶液，使之全部溶解。加水 50 mL，微沸几分钟以除去 CO_2。待冷却后转移至 250 mL 容量瓶中，稀释至刻度，摇匀，贴上标签，注明试剂名称、配制日期等相关信息。

2. 用钙标准溶液标定 EDTA 溶液

用移液管移取 25.00 mL 标准钙溶液于 250 mL 锥形瓶中，加入约 25 mL 水，2 mL 镁溶液，10 mL 10% NaOH 溶液及约 10 mg 钙指示剂，摇匀后，用 EDTA 溶液滴定至溶液从红色变为蓝色，即达到终点。

（三）以 ZnO 为基准物标定 EDTA 溶液（二甲酚橙为指示剂）

1. 锌标准溶液的配制

准确称取在 800℃ ~ 1000℃灼烧（需 20 分钟以上）过的基准物 ZnO 0.5 ~ 0.6g 于 100 mL 烧杯中，用少量水润湿，然后逐滴加入 6 mol·L⁻¹ HCl，边加边搅拌，至完全溶解为止。然后，定量转移入 250 mL 容量瓶中，稀释至所需刻度并摇匀，贴上标签，注明试剂名称、配制日期等信息。

2. 用锌标准溶液标定 EDTA 溶液

移取 25.00 mL 锌标准溶液于 250 mL 锥形瓶中，加约 30 mL 水，2 ~ 3 滴二甲酚橙为指示剂，先加 1∶1 氨水至溶液由黄色刚变为橙色，然后滴加 20% 六次甲基四胺至溶液呈稳定的紫红色再多加 3 mL，用 EDTA 溶液滴定至溶液由红紫色变成亮黄色，即达到终点。

（四）以锌为基准物标定 EDTA 溶液（铬黑 T 为指示剂）

1. 0.01 mol·L⁻¹ 锌标准溶液的配制

首先对基准物质锌片进行预处理：取适量锌片放在 100 mL 烧杯中，用 0.1 mol·L⁻¹ HCl 溶液清洗 1 分钟，再用自来水和蒸馏水先后洗净，烘干，冷却。然后，用直接称量法在干燥小烧杯中准确称取 0.15 ~ 0.2g Zn，盖好表面皿。加入 5 mL 1∶1 盐酸，待金属锌溶解后吹洗表面皿、杯壁，小心地将溶液转移至 250 mL 容量瓶中，用纯水稀释至标线，定容，摇匀。

2. 用锌标准溶液标定 EDTA 标准溶液

移取 25.00 mL Zn^{2+} 标准溶液，一边搅拌，一边慢慢滴加 1∶1 氨水。每滴加 1 滴就要搅动几下，直至开始析出 $Zn(OH)_2$ 白色沉淀，加 5 mL $NH_3·H_2O-NH_4Cl$（pH=10）缓冲溶液、50 mL 水，2 ~ 3 滴铬黑 T，用 EDTA 标准溶液滴定。溶液由酒红色变为纯蓝色，即达到终点。以上操作平行三次。

五、实验数据记录与处理

表 1-9-1　以 ZnO 为基准物标定 EDTA 溶液（二甲酚橙为指示剂）

项目	1	2	3
ZnO 的质量（g）			
锌标准溶液的浓度（mol·L⁻¹）			

续 表

项目	1	2	3
锌标准溶液的体积（mL）			
EDTA 溶液的体积（mL）			
EDTA 溶液的浓度（mol·L⁻¹）			
EDTA 溶液的平均浓度（mol·L⁻¹）			
相对偏差（%）			
相对平均偏差（%）			

表 1-9-2　以锌为基准物标定 EDTA 溶液（铬黑 T 为指示剂）

项目	1	2	3
Zn 的质量（g）			
锌标准溶液的浓度（mol·L⁻¹）			
锌标准溶液的体积（mL）			
EDTA 溶液的体积（mL）			
EDTA 溶液的浓度（mol·L⁻¹）			
EDTA 溶液的平均浓度（mol·L⁻¹）			
相对偏差（%）			
相对平均偏差（%）			

六、操作要点说明

（1）$CaCO_3$ 粉末加入 HCl 溶解时，必须盖上表面皿。溶液必须在微沸的状态下除去 CO_2。

（2）选择合适的基准物质标定 EDTA，取决于 EDTA 将要滴定的对象。

（3）锌粒溶解速度比较慢，需要大约 30 分钟，所以需要提前溶解。

（4）在络合滴定中，EDTA 与金属离子形成稳定络合物的酸度范围不同，如 Ca^{2+}、Mg^{2+} 要在碱性范围内，而 Zn^{2+}、Ni^{2+}、Cu^{2+} 等要在酸性范围内。因此，要根据不同的酸度范围选择不同的金属离子指示剂，从而在标定 EDTA 时使用相应的指示剂，可以消除基底效应，减小误差。

七、思考题

（1）为什么通常使用乙二胺四乙酸二钠盐配制 EDTA 标准溶液，而不用乙二胺四乙酸？

（2）以 HCl 溶液溶解 $CaCO_3$ 基准物时，操作中应注意些什么？

（3）以 $CaCO_3$ 为基准物标定 EDTA 溶液时，加入镁溶液的目的是什么？

（4）以 $CaCO_3$ 为基准物，以钙指示剂标定 EDTA 浓度时，应控制溶液的酸度为多大？为什么？如何控制？

（5）为什么要使用不同指示剂分别标定 EDTA 标准溶液？

（6）络合滴定为什么要在缓冲溶液中进行（如铬黑 T 为指示剂，Zn^{2+} 与 EDTA 溶液的标定）？如果没有缓冲溶液存在，将会导致什么现象发生？

（7）以铬黑 T 为指示剂，为什么先加入氨水，后加入缓冲溶液使溶液维持碱性？

（8）配制锌标准液的时候，若锌液转移至容量瓶中有部分流失了，会使标定的结果偏高还是偏低？如在容量瓶中稀释超过刻度，将使浓度的标定结果偏低还是偏高？

（9）在用铬黑 T 作指示剂时，为什么要先用 1：1 氨水调节，后加 pH=10 的碱性缓冲溶液？

实验十　氢氧化钠标准溶液的配制与标定

一、实验目的

（1）练习电子分析天平的使用。

（2）复习和巩固氢氧化钠的相关知识，掌握用基准物质标定氢氧化钠溶液的方法。

（3）掌握滴定操作并学会正确判断滴定终点。

（4）通过对氢氧化钠的系统学习，培养学生遇到强碱时的安全防范意识和自我保护意识。

二、实验原理

氢氧化钠是实验室最常用的强碱，化学式为 NaOH，分子量为 40，俗称烧碱、火碱、苛性钠，为一种具有强腐蚀性的强碱，一般为片状或块状形态，易溶于水，溶于水时放热。氢氧化钠易吸水发生潮解，不能作基准物质，故不能准确配制 NaOH 标准溶液。

标定 NaOH 溶液时，常用邻苯二甲酸氢钾（$C_8H_5KO_4$）或草酸等作为基准物质进行直接标定。邻苯二甲酸氢钾易得到纯制品，在空气中不吸水，容易保存，它与 NaOH 起反应时化学计量数为 1∶1，其摩尔质量较大，因此它是标定碱标准溶液较好的基准物质。邻苯二甲酸氢钾通常于 110℃～120℃时干燥 2 小时后备用。标定时发生反应如下：

$$C_6H_4COOHCOOK+NaOH \rightarrow C_6H_4COONaCOOK+H_2O$$

反应产物是邻苯二甲酸钾钠盐，在水溶液中显弱碱性，故可选用酚酞为指示剂。滴定终点溶液颜色变化由无色变微红，且半分钟内不褪色。

三、主要仪器与试剂

仪器：电子分析天平、碱式滴定管、锥形瓶、容量瓶、烘箱等。

试剂：邻苯二甲酸氢钾（固体）、1% 酚酞指示剂、NaOH 固体、蒸馏水等。

四、实验步骤

（一）配制约 0.2 mol·L⁻¹ 的 NaOH 溶液

称取一定量（约 8.0 g）的 NaOH，溶于 100 mL 煮沸后的蒸馏水中（防止与 CO_2 作用），摇匀，密闭放置至溶液清亮。量取上层清液，用煮沸后的蒸馏水稀释至 1000 mL。

（二）标定

将基准试剂邻苯二甲酸氢钾于 105℃～110℃烘箱中干燥至恒重，用电子分析天平准确称取邻苯二甲酸氢钾 0.5 g，加煮沸后的蒸馏水溶解，滴加 2 滴酚酞指示液，用配制好的 NaOH 溶液滴定至溶液呈粉红色，并保持 30 秒不褪色，记录滴定前后滴定管示数 V_1 和 V_2。平行操作三次，取平均值。

（三）计算

NaOH 标准滴定溶液的浓度 c_{NaOH}，数值以摩尔每升（mol·L⁻¹）表示，按下列方程式计算：

$$c_{NaOH} = \frac{m \cdot 1000}{(V_1 - V_2)M}$$

式中：m——邻苯二甲酸氢钾的质量，g；

$\quad\quad V_1 - V_2$——氢氧化钠溶液消耗的体积，mL；

$\quad\quad M$——邻苯二甲酸氢钾的摩尔质量，$g \cdot mol^{-1}$。

五、实验数据记录与处理

表 1-10-1　以邻苯二甲酸氢钾为基准物标定 NaOH 溶液

项目	1	2	3
$KHC_8H_4O_4$ 的质量（g）			
NaOH 溶液体积初读数 V_1（mL）			
NaOH 溶液体积终读数 V_2（mL）			
ΔV（NaOH）（mL）			
NaOH 的浓度（$mol \cdot L^{-1}$）			
NaOH 的平均浓度（$mol \cdot L^{-1}$）			
相对偏差（%）			
相对平均偏差（%）			

六、操作要点说明

（1）使用强碱时要注意安全。

（2）标准溶液在转移过程中，中间不得再经过其他容器，避免不必要的误差。

（3）倒 HCl、NaOH 等试剂时，手心要握住试剂瓶上标签部位，以保护标签。

七、思考题

（1）盛 NaOH 溶液的试剂瓶应用何种质地的塞子，塞子如何洗净？怎样选择合适的塞子？

（2）滴定中酚酞的用量对实验结果是否有影响？

（3）以酚酞为指示剂标定 NaOH 溶液时，滴定终点溶液为微红色，0.5 分钟不褪色，如果经过较长的时间后微红色慢慢褪去，为什么？

（4）洗涤碱管时，为什么要将乳胶管连同细嘴玻璃管一同取下？

（5）在邻苯二甲酸氢钾溶液中，加入 1 滴酚酞溶液后，为什么局部会出现白色浑浊？

（6）如何计算称取基准物邻苯二甲酸氢钾或 Na_2CO_3 的质量范围？称得太多或太少对标定有何影响？

（7）溶解基准物质时加入 20 ~ 30 mL 水，是用量筒量取，还是用移液管移取？为什么？

（8）如果基准物未烘干，将使标准溶液浓度的标定结果偏高还是偏低？

实验十一　盐酸标准溶液的配制与标定

一、实验目的

（1）掌握用基准物标定盐酸溶液浓度的原理和方法。

（2）巩固减量法称取粉末样品的基本技能，进一步熟练滴定分析的基本操作。

（3）了解化学实验中常用的强酸及其安全使用规则，增强学生的安全意识。

二、实验原理

六大无机强酸分别是硫酸（H_2SO_4）、硝酸（HNO_3）、盐酸（HCl）、氢溴酸（HBr）、氢碘酸（HI）、高氯酸（$HClO_4$）。盐酸是氯化氢的水溶液，是一元无机强酸，工业用途广泛。盐酸的性状为无色透明的液体，有强烈的刺鼻气味，具有较强的腐蚀性。市售浓盐酸质量分数约为 37%，浓度为 12 mol·L^{-1}，具有极强的挥发性，因而盛有浓盐酸的容器打开后氯化氢气体会挥发，与空气中的水蒸气结合产生盐酸小液滴，使瓶口上方出现酸雾。盐酸在化学实验中有着广泛的作用。但是在实验中，往往需要配置不同浓度的盐酸，有时还需要盐酸的标准溶液。因此，学习盐酸标准溶液的配制与标定十分重要。

标定是准确测定标准溶液浓度的操作过程。间接法配制的标准溶液浓度是近似浓度，其准确浓度需要进行标定。盐酸标准溶液需要使用间接法配制。标定盐酸溶液的基准物质有无水碳酸钠、硼砂（$Na_2B_4O_7 \cdot 10H_2O$）等，这两种物质比较，硼砂更好些，因为它摩尔质量比较大，不易吸水。硼砂标定盐酸的反应式为

$$Na_2B_4O_7 + 2HCl + 5H_2O = 4H_3BO_3 + 2NaCl$$

硼砂在空气中易失去部分结晶水而风化，因此应保存在相对湿度为 60% 的干燥器中。

用无水碳酸钠标定盐酸，其反应式为

$$Na_2CO_3 + 2HCl = 2NaCl + H_2O + CO_2 \uparrow$$

等量点时，溶液 pH 为 3.8 ~ 3.9，可选用甲基橙为指示剂。碳酸钠易吸水，因而预先于 180 ℃下充分干燥，并保存于干燥器中。

在称量基准物的时候，我们常常使用减量法。减量法又称差减法或连续递减法，是一种能连续称取若干份试样，节省时间的称量方法。称量对，先将样品放于称量瓶中，置于天平盘上，称取样品和称量瓶的重量，然后取出所需的试样量，再称得剩余样品和称量瓶的重量，两次称量之差，即所需试样的质量。

将适量试样装入称量瓶中，用纸条缠住称量瓶放于天平托盘上，称得称量瓶及试样重量为 W_1，然后用纸条缠住称量瓶，从天平盘上取出，举放于容器上方，瓶口向下稍倾，用纸捏住称量瓶瓶盖，轻敲瓶口上部，使试样慢慢落入容器，当倒出的试样接近所需的质量时，慢慢地将称量瓶竖起，再用称量瓶瓶盖轻敲瓶口下部，使瓶口的试样集中到一起，盖好瓶盖，放到天平盘上称量，得 W_2，两次称量之差就是试样的重量。如此继续进行，可称取多份试样。

第一份：试样重 $=W_1-W_2$（ g ）

第二份：试样重 $= W_2-W_3$（ g ）

第三份：试样重 $= W_3-W_4$（ g ）

依次类推。

三、主要仪器与试剂

仪器：分析天平、量筒、锥形瓶等。

试剂：无水 Na_2CO_3（基准试剂或分析纯试剂）、甲基橙、浓盐酸、蒸馏水、硼砂等。

四、实验步骤

（一）配制待标定浓度为 0.1 mol·L⁻¹ 的 HCl 溶液 1000 mL

市售浓盐酸的浓度约为 12 mol·L⁻¹。用量筒量取 8.3 mL 的浓盐酸放入小烧杯内，

加入少量蒸馏水，搅拌稀释。用玻璃棒引流，倒入 1000 mL 容量瓶内。第一次引流完后，要将小烧杯用蒸馏水淋洗，再将烧杯内的溶液转移到容量瓶中。淋洗三次后，用洗瓶小心淋洗引流用的玻璃棒，再把玻璃棒取出。加蒸馏水，定容，摇匀。

（二）标定

方法一：无水 Na_2CO_3 作基准物标定盐酸

（1）用减量法准确称取 0.09 ~ 0.11 g 无水 Na_2CO_3 三份，分别放入 250 mL 锥形瓶中，加 25 mL 蒸馏水溶解。

（2）在配制好的 Na_2CO_3 溶液中，滴加 1 滴甲基橙指示剂，用上述配制好的盐酸溶液滴定，至溶液颜色由黄色变为橙色，即滴定终点。记录消耗盐酸溶液的体积。将酸滴定管里的盐酸溶液再充满，用同样步骤滴定另外两份。平行操作三次，要求三份滴定结果的相对平均偏差 ≤ 0.2 %。

方法二：硼砂作基准物标定盐酸

（1）用减量法准确称取 0.4 ~ 0.6 g 硼砂三份，置于 250 mL 锥形瓶中，加水 50 mL 溶解。

（2）滴加 2 滴甲基红指示剂，用 0.1 $mol \cdot L^{-1}$ 盐酸溶液滴定至溶液由黄色变为浅红色，即滴定终点。平行滴定三份，计算 0.1 $mol \cdot L^{-1}$ 盐酸溶液的准确浓度，相对偏差控制在 ± 0.2% 之内。

五、实验数据记录与处理

表 1-11-1　无水 Na_2CO_3 作基准物标定盐酸

项目	1	2	3
Na_2CO_3 的质量 /g			
HCl 溶液体积初读数 V_1（mL）			
HCl 溶液体积终读数 V_2（mL）			
ΔV（HCl）（mL）			
HCl 的浓度（$mol \cdot L^{-1}$）			
HCl 的平均浓度（$mol \cdot L^{-1}$）			
相对偏差（%）			
相对平均偏差（%）			

表1-11-2 硼砂作基准物标定盐酸

项目	1	2	3
硼砂的质量（g）			
HCl 溶液体积初读数 V_1（mL）			
HCl 溶液体积终读数 V_2（mL）			
ΔV（HCl）（mL）			
HCl 的浓度（mol·L^{-1}）			
HCl 的平均浓度（mol·L^{-1}）			
相对偏差（%）			
相对平均偏差（%）			

六、操作要点说明

（1）滴定管开始装样时尽可能装到0刻度线附近，滴定过程中尽可能始终用同一管内的溶液滴定，以减少误差。

（2）酸式滴定管在滴定前要赶走气泡，尖嘴部分要充满液体。

七、思考题

（1）用基准物配制成标准溶液来标定和直接称取基准物来标定，各有什么优缺点？

（2）标定盐酸溶液时，称量无水碳酸钠要不要十分准确，溶解时加水量要不要十分准确，为什么？

（3）以碳酸钠标定盐酸时，为什么用甲基橙作指示剂？能否用酚酞作指示剂，为什么？

（4）在用减量法称取试样的过程中，若称量瓶内的试样吸湿，会对称量造成什么误差？若试样倾入锥形瓶后再吸湿，对称量是否有影响，为什么？

（5）当滴定接近终点时，为什么要剧烈摇动溶液？

（6）标定盐酸溶液可否采用酚酞（变色范围pH为8.0～9.6）作指示剂，为什么？

（7）标定盐酸溶液常用的基准物有哪些，哪些最好？

（8）如果基准物未烘干，将使标准溶液浓度的标定结果偏高还是偏低？

（9）如果用氢氧化钠标准溶液标定盐酸溶液，以酚酞作指示剂，若氢氧化钠溶液因贮存不当吸收了二氧化碳，对测定结果有何影响？

实验十二　硫代硫酸钠标准溶液的配制和标定

一、实验目的

（1）复习和巩固硫代硫酸钠的相关性质，将理论与实践结合起来。

（2）掌握硫代硫酸钠标准溶液的配制、标定和保存方法。

（3）了解碘量法的原理和应用范围。

（4）掌握以碘酸钾为基准物，应用间接碘量法标定硫代硫酸钠溶液的基本原理和操作方法。

（5）通过对不同标准溶液配制的学习，增强学生勇于探索的创新精神，培养学生具体问题具体分析的能力。

二、实验原理

硫代硫酸钠又名大苏打、海波，它是常见的硫代硫酸盐，无色透明的单斜晶体。$Na_2S_2O_3 \cdot 5H_2O$ 一般都含有少量的杂质，如 S、Na_2SO_3、Na_2SO_4、Na_2CO_3 及 NaCl 等，同时还容易风化、潮解，且易受空气和微生物的作用而分解，因此不能直接配制成标准浓度的溶液。Na_2SO_3 溶液易受空气和微生物等的作用而分解，其分解原因有以下几点。

（1）与溶解于溶液中的 CO_2 的作用：硫代硫酸钠在中性或碱性溶液中较稳定，当 pH<4.6 时极不稳定，溶液中含有 CO_2 时会促进 $Na_2S_2O_3$ 分解：

$$Na_2S_2O_3 + H_2O + CO_2 \rightarrow NaHCO_3 + NaHSO_3$$

此分解作用一般都在制成溶液后的最初 10 天内进行，分解后一分子的 $Na_2S_2O_3$ 变成了一分子的 $NaHSO_3$。一分子 $Na_2S_2O_3$ 只能和一个碘原子作用，而一分子的 $NaHSO_3$ 却能和两个碘原子作用。

$Na_2S_2O_3$ 在微碱性的溶液中较稳定，特别是在 9<pH<10 时，$Na_2S_2O_3$ 溶液最为稳定，在 $Na_2S_2O_3$ 溶液中加入少量 Na_2CO_3 可防止 $Na_2S_2O_3$ 的分解（注：一般控制 Na_2CO_3 在溶液中的浓度为 0.02% 左右）。

（2）空气氧化作用：硫代硫酸钠在在空气中与空气中的氧气可以发生氧化反应。

$$2Na_2S_2O_3 + O_2 = 2Na_2SO_4 + 2S$$

（3）微生物作用：在微生物的作用下，$Na_2S_2O_3$ 可以发生分解反应。

$$Na_2S_2O_3 = Na_2SO_3 + S$$

为避免微生物的分解作用，可加入少量 HgI_2（$10\ mg \cdot L^{-1}$）。

因此，为减少溶解在水中的 CO_2 和杀死水中微生物，在配制 $Na_2S_2O_3$ 溶液时，应用新煮沸冷却后的蒸馏水配置溶液。因为光照能促进 $Na_2S_2O_3$ 的分解，所以 $Na_2S_2O_3$ 溶液应贮存于棕色试剂瓶中，放置于暗处。新配置的 $Na_2S_2O_3$ 溶液反应速度较慢，容易风化潮解，也会发生分解反应，也会析出一些杂质。为了让溶液充分反应，不能直接标定，需放置一段时间后再标定（一般放置一周后标定）。标定前可以先过滤杂质，长期使用的溶液应定期标定。

标定 $Na_2S_2O_3$ 溶液通常选用 KIO_3、$KBrO_3$ 或 $K_2Cr_2O_7$ 等氧化剂作为基准物，定量地将 I^- 氧化为 I_2，再用 $Na_2S_2O_3$ 溶液滴定，其反应如下：

$$IO_3^- + 5I^- + 6H^+ = 3I_2 + 3H_2O$$

$$BrO_3^- + 6I^- + 6H^+ = 3I_2 + 3H_2O + Br^-$$

$$Gr_2O_7^{2-} + 6I^- + 14H^+ = 3I_2 + 7H_2O + 2Gr^{3+}$$

$$I_2 + 2Na_2S_2O_3 = Na_2S_4O_6 + 2NaI$$

标定 $Na_2S_2O_3$ 通常使用 $K_2Cr_2O_7$ 基准物标定溶液，$K_2Cr_2O_7$ 先与 KI 反应析出 I_2：

$$Cr_2O_7^{2-} + 6I^- + 14H^+ = 2Cr^{2+} + 3I_2 + 7H_2O$$

析出的 I_2 再用 $Na_2S_2O_3$ 标准溶液滴定：

$$I_2 + 2S_2O_3^{2-} = S_4O_6^{2-} + 2I^-$$

这个标定方法是间接碘量法的应用实例。

三、主要仪器与试剂

仪器：电子分析天平、棕色试剂瓶、烧杯、玻璃棒、容量瓶等。

试剂：$Na_2S_2O_3 \cdot 5H_2O$、基准试剂 $K_2Cr_2O_7$、KI 试剂、$2\ mol \cdot L^{-1}$ HCl 溶液、$5\ g \cdot L^{-1}$ 淀粉溶液（$0.5\ g$ 可溶性淀粉放入小烧杯中，加水 $10\ mL$，使其成糊状，在搅拌时倒入 $90\ mL$ 沸水中，继续微沸 2 分钟，冷却后转移至试剂瓶中）。

四、实验步骤

（一）0.1 mol·L⁻¹ Na₂S₂O₃ 标准溶液的配制

计算配制 $0.1\ mol \cdot L^{-1}$ $Na_2S_2O_3$ 标准溶液 $500\ mL$ 所需要称取 $Na_2S_2O_3 \cdot 5H_2O$ 的质量，经过计算该质量为 $12.4\ g$。称取 $12.4\ g$ 左右 $Na_2S_2O_3 \cdot 5H_2O$ 置于 $250\ mL$ 烧怀中，

加入 100 mL 新煮沸的冷却的蒸馏水，待完全溶解后，加入 0.2 g Na_2CO_3，然后用玻璃棒引流，转移到 500 mL 容量瓶中，用新煮沸经冷却的蒸馏水稀释至 500 mL，定容，摇匀，最后保存于棕色瓶中，在暗处放置一周后标定。

（二）浓度约为 0.017 mol·L⁻¹ $K_2Cr_2O_7$ 溶液的配制

准确称取经二次重结晶并在 150℃ 环境中烘干 1 小时的 $K_2Cr_2O_7$ 1.2 ~ 1.3 g 于 100 mL 小烧杯中，加蒸馏水 30 mL 使之溶解。为加快溶解速度，可以适当加热。冷却后，小心转入 250 mL 容量瓶中，用蒸馏水淋洗小烧杯三次，最后要淋洗玻璃棒。每次洗液小心转入 250 mL 容量瓶中。然后用蒸馏水稀释至所需刻度，定容，摇匀，计算出 $K_2Cr_2O_7$ 溶液的准确浓度。

（三）$Na_2S_2O_3$ 溶液的标定

用 25 mL 移液管准确吸取 $K_2Cr_2O_7$ 标准溶液两份，分别放入 250 mL 锥形瓶中，加 1 g 固体 KI 和 2 mol·L⁻¹ HCl 15mL，充分摇匀后用表面皿盖好，放在暗处 5 分钟，然后用 50 mL 蒸馏水稀释，用上述配制的待标定 0.1 mol·L⁻¹ $Na_2S_2O_3$ 溶液滴定到溶液呈浅黄绿色，然后加入 0.5% 淀粉溶液 5 mL，继续滴定到溶液蓝色消失而变为 Cr^{3+} 的绿色，即达到滴定终点。根据所取的 $K_2Cr_2O_7$ 的体积、浓度及滴定中消耗 $Na_2S_2O_3$ 溶液的体积，计算 $Na_2S_2O_3$ 溶液的准确浓度。

平行测定三次。注意若选用 $KBrO_3$ 作基准物，其反应速度较慢，为加速反应需增加酸度，应多加入 HCl 溶液或 H_2SO_4 溶液。

五、实验数据记录与处理

表 1-12-1　硫代硫酸钠溶液的标定

项目	1	2	3
倾出前（称量瓶＋基准物）质量（g）			
倾出后（称量瓶＋基准物）质量（g）			
取出基准物的质量（g）			
$Na_2S_2O_3$ 溶液体积终读数（mL）			
$Na_2S_2O_3$ 溶液体积初读数（mL）			
消耗 $Na_2S_2O_3$ 溶液的体积（mL）			

项目	1	2	3
$Na_2S_2O_3$ 溶液的浓度（$mol \cdot L^{-1}$）			
$Na_2S_2O_3$ 溶液的平均浓度（$mol \cdot L^{-1}$）			
相对偏差（%）			
相对平均偏差（%）			

六、操作要点说明

（1）配制 $Na_2S_2O_3$ 溶液时，需要用新煮沸（除去 CO_2 和杀死细菌）并冷却了的蒸馏水，或将 $Na_2S_2O_3$ 试剂溶于蒸馏水中，煮沸 10 分钟后冷却，加入少量 Na_2CO_3 使溶液呈碱性，以抑制细菌生长。

（2）配好的 $Na_2S_2O_3$ 溶液贮存于棕色试剂瓶中，放置至少一周后进行标定。硫代硫酸钠标准溶液不宜长期贮存，使用一段时间后要重新标定，如果发现溶液变浑浊或析出硫，应过滤后重新标定，或弃去再重新配制溶液。

（3）用 $Na_2S_2O_3$ 滴定生成的 I_2 时，应保持溶液呈中性或弱酸性。所以常在滴定前用蒸馏水稀释，降低酸度。用基准物 $K_2Cr_2O_7$ 标定时，通过稀释，还可以减少 Cr^{3+} 的绿色对滴定终点的影响。

（4）滴定至终点后，经过 5～10 分钟，溶液又会出现蓝色，这是由于空气氧化 I^- 所引起的，属正常现象。若滴定到终点后，很快又转变为 I^{2-} 淀粉的蓝色，则可能是由于酸度不足或放置时间不够使 $KBrO_3$ 或 $K_2Cr_2O_7$ 与 KI 的反应未完全，此时应弃去重做。

（5）考虑到 $K_2Cr_2O_7$ 作基准物会污染环境，有时也会使用 KIO_3 和 $KBrO_3$ 作标定 $Na_2S_2O_3$ 溶液的基准物。

七、思考题

（1）在配制 $Na_2S_2O_3$ 标准溶液时，所用的蒸馏水为何要先煮沸并冷却后才能使用？为什么常加入少量 Na_2CO_3？为什么放置一周后标定？

（2）为什么将 $Na_2S_2O_3$ 溶液保存在棕色试剂瓶中？

（3）为什么可以用 KIO_3 作基准物来标定 $Na_2S_2O_3$ 溶液？为提高准确度，滴定中应注意哪些问题？

（4）溶液被滴定至淡黄色，说明了什么？为什么在这时才可以加入淀粉指示剂？如果用 I_2 溶液滴定 $Na_2S_2O_3$ 溶液，应何时加入淀粉指示剂？

（5）在碘量法中，若选用 $KBrO_3$ 作基准物，为什么使用碘量瓶而不使用普通锥形瓶？

实验十三　滴定管的使用和滴定分析基本操作

一、实验目的

（1）掌握酸碱滴定的原理和基本操作。

（2）巩固移液管的正确使用方法，学习并掌握滴定管的正确使用方法和规范操作。

（3）了解甲基橙指示剂和酚酞指示剂的变色原理，掌握甲基橙指示剂和酚酞指示剂的变色特征。

（4）区分化学计量点和滴定终点的不同，学会正确判断滴定终点。

（5）通过滴定曲线的绘制，让学生深刻体会前期积累的重要性；通过对滴定突跃的学习，教育学生把握好自己的人生突跃，从此走上人生的制高点。

二、实验原理

滴定是实验室常见的测定溶液浓度的方法，利用酸碱滴定（中和法）测定酸或碱的浓度。滴定的通常做法是将标准溶液加到待测溶液中（也可以反加），使其反应完全，即滴定达到终点，此时根据当量定律，酸碱刚好完全中和，碱的当量数与酸的当量数相等。如用已知浓度的标准草酸（$H_2C_2O_4$）来测定氢氧化钠溶液浓度：

$$H_2C_2O_4 + 2NaOH = Na_2C_2O_4 + 2H_2O$$

即 $N_{NaOH} \cdot V_{NaOH} = N_{H_2C_2O_4} \cdot V_{H_2C_2O_4}$ 或 $c_{NaOH} \cdot V_{NaOH} = 2 c_{H_2C_2O_4} \cdot V_{H_2C_2O_4}$。

N_{NaOH} 和 $N_{H_2C_2O_4}$ 分别为 NaOH 和 $H_2C_2O_4$ 的当量浓度，c_{NaOH} 和 $c_{H_2C_2O_4}$ 分别为 NaOH 和 $H_2C_2O_4$ 的摩尔浓度，V_{NaOH} 和 $V_{H_2C_2O_4}$ 分别为消耗 NaOH 和 $H_2C_2O_4$ 的体积。因此，如果取一定体积某浓度待测的酸（或碱）溶液，用标准碱（或酸）溶液滴定，达到滴定终点后就可以以所用的酸溶液和碱的体积（$V_{酸}$ 和 $V_{碱}$）以及标准碱（或酸）溶液的浓度来求得待测的酸（或碱）溶液的浓度。

利用已知浓度的标准溶液来确定未知浓度的溶液浓度的过程称之为标定。常见盐酸和氢氧化钠滴定的原理：

$$HCl + NaOH = NaCl + H_2O$$

即 $N_{HCl} \cdot V_{HCl} = N_{NaOH} \cdot V_{NaOH}$ 或 $c_{HCl} \cdot V_{HCl} = C_{NaOH} \cdot V_{NaOH}$。

则

$$c_{NaOH} = \frac{c_{HCl} \cdot V_{HCl}}{V_{NaOH}}$$

酸碱中和滴定的终点可借助指示剂的颜色变化来确定。指示剂本身是一种弱酸或弱碱，它们在不同的 pH 范围显示出不同的颜色。如酚酞的变色范围是 pH 为 8.0 ~ 10.0，pH 在 8.0 以下溶液为无色，pH 为 8.0 ~ 10.0 时，溶液显浅红色，pH 在 10.0 以上溶液为红色；甲基橙的变色范围是 pH 为 3.1 ~ 4.4，pH 在 3.1 以下时，溶液显红色，pH 为 3.1 ~ 4.4 时溶液显橙色，pH 在 4.4 以上溶液显黄色。强碱滴定强酸时，常用酚酞溶液作指示剂。显然，利用指示剂的变色来确定的滴定终点与酸碱中和时的等当点可能不一致（注：当碱溶液与酸溶液中和达到二者的当量数相同时称等当点）。如以强碱滴定强酸，在等当点时 pH 应等于 7，而用酚酞作指示剂，它的变色范围是 pH 为 8.0 ~ 10.0。这样滴定到终点（溶液由无色变为红色）时就需要消耗比理论值多一些的碱，因而带来滴定误差。但是，根据计算，这些滴定终点与等当点不一致所引起误差是很小的，对酸碱的浓度影响很小。

滴定管主要用于定量分析做滴定用，有时也能用于精确取液。滴定管分为酸式和碱式两种（图 1-13-1）。酸式滴定管的下端有一玻璃旋塞，开启旋塞酸液即自管内流出，主要用来装酸性溶液或氧化性溶液。碱式滴定管的下端连接一乳胶管，乳胶管内装有一个玻璃圆球代替玻璃旋塞，以控制溶液的流出，乳胶管下端接一个带尖嘴的小玻璃管。碱式滴定管主要用来装碱性溶液。

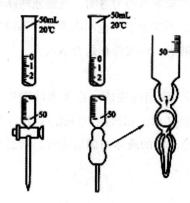

图 1-13-1 酸式滴定管（左）和碱式滴定管（右）

三、主要仪器与试剂

仪器：移液管、酸式滴定管、碱式滴定管、锥形瓶、烧杯等。

试剂：酚酞指示剂、甲基橙指示剂、蒸馏水、浓盐酸、NaOH、已知浓度的草酸标准溶液等。

四、实验步骤

（一）移液管使用前的准备

移液管移取溶液前，应依次用洗涤液、自来水、蒸馏水洗涤（自来水清洗干净后应用蒸馏水洗涤 3 次），直至内壁不挂水珠为止，再用滤纸将尖端内外的水吸去，然后用移取液润洗 3 次，以确保所移取的溶液浓度不变。

（二）酸式滴定管的使用

1. 使用前的准备

（1）检查滴定管的密合性

酸式滴定管的密合性关键是下端磨口玻璃旋塞是否漏水，检查方法是将旋塞关闭，滴定管里注满水，把它固定在滴定管架上，放置 1 ~ 2 分钟，观察滴定管口及旋塞两端是否有水渗出，旋塞不渗水才可使用。

（2）维修滴定管

酸式滴定管旋塞漏水或旋塞旋转困难，应进行维修。维修常用的方法是涂凡士林，其方法是：将滴定管平放在桌上，取出旋塞芯，用滤纸将旋塞芯和旋塞槽内的水擦干，用手指蘸少许凡士林，在旋塞芯两头薄薄地涂上一层，然后把旋塞芯插入塞槽内，沿同一方向旋转使油膜在旋塞内均匀透明，且旋塞转动灵活。

注意：①涂抹凡士林时，不能太多，也不能太少，不能堵塞塞孔；②塞子用橡皮筋套住以防脱落破损；③涂油后，再次检查是否漏水。

（3）洗涤

洗涤方法与移液管相似，除用洗涤液、自来水冲洗外，要用蒸馏水洗涤 2 ~ 3 次，最后还需用待装溶液润洗 3 次（每次约 10 mL）。洗涤时两手平持滴定管（上端略向上倾），并不断转动，使洗涤的液体布满滴定管，然后直立，洗液从管下端尖嘴流出。

2. 装液

装液时要将标准溶液摇匀，由贮液瓶直接注入滴定管内到"0.00"刻度以上约

1 cm 处，不得借用漏斗、烧杯等任何容器，以免溶液浓度改变或引入杂质。

3. 排气泡

酸式滴定管排气泡时，可将酸式滴定管稍微倾斜 30°，右手迅速开启旋塞，使溶液快速冲出，将气泡带走。

4. 调整零点

装满溶液后的滴定管排出气泡后，要将多余的溶液滴出，使管内液面调节至"0.00"刻度处。如果在排气泡时流出溶液较多，液面在"0.00"刻度以下，可记下此刻的读数，计算时减去该数值即可。

5. 滴定操作

（1）操作手法：进行滴定操作时，应将滴定管夹在滴定管架上。对于酸式滴定管，左手控制旋塞，大拇指在管前，食指和中指在后，三指轻拿旋塞柄，手指略微弯曲，向内扣住旋塞，手心空握，避免产生使旋塞拉出的力（图 1-13-2），向里旋转旋塞使溶液滴出。滴定过程中，右手要不断向同一方向摇动锥形瓶（图 1-13-3）。

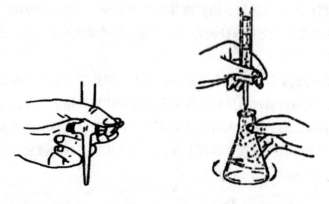

图 1-13-2　酸式滴定管操作手法　图 1-13-3　酸式滴定管滴定操作

（2）滴定时，滴定速度先快后慢，刚开始时可稍快一些，可每秒 3 ~ 4 滴，但不可滴成"线"，必须成滴；当接近滴定终点时（局部指示剂变色），要慢滴。每加一滴酸液都要将溶液摇动均匀，然后再加一滴，临近滴定终点时要加入半滴（控制液滴悬而不落，用锥形瓶内壁把液滴沾下来），用洗瓶冲洗锥形瓶内壁，摇匀，指示剂在 30 秒内不变色，即达到滴定终点。记下滴定管液面的位置。

6. 读数

读取滴定管的读数时，将滴定管从滴定管架上取下，手拿滴定管使滴定管自然下垂，保持垂直。对于无色溶液或浅色溶液，视线应与凹液面下沿最低点在同一水平面上；对于有色溶液，视线应与液面两侧的最高点相切。读数要在装液或放液后 1 ~ 2 分钟进行。读数时以 mL 为单位，数值保留小数点后面两位。

（三）碱式滴定管的使用方法

1. 使用前的准备

（1）检查滴定管的密合性

碱式滴定管使用前要检查是否漏水、能否控制液滴的流速，如不符合要求，则需选择适当的玻璃珠和乳胶管重新装配。

（2）洗涤

滴定管使用前应进行洗涤。洗涤方法与移液管相似，除用洗涤液、自来水冲洗外，要用蒸馏水洗涤 2 ~ 3 次，最后还需用待装溶液润洗 3 次（每次约 10 mL）。洗涤时两手平持滴定管（上端略向上倾），并不断转动，使洗涤的液体布满滴定管，然后直立，使洗液从管下端尖嘴流出。

2. 装液

装液时要将标准溶液摇匀，由贮液瓶直接注入滴定管内到"0.00"刻度以上约 1 cm 处，不得借用漏斗、烧杯等任何容器，以免溶液浓度改变或引入杂质。

3. 排气泡

装满溶液后的滴定管下端如有气泡必须排出。碱式滴定管排气泡时，存在于玻璃珠上端溶液中的气泡可通过挤压玻璃珠上端的乳胶管使其排出；而存在于玻璃珠下端溶液中的气泡在排出时，应首先挤压玻璃珠下端的乳胶管使管中的溶液排干净后，再将乳胶管向上弯曲，挤压玻璃球的右上方，使溶液从玻璃球和橡皮管之间的隙缝中快速流出，气泡即被逐出（图 1-13-4）。

图 1-13-4 碱式滴定管排气泡手法

4. 调整零点

装满溶液后的滴定管排出气泡后，要将多余的溶液滴出，使管内液面调节至"0.00"刻度处。如果在排气泡时流出溶液较多，液面在"0.00"刻度以下，可以记下此刻的读数，计算时减去该数值即可。

5. 滴定操作

（1）操作手法：进行滴定操作时，应将滴定管夹在滴定管架上。对于碱式滴定管，用左手的拇指和食指捏住玻璃珠靠上部位，向手心方向捏挤橡皮管，使其与玻璃珠之间形成一条缝隙，溶液即可流出。与酸式滴定管操作相似，滴定过程中，右手要不断向同一方向摇动锥形瓶。

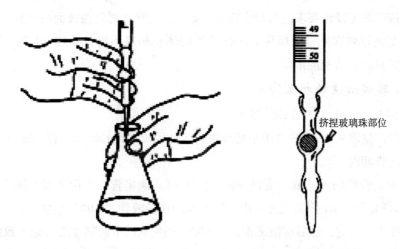

图 1-13-5　碱式滴定管滴定操作（左）和挤捏玻璃珠部位（右）

（2）滴定时，滴定速度和酸式滴定管相同，先快后慢。刚开始时可稍快一些，可每秒 3 ~ 4 滴。当接近滴定终点时（局部指示剂变色），要慢滴。每加一滴碱液都要将溶液摇动均匀，然后再加一滴，临近滴定终点时要加入半滴（控制液滴悬而不落，用锥形瓶内壁把液滴沾下来），用洗瓶冲洗锥形瓶内壁，摇匀，指示剂在 30 秒内不变色，即达到滴定终点。记下滴定管液面的位置。

6. 读数

读取滴定管的读数时，将滴定管从滴定管架上取下，手拿滴定管使滴定管自然下垂，保持垂直。对于无色溶液或浅色溶液，视线应与凹液面下沿最低点在同一水平面上；对于有色溶液，视线应与液面两侧的最高点相切。读数要在装液或放液后 1 ~ 2 分钟进行。读数时以 mL 为单位，数值保留小数点后面两位。

（四）氢氧化钠溶液浓度的标定

用已知浓度的草酸标准溶液标定氢氧化钠溶液的浓度。

（1）配制 0.10 mol·L⁻¹ 的 NaOH 溶液。称取 4 g NaOH 于小烧杯中，加水溶解，冷却稀释后转移到 1000 mL 容量瓶中，定容。

（2）取一支洁净的 50 mL 的碱式滴定管，先用蒸馏水润洗 3 次，再用待标定的 NaOH 溶液润洗 3 次，注入 NaOH 溶液到"0.00"刻度以上，逐出乳胶管和尖嘴内的气泡，然后将液面调至"0.00"刻度或以下某刻度处，记下数值。

（3）取一只洁净的移液管先用蒸馏水润洗 3 次，再用标准草酸溶液润洗 3 次，移取 25.00 mL 的标准草酸溶液加到洁净的锥形瓶中，加 1～2 滴酚酞指示剂，摇匀。

（4）按照滴定操作要求进行滴定操作，记下滴定终点时管内液面的位置。

再重复滴定两次。三次所用 NaOH 溶液的体积相差不超过 0.10 mL 时，即可取平均值计算 NaOH 溶液的浓度。

（五）酸碱溶液的相互滴定

1. 配制 0.10 mol·L⁻¹ 的 HCl 溶液

使用量筒量取 9 mL 浓 HCl 于小烧杯中，稀释后转移到 1000 mL 容量瓶中，定容。

2. 滴定管润洗

碱式滴定管的润洗：取一支洁净的 50 mL 碱式滴定管，先用蒸馏水洗 3 次，再用 0.10 mol·L⁻¹ NaOH 溶液润洗 3 次，注入 NaOH 溶液到"0.00"刻度以上，逐出乳胶管和尖嘴内的气泡，然后将液面调至"0.00"刻度或以下某刻度处，记下数值。

酸式滴定管的润洗：取一支洁净的 50 mL 酸式滴定管，先用蒸馏水润洗 3 次，再用 0.10 mol·L⁻¹ HCl 溶液润洗 3 次，注入溶液到"0.00"刻度以上，排出气泡，然后将液面调至"0.00"刻度或以下某刻度处，记下数值。

3. 用 NaOH 溶液滴定 HCl 溶液，判定滴定终点

移取 10 mL HCl 溶液加到洁净的锥形瓶中，加 1～2 滴酚酞指示剂，摇匀。按照滴定操作要求，用 0.10 mol·L⁻¹ 的 NaOH 溶液进行滴定操作，待溶液由无色变粉色，并且保持 30 秒不褪色即达到滴定终点，记下滴定终点时管内液面的位置。

如此反复练习滴定操作和观察滴定终点，直到所测的体积比偏差为 ±0.1%～±0.2% 为止，将数据填入表 1-13-1，计算相关数据。

如此平行测定三份。三次所用 NaOH 溶液的体积相差不超过 0.10 mL 时，取平均值。

4. HCl 溶液滴定 NaOH 溶液，判定滴定终点

取 10 mL NaOH 溶液放入洁净的锥形瓶中，滴入一滴甲基橙指示剂。按照滴定操作要求，进行滴定操作。滴定开始，左手控制开关，右手握锥形瓶摇动，双眼注视锥形瓶内颜色的变化，直至溶液呈橙色，半分钟不褪去，记下滴定终点时管内液面的位置。

如此反复练习滴定操作和观察滴定终点，直到所测的体积比偏差为 ±0.1% ~ ±0.2% 为止，计算相关数据。

五、实验数据记录与处理

表 1-13-1 NaOH 溶液浓度的标定

项目	数据		
	1	2	3
滴定后 NaOH 液面的读数（mL）			
滴定前 NaOH 液面的读数（mL）			
滴定用去 NaOH 的体积（mL）			
三次滴定中用去 NaOH 体积的平均值（mL）			
标准草酸溶液的浓度（$mol \cdot L^{-3}$）			
滴定用去标准草酸溶液的体积（mL）			
经测定 NaOH 溶液的浓度（$mol \cdot L^{-3}$）			
NaOH 溶液的平均浓度（$mol \cdot L^{-3}$）			
相对偏差（%）			
相对平均偏差（%）			

表 1-13-2 NaOH 溶液滴定盐酸

项目	数据		
	1	2	3
NaOH 溶液的浓度（$mol \cdot L^{-3}$）			

项目	数据		
	1	2	3
滴定后 NaOH 液面的读数（mL）			
滴定前 NaOH 液面的读数（mL）			
滴定中用去 NaOH 的体积（mL）			
三次滴定用去 NaOH 体积的平均值（mL）			
滴定用去 HCl 溶液的体积（mL）			
HCl 溶液的浓度（$mol \cdot L^{-3}$）			
相对偏差（%）			
相对平均偏差（%）			

表 1-13-3　盐酸滴定 NaOH 溶液

项目	数据		
	1	2	3
滴定后 HCl 液面的读数（mL）			
滴定前 HCl 液面的读数（mL）			
滴定中用去 HCl 的体积（mL）			
三次滴定中用去 HCl 体积的平均值（mL）			
NaOH 溶液的浓度（$mol \cdot L^{-3}$）			
滴定中用去 NaOH 的体积（mL）			
经测定盐酸的浓度（$mol \cdot L^{-3}$）			
相对偏差（%）			
相对平均偏差（%）			

六、操作要点说明

（1）滴定完毕后，尖嘴外不应留有液滴，尖嘴内不应有气泡。

（2）滴定过程中，碱液可能溅在锥形瓶内壁的上部，半滴碱液也是由锥形瓶内壁碰下来的，因此临近终点时，要用洗瓶以少量蒸馏水冲洗锥形瓶内壁，以免引起误差。

（3）弱酸强碱中和终点的溶液显微碱性，会吸收空气中的 CO_2 而使溶液趋近中性，因而已达终点后的溶液久置后酚酞会褪色，但这并不说明中和反应没有完成。

（4）振荡锥形瓶时，不能使溶液溅出，这样会使结果偏小。

（5）滴定完成后，玻璃尖嘴外若留有液滴，则使结果偏大；若尖嘴内留有气泡，则使结果偏小。

七、思考题

（1）为什么移液管和滴定管要用欲装入的溶液润洗 2 ~ 3 次，锥形瓶是否要用欲装液润洗？

（2）以下情况对实验结果有何影响？

①滴定完后，滴定管尖嘴外留有液滴。

②滴定完后，滴定管尖嘴内有气泡。

③滴定完后，滴定管内壁挂有液滴。

（3）滴定操作中，读数时以 mL 为单位，数值保留小数点后面几位？

（4）为什么移液管必须要用所移取溶液润洗，而锥形瓶则不用所装溶液润洗？

（5）配制酸碱标准溶液时，为什么可以用量筒量取盐酸，而不必须用吸量管？

实验十四 酸碱滴定法测定混合碱中各组分的含量

一、实验目的

（1）了解双指示剂法测定混合碱各组分含量的原理和方法。

（2）复习和巩固甲基橙指示剂和酚酞指示剂滴定终点颜色的判断。

（3）进一步练习滴定管的使用方法。

（4）掌握混合碱中各组分含量的测试方法和计算方法。

（5）通过对双指示剂法的学习，教育学生协同合作的重要性。

二、实验原理

混合碱通常是指 Na_2CO_3 与 NaOH 或 Na_2CO_3 与 $NaHCO_3$ 的混合物，它们的测定通常采用双指示剂法，即在同一试液中用两种指示剂来指示两个不同的终点。采用双指示剂法的测定原理和测定过程如下：

用酚酞作指示剂，盐酸标准溶液滴定至溶液刚好褪色，此为第一化学计量点，消耗的盐酸体积为 V_1 mL，有关的反应为

$$NaOH + HCl = NaCl + H_2O$$

$$Na_2CO_3 + HCl = NaHCO_3 + NaCl$$

继续用甲基橙作指示剂，用盐酸标准溶液滴定至溶液呈橙色，此为第二化学计量点，消耗的盐酸体积为 V_2 mL，有关的反应为

$$NaHCO_3 + HCl = NaCl + CO_2\uparrow + H_2O$$

可见，当 $V_1 > V_2$，$V_2 > 0$ 时，混合碱组成为 NaOH 与 Na_2CO_3；当 $V_2 > V_1$，$V_1 > 0$，混合碱组成为 Na_2CO_3 与 $NaHCO_3$。

根据盐酸标准溶液的浓度和消耗的体积，可计算混和碱中各组分含量。

三、主要仪器与试剂

仪器：移液管、滴定管、洗耳球等。

试剂：0.2 mol·L^{-1} 盐酸标准溶液、0.2% 酚酞指示剂、0.2% 甲基橙指示剂、待测混合碱等。

四、实验步骤

（一）配制待测混合碱溶液

准确称取混合碱试样 1.3 ~ 1.5 g 于 100 mL 烧杯中，加少量新煮沸的蒸馏水，搅拌使其完全溶解，然后转移到 250 mL 容量瓶中，用新煮沸的冷蒸馏水稀释至所需刻度，定容，摇匀。

（二）滴定（酚酞作指示剂）

用移液管准确移取待测试液 25 mL，加 25 mL 去离子水，加酚酞指示剂 1 ~ 2 滴，摇匀后用 0.2 mol·L^{-1} 盐酸标准溶液滴定，边滴边充分摇动，滴定至酚酞恰好褪色，

即达到滴定终点，记下所用盐酸标准溶液的体积 V_1。

（三）滴定（甲基橙作指示剂）

在上述溶液中，再加 1 ~ 2 滴甲基橙指示剂，继续用盐酸标准溶液滴定至溶液由黄色变为橙色，即达到滴定终点，记下所用盐酸标准溶液的体积 V_2，计算混合碱各组分的含量。

以上实验操作平行进行三次。

五、实验数据记录与处理

（1）根据实验现象，记录数据，填入表 1-14-1。

表 1-14-1　酸碱滴定法测定混合液中各组分的含量

项目		1	2	3
酚酞指示剂	HCl 溶液体积第二次读数（mL）			
	HCl 溶液体积开始读数（mL）			
	$V_{1,\,HCl}$（mL）			
	$V_{1,\,HCl}$ 平均值（mL）			
甲基橙指示剂	HCl 溶液体积最后读数 $V_{终点}$（mL）			
	HCl 溶液体积第二次读数（mL）			
	$V_{2,\,HCl}$（mL）			
	$V_{2,\,HCl}$ 平均值（mL）			
混合碱的组成				
混合碱组分 1 的含量（g·L⁻¹）				
混合碱组分 2 的含量（g·L⁻¹）				

（2）根据 V_1 和 V_2 的体积判断混合碱的组成。

（3）计算混合碱中各组分的含量。计算公式如下：

① Na_2CO_3 与 NaOH 的混合物计算公式：

$$w_{Na_2CO_3} = \frac{c_{HCl} \cdot \overline{V}_2 \cdot M_{Na_2CO_3}}{m_{混合碱}}$$

$$w_{NaOH} = \frac{c_{HCl} \cdot (\overline{V}_1 - \overline{V}_2) \cdot M_{NaOH}}{m_{混合碱}}$$

② Na_2CO_3 与 $NaHCO_3$ 的混合物计算公式：

$$w_{Na_2CO_3} = \frac{c_{HCl} \cdot \overline{V}_1 \cdot M_{Na_2CO_3}}{m_{混合碱}}$$

$$w_{NaHCO_3} = \frac{c_{HCl} \cdot (\overline{V}_2 - \overline{V}_1) \cdot M_{NaHCO_3}}{m_{混合碱}}$$

计算过程中，注意单位换算。

六、操作要点说明

（1）移液管移取溶液前，应依次用洗涤液、自来水、蒸馏水洗涤。移液前要先润洗 3 次。

（2）滴定管使用前要先查漏，移液前要先润洗 3 次，移液后要注意排气泡，滴定前要注意记录液面高度对应的示数。

（3）滴定终点附近要缓慢少量滴加，颜色变化后半分钟不褪色即为终点。

七、思考题

（1）Na_2CO_3 是食碱的主要成分，其中常含有少量 $NaHCO_3$，能否用酚酞作指示剂，测定 Na_2CO_3 的含量？

（2）用双指示剂法测定混合碱，根据消耗盐酸体积 V_1 和 V_2 的情况判断其组成。

（3）滴定混合碱时，如果① $V_1 = V_2$；② $V_1 = 0$，$V_2 > 0$；③ $V_2 = 0$，$V_1 > 0$，试样的组成如何？

（4）如果用氨水中和盐酸，能否用酚酞取代甲基红作指示剂，为什么？

实验十五　熔点的测定

一、实验目的

（1）了解熔点测定的意义和应用。

（2）掌握熔点测定的操作方法和温度计的矫正方法。

（3）掌握纯净物和混合物熔点的测定，教育学生"把洁身自好作为第一关"。

二、实验原理

熔点通常是指晶体物质加热到一定温度时，可从固态变为液态，此时的温度就是该化合物的熔点，即在一定压力下，纯物质的固态和液态呈平衡时的温度，也就是说，在该压力和熔点温度下，纯物质呈固态的化学势和呈液态的化学势相等，而对于分散度极大的纯物质固态体系（纳米体系）来说，表面部分不能忽视，其化学势则不仅是温度和压力的函数，而且还与固体颗粒的粒径有关，属于热力学一级相变过程。熔点缩写为 m.p.。熔点受压力的影响很小，大多数情况下一个物体的熔点就等于凝固点。物质可以分为晶体和非晶体，晶体有熔点，而非晶体没有熔点。晶体又因类型不同而熔点也不同。一般来说晶体熔点从高到低的顺序为原子晶体＞离子晶体＞金属晶体＞分子晶体。在分子晶体中，水、氨气等因氢键的存在不符合"同主族元素的氢化物熔点规律性变化"的规律，比较特殊。

纯化合物从开始熔化（始熔）至完全熔化（全熔）的温度范围叫作熔点距（熔程），也叫熔点范围。两限分别称为初熔温度和终熔温度，初熔温度即物质开始熔解的温度，终熔温度即物质完全熔解的温度。每种纯有机化合物都有自己独特的晶形结构和分子间的力，要熔化它，是需要一定热能的，所以，每种晶体物质都有自己的熔点。同时，当达溶点时，纯化合物晶体几乎同时崩溃，因而熔点距很小，一般为 0.5℃～1℃，但不纯品即当有少量杂质存在时，其熔点一般会下降，熔点距增大。因此，通过测定固体物质的熔点便可鉴定其纯度。简而言之，纯物质有固定的短程熔点。如果测定熔点的样品为两种不同的有机物的混合物，如肉桂酸及尿素，尽管它们各自的熔点均为 133℃，但把它们等量混合，再测其熔点时，则比 133℃低很多，而且熔点距大。这种现象叫作混合熔点下降，这种实验叫作混合熔点实验，是用来检验两种熔点相同或相近的有机物是否为同一种物质的最简便的物理方法。

实验室中熔点的测定通常用提勒管，又称为 b 形管或 thiele 管，其特点是在侧管处用酒精灯加热，受热浴液沿管做上升运动，促使整个提勒管内浴液循环对流，使温度均匀而不需要搅拌。毛细管法测定熔点时，应合理控制升温速度。一般情况下，用酒精灯小火在提勒管弯曲支管的底部加热。开始时，升温速度可以快些，待距离熔点约 10℃～15℃时，调整火焰，降低升温速度，保持每分钟上升温度 1℃～2℃。越接近熔点升温速度应该越慢，快到熔点时，升温速度控制在每分钟 0.2℃～0.3℃最好。

毛细管法测定熔点时，常用的导热液主要有液体石蜡、甘油、浓硫酸、硅油等。根据所测样品不同，选择不同的导热液。在具体的实验过程中，测定熔点往往比理论值低，这其中有几方面的原因：①样品未完全干燥，内有水分和其他溶剂，加热，溶剂气化，样品松动熔化，使得所测熔点偏低；②熔点管不洁净，等于样品中有杂质，致使测定熔点偏低；③目测和读数的误差等。

三、主要仪器与试剂

仪器：提勒管、温度计、毛细管（样品管）、长玻璃管、加热装置等。

试剂：待测物质（苯甲酸、尿素）、石蜡油等。苯甲酸和尿素的物理性质见表 1-15-1。

表 1-15-1　苯甲酸和尿素的物理性质

试剂名称	外形、性状	熔点（℃）	沸点（℃）	燃爆性
苯甲酸 $C_7H_6O_2$	无色，无味片状晶体	122.4	249.2	可燃，刺激性
尿素 $[(NH_4)_2CO]$	白色晶体或粉末，无味	132.7	160（分解）	不可燃

四、实验步骤

（一）温度计的校正

0℃的测定校正：用 100 mL 小烧杯装一定量混合均匀的冰水混合物，用温度计测其温度，直至温度恒定读数，该数据即 0℃的校正值。

100℃的测定校正：取一定量的蒸馏水于电炉中加热至沸腾，用温度计测量其温度，直至温度恒定读数，该数据即 100℃的校正值。将测试数据填入表 1-15-2 中。

表 1-15-2　温度计的校正

水的状态	理论值（℃）	测量值（℃）
冰水	0	
沸水	100	

（二）准备熔点管

通常是用直径 1 ~ 1.5 mm，长约 60 ~ 70 mm，一端封闭的毛细管作为熔点管。如果没有一端封闭的毛细管，可以将普通毛细管一端在火焰上烧烤封住。

（三）装样

取干燥、研细的待测样品放在称量纸上，将毛细管开口一端插入样品中，使少量样品挤入熔点管中。取一支长玻璃管，垂直于桌面，使毛细管在其中自由落下，将样品夯实。重复操作使所装样品约有 2 ~ 3 mm 高为止。然后，将装有样品的毛细管固定在温度计上，使得样品在温度计水银球液泡的位置（图 1-15-1）。

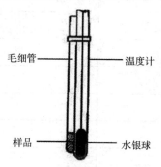

图 1-15-1　毛细管固定在温度计的位置

（四）安装

向提勒管中加入石蜡油作为浴液，直到支管上沿。将已装好的毛细管固定在温度计上，然后小心悬于提勒管中，使温度计水银球处在提勒管直管中部（图 1-15-2）。

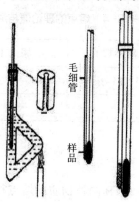

图 1-15-2　提勒管熔点测定装置

（五）测定

在提勒管弯曲部分加热。快速加热，观察并记录样品刚开始熔化时的温度，继续加热，记录样品全部熔化时的温度；第二、第三次测量时，减慢加热速度，每分钟升1℃左右，接近熔点时，每分钟升约0.2℃，观察并记录实验数据（表1-15-3）。

表1-15-3　苯甲酸、尿素及未知样品的熔点测定数据记录表

试剂	始熔（℃）	全熔（℃）	熔点距（℃）
苯甲酸			
尿素			
未知样品			

（六）理论值与测定值差异分析

表1-15-4　熔点的理论值与测定值

数值类型	苯甲酸（℃）	尿素（℃）	未知样品（℃）
理论值	122.4	132.7	
测定值			

五、思考题

（1）某同学认为如果测得 A、B 两种物质的熔点相同，则 A、B 一定是同一物质。这种说法是否正确？你是如何证明 A、B 是否为同一物质的？

（2）是否可以使用第一次测熔点时已经熔化了的有机化合物再做第二次测定呢？为什么？

（3）测定熔点时，在实验前，提勒管可用水洗吗？

（4）测定熔点时，样品不纯（含杂质）时，其熔点为什么会降低？

（5）为什么说熔点测定的误差太大多数是由于加热太快造成的？

（6）在测定熔点时，某学生采取了下列操作是否可以？为什么？

①装样前用水洗熔点管；②把要测试的固体试样在纸上碾碎；③使用提勒管测熔点时，用单孔木塞固定温度计，并塞入管中。

（7）测定熔点时，熔点管太厚会对测试结果有什么影响？如果研磨不细，会对结果有什么影响？如果装样不实，会对结果有什么影响？加热时，接近熔点时升温过快对测试结果有影响吗？如果样品不干燥对测试结果有什么影响呢？如果没有熔点管，是否可以用其他仪器代替呢？

实验十六　萃取和分液漏斗的使用

一、实验目的

（1）掌握有机物萃取的原理和方法。

（2）掌握分液漏斗的使用方法。

（3）通过对萃取的学习，加深对相似相容原理的理解。

（4）通过对萃取原理和分层现象的学习，教育学生明辨是非。

二、实验原理

萃取，又称溶剂萃取或液液萃取，有时候也称为抽提，是利用系统中组分在溶剂中有不同的溶解度来分离混合物的单元操作，即利用物质在两种互不相溶（或微溶）的溶剂中溶解度或分配系数不同，从而使溶质物质从一种溶剂内转移到另外一种溶剂中的方法。萃取是有机化学实验中用来提纯和纯化化合物的手段之一。萃取能从固体或液体混合物中提取出所需要的物质，也可以洗去混合物中少量的杂质。前者通常称为萃取或抽提，后者通常称为洗涤。该方法广泛应用于化学、食品、冶金、石油炼制等工业。另外，将萃取后两种互不相溶的液体分开的操作，叫作分液。

固－液萃取，又称浸取，用溶剂分离固体混合物中的组分。比如，用酒精浸取黄豆中的豆油以提高油产量，用水浸取甜菜中的糖类，用水从中药中浸取有效成分以制取流浸膏（又称"渗沥"或"浸沥"）。虽然萃取经常被用在化学实验中，但它的操作过程并不造成被萃取物质化学成分的改变（或说化学反应），所以萃取操作是一个物理过程。若一物质在两液相 A 和 B 中的浓度分别为 C_A 和 C_B，那么在一定的温度下，$C_A/C_B=K$。K 为常数，该常数称为分配系数。该常数可以近似地看作此物质在两种溶剂中的溶解度之比。用同样体积的溶剂多次萃取远比一次萃取的效率高。一般萃取 3 ~ 5 次即可。同理，洗涤过程也是少量多次的原则，洗涤 3 ~ 5 次即可。

分液漏斗一般分为球形分液漏斗和梨形分液漏斗，漏斗上面的塞子可以称为顶塞或斗盖，下面颈脖子上的塞子称为旋塞或活塞（图 1-16-1）。分液漏斗用于气体发生器中控制加液，也常用于互不相溶的几种液体的分离。梨形分液漏斗多用于分液操作使用，球形分液漏斗多用于滴加反应液使用。当分液漏斗中的液体向下流时，下面的旋塞可控制液体的流量，若要终止反应，就要将旋塞紧紧关闭，所以，可立即停止滴加液体。放液时，顶塞上的凹槽与漏斗口颈上的小孔要对准，这时漏斗内外的空气相通，压强相等，漏斗里的液体才能顺利流出。

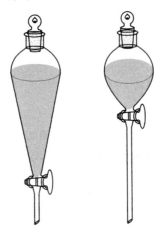

图 1-16-1 梨形分液漏斗（左）和球形分液漏斗（右）

分液时根据"下流上倒"的原理，打开旋塞让下层液体全部流出后，关闭旋塞。上层从上口倒出。分液漏斗不能加热。漏斗用后要洗涤干净。洗干净后把顶塞和旋塞拿出来，不要插在分液漏斗里面，并用橡筋套住，以免丢失或脱落；长时间不用分液漏斗时，要把旋塞处擦拭干净，塞芯与塞槽之间放一纸条，并用一橡筋套住旋塞，以防磨砂处粘连。在萃取时，若在水溶液中先加入一定量的电解质（如 NaCl），利用盐析效应可以降低有机物和萃取剂在水溶液中的溶解度，因此可以提高萃取效果。

在萃取时，特别是当溶液呈碱性时，常常会产生乳化现象，影响分离。破坏乳化的方法有多种，可以较长时间静置，也可以轻轻地旋摇漏斗，加速分层。若因两种溶剂（如水与有机溶剂）部分互溶而发生乳化，可以加入少量电解质（如 NaCl），利用盐析作用使分层明显；若因两相密度差小而发生乳化，也可以加入电解质，以增大水相的密度；若因溶液呈碱性而产生乳化，常可加入少量的稀盐酸或采用过滤等方法消除；根据不同情况，还可以加入乙醇、磺化蓖麻油等消除乳化。

三、主要仪器与试剂

仪器：分液漏斗、铁架台、铁圈、烧杯、玻璃棒等。
试剂：蒸馏水、待萃取的物、萃取剂等。

四、实验步骤

（一）使用前的准备工作

（1）分液漏斗上口的顶塞应用线系在漏斗上口的颈部，旋塞则用橡皮筋绑好，以避免脱落打破分液漏斗。

（2）取下旋塞并用纸将旋塞及旋塞腔擦干，在旋塞孔的两侧涂上一层薄薄的凡士林，再小心塞上旋塞并来回旋转数次，使凡士林均匀分布呈透明，但上口的顶塞不能涂凡士林。

（3）使用前应先用水检查顶塞、旋塞是否紧密。倒置或旋转旋塞时都必须不漏水，方可进行使用。

（二）萃取与洗涤操作

把分液漏斗放置在固定铁架台的铁环上。关闭分液漏斗下面的旋塞，在漏斗颈底端放一个烧杯或锥形瓶，以便接住分液漏斗分离的下层液体。由分液漏斗上口倒入待分离的物质与萃取剂，通常会选择水作一相，而不与水互溶的有机物作另外一相。然而，分液漏斗内液体总体积应不超过漏斗容积的 2/3，然后盖紧顶塞并封闭气孔（图 1-16-2）。

取下分液漏斗，振摇使两层液体充分接触。振摇时，右手捏住漏斗上口颈部，并用食指根部（或手掌）顶住顶塞，以防顶塞松开（图 1-16-3）。用左手大拇指、食指按住处于上方的旋塞把手，既要能防止振摇时旋塞转动或脱

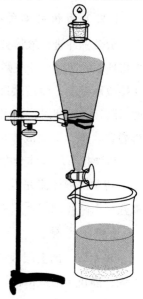

图 1-16-2　萃取装置

落，又要便于灵活地旋开旋塞。漏斗颈向上倾斜30°～45°角。

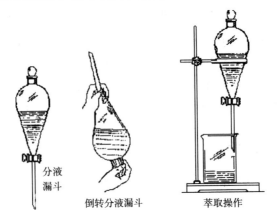

分液
漏斗

倒转分液漏斗

萃取操作

图 1-16-3　分液漏斗的振摇

用两手旋转振摇分液漏斗数秒后，仍保持漏斗的倾斜度，旋开旋塞，放出蒸气或产生的气体，使漏斗内外压力平衡。当漏斗内有易挥发有机溶剂（如乙醚）或有二氧化碳气体放出时，更应及时放气并注意远离别人，该操作最好在通风橱内进行。

放气完毕后，关闭旋塞，再行振摇。如此重复3～4次至无明显气体放出后再静置。

（三）两相液体的分离操作

分液漏斗进行液体分离时，必须放置在铁环上静置分层；待两层液体界面清晰时，先将顶塞的凹缝与分液漏斗上口颈部的小孔对好（与大气相通），再把分液漏斗下端靠在接收瓶壁上，然后缓缓旋开旋塞，放出下层液体。放出液体时，先快后慢，当两液面界限接近旋塞时，关闭旋塞并手持漏斗颈稍加振摇，使黏附在漏斗壁上的液体下沉，再静置片刻，下层液体常略有增多，再将下层液体仔细放出，此种操作可重复2～3次，以便把下层液体分净。当最后一滴下层液体刚刚通过旋塞孔时，关闭旋塞。

待颈部液体流完后，将上层液体从上口倒出。绝不可由旋塞放出上层液体，以免被残留在漏斗颈的下层液体所沾污。

（四）干燥

将萃取后的上层液体或下层液体（提取层）合并，加入无水硫酸镁等干燥剂进行干燥，静止至溶液澄清。

（五）过滤

除去干燥剂，收取滤液。

五、操作要点说明

（1）不论萃取还是洗涤，上下两层液体都要保留至实验完毕，否则一旦中间操作失误，就无法补救和检查。

（2）分液漏斗与碱性溶液接触后，必须用水冲洗干净。不用时，顶塞、旋塞应用薄纸条夹好，以防黏住。

（3）分液漏斗塞子若黏住，不要硬扭，可用水泡开。

（4）当分液漏斗需放入烘箱中干燥时，应先卸下顶塞与旋塞，上面的凡士林必须用纸擦掉，否则凡士林在烘箱中炭化后，很难洗去。

（5）在萃取过程中，将一定量的溶剂分做多次萃取，其效果比一次萃取要好。

（6）在萃取过程中，常常有乳浊液生成。乳浊液的形成使得两相不容易分离。因此，将乳浊液破坏掉有利于两相分离。乳浊液的破坏可采用以下几种方法：

①以接近垂直的位置将分液漏斗轻轻回荡或用玻璃棒轻轻搅拌。

②加入食盐（或某些去泡剂），利用盐析作用来破坏乳化。

③若因碱性物质而乳化，加入少量稀硫酸来破坏乳化。

④加热或滴加数滴乙醇（改变表面张力）来破坏乳化。

（7）干燥剂一般每 10 mL 用 0.5 ~ 1 g。

六、思考题

（1）使用分液漏斗时，顶塞和旋塞都要涂抹凡士林吗？

（2）用分液漏斗分离液体时，静置后上层液体和下层液体分别从哪里倒出？

（3）用分液漏斗萃取时为什么要放气？为什么有静置的过程？

（4）萃取时，分液漏斗内有乳浊液生成，很难分层，此时应如何操作？

实验十七　蒸馏及沸点的测定

一、实验目的

（1）了解蒸馏和沸点测定的原理和意义。

（2）掌握蒸馏和沸点测定的操作方法。

（3）了解常量法和微量法测定沸点的不同。

（3）通过沸点测定实验，培养学生严谨务实的科研态度。

二、实验原理

液体分子运动有从液面逸出的倾向，这种倾向随着温度的升高而增大，进而在液面上部形成蒸气。当分子由液体逸出的速率与分子由蒸气中回到液体中的速率相等时，液面上的蒸气达到饱和，称为饱和蒸气。它对液面所施加的压力称为饱和蒸气压。实验证明，液体的蒸汽压只与温度有关，即液体在一定温度下具有一定的蒸气压。

将液体加热，它的蒸气压就随着温度的升高而增大。当液体的蒸汽压增大到与外界施于液面的总压力（通常是大气压力）相等时，液体就开始沸腾。这时的温度称为液体的沸点。纯的有机化合物在一定压力下均有恒定的沸点，且沸程很小，一般不超过 1℃ ~ 2℃。因此，测定沸点是鉴别有机化合物和判断物质纯度的依据之一。需要注意的是纯净物有固定的沸点，但有固定沸点的物质不一定都是纯净物。例如，将稀盐酸蒸发浓缩到质量分数为 20.24% 时，温度为 110℃，此时蒸发溶液溶质和溶剂的组成不能再改变。也就是说，盐酸具有恒沸点，为 110℃，但是盐酸是混合物。另外，工业酒精用蒸馏法浓缩质量分数只能达到 95.5%。此时的酒精也是恒沸溶液，沸点为 78.1℃。如果想再提高酒精浓度，则必须加入生石灰再蒸馏。测定沸点常用的方法有常量法（蒸馏法）和微量法两种。

将液体物质加热到沸腾，使其变成蒸气，然后将蒸气冷凝为液体的过程称为蒸馏。蒸馏是分离和提纯液体化合物最常用的一种方法，通过蒸馏可以把易挥发的物质和不挥发的物质分离，也可将沸点不同的液体混合物分离开来。但是，液体混合物中各组分的沸点要相差 30℃ 以上才能取得较好的分离效果。而要彻底分离，混合物中各组分的沸点要相差 110℃ 以上。蒸馏也是测定液体有机化合物沸点的一种方法。

冷凝管是实验室一种常用玻璃仪器，主要用于蒸馏液体或合成制备有机物，起冷凝或回流作用。在蒸馏装置中，常会使用直形冷凝管。直形冷凝管侧面有两个口，其中下边的口为进水口，上边的口为出水口。在有机化学实验中，除了直形冷凝管，还有几种其他的冷凝管，空气冷凝管、球形冷凝管、蛇形冷凝管等（图 1-17-1）。每一种冷凝管的外形略有不同，用途也不同。空气冷凝管和直形冷凝管主要是在蒸出产物时使用（包括蒸馏和分馏），当蒸馏物沸点超过 140℃ 时，一般使用空气冷凝管，以免直形冷凝管通水冷却导致玻璃温差大而炸裂。球形冷凝管与直形冷凝管相比，球泡状内芯管的冷却面积大，冷凝效果好，其他部分与直形冷凝管相同。蛇形冷凝管和球形冷凝管相似，两者主要用于回流，不能用于蒸出产物。

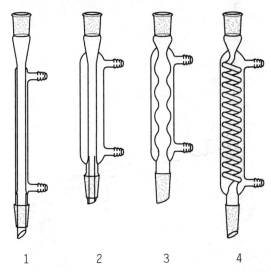

1—空气冷凝管；2—直形冷凝管；3—球形冷凝管；4—蛇形冷凝管

图 1-17-1　实验室常见冷凝管

三、主要仪器与试剂

仪器：100 mL 圆底烧瓶 2 个、沸石、蒸馏头、温度计（100℃）、温度计套管、直形冷凝管、接液管（尾接管／牛角管）、铁架台、铁圈、石棉网、铁夹、橡皮管、酒精灯、50 mL 量筒、10 mL 量筒、长颈漏斗、橡皮圈、提勒管、玻璃管（内径为 4～5 mm）、毛细管。

试剂：95% 医用酒精、苯（分析纯）、液体石蜡等。

四、实验步骤

（一）蒸馏和常量法测定沸点

常量法测定沸点即蒸馏法测定沸点，所用的仪器装置与蒸馏一样。

1. 实验装置

蒸馏装置主要由蒸馏烧瓶、冷凝管和接收器三部分组成，如图 1-17-2 所示。蒸馏装置除了蒸馏烧瓶、冷凝管和接收器，还有温度计套管、温度计、蒸馏头、橡皮管等。

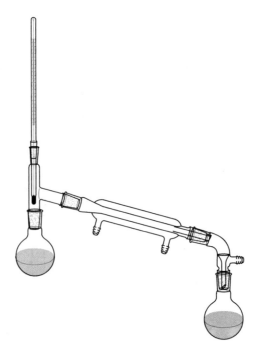

图 1-17-2　蒸馏装置

（1）蒸馏烧瓶

待蒸馏液在瓶内受热汽化，蒸气经支管进入冷凝管。蒸馏瓶的选用与待蒸馏液的体积有关，通常装入液体的体积应为蒸馏烧瓶容积的 1/3 ～ 2/3。

（2）冷凝管

蒸气在冷凝管中冷凝成为液体，液体的沸点高于 140℃时用空气冷凝管，低于 140℃时用直形冷凝管。

注意：空气冷凝管和直形冷凝管主要是在蒸出产物时使用（包括蒸馏和分馏），当蒸馏物沸点超过 140℃时，一般使用空气冷凝管，以免直形冷凝管通水冷却导致玻璃温差大而炸裂。

（3）接收器

接收器一般由接液管和接收瓶两部分组成，用来收集冷凝后的液体。在测乙醇沸点的实验中，为方便测定蒸馏出液体的体积，接收瓶常常用量筒代替。

2. 装置的组装

按图 1-17-2，先从热源处开始，然后按由下而上、从左往右的顺序依次安装、固定好仪器。温度计水银球上端与蒸馏瓶支管的瓶颈和支管结合部的下沿保持水平。

3. 蒸馏操作

（1）装料

从蒸馏装置上取下蒸馏烧瓶，把长颈漏斗放在蒸馏烧瓶口上，经漏斗加入 30 mL 95% 医用酒精，然后投入几粒沸石，依次装上蒸馏头、直形冷凝管、接液管，以 10 mL 量筒作接收瓶，另准备一个 10 mL 量筒待用，安好温度计。

（2）检查装置

蒸馏装置安装完毕后，将各接口处逐一再次连接紧密，注意蒸馏系统内应有接通大气的通路。

（3）加热

接通冷凝水后即可加热。最初宜用小火，以免蒸馏烧瓶因局部受热而炸裂，慢慢增大火力，使瓶内液体沸腾，蒸气也随之上升，温度计的读数也略有上升。当蒸气的顶端到达温度计水银球部位时，温度计的读数开始急剧上升，这时应适当调小火焰（或降低电热套的电压），使加热速度略为减慢，蒸气顶端停留在原处，使瓶颈上部和温度计受热，让水银球上液滴和蒸气温度达到平衡。然后，再稍稍加大加热速度，进行蒸馏。开始有馏液流出时，记下第一滴馏出液落到接收瓶中时的温度。控制加热温度，调节蒸馏速度，以控制馏出的液滴，通常以每秒钟 1 ~ 2 滴为宜。在蒸馏过程中，应使温度计水银球处于被冷凝液滴包裹状态，此时的温度即液体与蒸气平衡时的温度，温度计的读数就是液体（馏出物）的沸点。

蒸馏时加热的火焰不能太大，否则会在蒸馏瓶的颈部造成过热现象，使一部分液体的蒸汽直接收到火焰的热量，这样由温度计读得的沸点就会偏高；另外，蒸馏也不能进行得太慢，否则由于温度计的水银球不能被馏出液蒸气充分浸润使温度计上所读得的沸点偏低或不规范。

（4）收集与记录

蒸馏时在达到物质的沸点之前，常有沸点较低的液体先馏出，这部分馏液叫作前馏分。用一个接收器接收这部分液体，记录第一滴馏出液落入接收器时的温度。

前馏分蒸完，温度趋于稳定后，蒸出的是较纯的物质（此过程温度变化非常小）。这时更换另一个干净的接收器收集，记录从开始到停止接收该馏分的温度，即该馏分的沸点范围，简称沸程（表 1-17-1）。馏分的沸点范围越窄，则馏分的纯度越高。若要集取馏分的沸点范围已有规定，即可按规定收集。当所需的馏分蒸出后，温度计读数会突然下降，此时应停止蒸馏。即使杂质很少也不要蒸干，以免发生意外事故。

表 1-17-1 蒸馏曲线数据

蒸馏	馏出液体积（mL）	第一滴	0.5	1	1.5	2	2.5	3	3.5	4	4.5	…
	温度（℃）											

在该实验中，开始蒸出的馏分中含低沸点的组分（乙醇）较多，而高沸点组分（水）较少，随着低沸点组分的蒸出，混合液中高沸点组分含量逐渐增加，馏出液的沸点随之升高。当温度到达80℃左右时，更换另一个小量筒接收80℃～95℃的馏分。当蒸气达到95℃时，停止蒸馏。以馏出温度为纵坐标，馏出液体积（mL）为横坐标，绘制蒸馏曲线，讨论分离效果。

（5）拆卸装置

蒸馏完毕，先停止加热，撤去热源，待仪器冷却后，停止通水。再按与安装时相反的顺序逐件拆除仪器，并进行清洗与干燥。

（二）微量法测定沸点

测定沸点常用的方法有两种：常量法和微量法。样品数量较多时，可用常量法，即以常压蒸馏装置进行测定。样品数量很少时，则可采用微量法。微量法是以熔点测定装置来进行沸点测定的。

1. 沸点管的制备

沸点管由外管和内管组成。取一支长7～8 cm、内径为4～5 mm的薄壁玻璃管，封闭其下端，注意封口底要薄，此管为外管。另外取一支长8～9 cm、内径为1 mm、下端封闭的毛细管作为内管。

2. 沸点的测定

在外管中滴加少许待测样品，样品高度约10 mm，再将内管开口向下插入外管中，然后用橡皮圈将此沸点管固定在温度计的一侧，使待测样品的位置在温度计水银球中部，然后将温度计连同沸点管一起置于盛有浴液的提勒管中。将提勒管加热升温，当温度超过样品沸点时，即有一连串小气泡从毛细管末端放出，此时即可停止加热，让浴液慢慢冷却，使气泡逐渐减少。当气泡停止逸出，且液体开始进入毛细管的瞬间（此时毛细管内的蒸气压等于外界压力），记下此时的温度，即该液体样品的沸点。

按上述方法测定苯（分析纯）的沸点，待温度下降15℃～20℃后，可重新加热再测一次。重复测定2～3次，数值相差不超过1℃。实验完毕后，仪器的处理方法与熔点测定相同。

五、操作要点说明

（1）蒸馏装置连接要紧密，不漏气，出口要与大气相通，密封会发生爆炸等事故。

（2）加沸石可使液体平稳沸腾，防止液体过热产生暴沸。停止加热后如再蒸馏，应重新加沸石。若忘了加沸石，应停止加热，冷却后再补加。

（3）先开启冷凝水，再加热。蒸馏完毕，先去热源，冷却后再关冷凝水，拆下仪器。

（4）冷凝水从冷凝管支口的下端进，上端出。冷凝水的流速以能保证蒸气充分冷凝为宜，通常保持缓缓水流即可。

（5）蒸馏过程中，温度计水银球上应始终附有冷凝的液滴，以保持气液两相平衡，这样才能确保温度计读数的准确。

（6）切勿蒸干，以防意外事故发生。

（7）微量法测定沸点时，每支内管只能使用一次。

六、思考题

（1）沸点的定义是什么？液体的沸点和大气压有什么关系？文献里记载的某物质的沸点是否为我们这里的沸点温度？

（2）蒸馏时加入沸石的作用是什么？如果蒸馏前忘记加沸石，能否立即将沸石加至将近沸腾的液体中？当重新蒸馏时，用过的沸石能否继续使用？

（3）蒸馏时，为什么最好控制馏出液的速度为 1～2 滴／秒？若加热太快，馏出液流速大于 1～2 滴／秒（每秒种的滴数超过要求量），分离两种液体的能力会显著下降，为什么？

（4）冷凝管的通水方向是由下而上，反过来行吗？为什么？

（5）如果液体具有恒定的沸点，那么能否认为它是纯净物质？

（6）微量法测定沸点时，为什么把最后一个气泡刚欲缩回起泡管（液体样品开始返回内管）的温度作为沸点？

实验十八　分馏

一、实验目的

（1）了解蒸馏和分馏的基本原理和应用范围，掌握蒸馏和分馏的不同之处。

（2）复习固定蒸馏装置的安装和使用方法。

（3）掌握分馏柱的工作原理和常压下的简单分馏操作方法。

（4）分馏的目的是分离提纯，通过对分馏原理的学习和理解，培养学生精益求精的精神。

二、实验原理

蒸馏和分馏的基本原理是一样的，都是利用有机物的沸点不同。在蒸馏过程中，低沸点的组分先蒸出，高沸点的组分后蒸出，从而达到分离提纯的目的。它们不同的是分馏即分步蒸馏，把不同沸点的有机物从混合物中各自分离开，是借助分馏柱使有机物不断地汽化、冷凝反复进行，是分离几种不同沸点的混合物的一种方法。简单来说，分馏就是多次蒸馏。

蒸馏和分馏的应用范围不同，蒸馏时混合液体中各组分的沸点要相差30℃以上，才可以进行分离；而要彻底分离，沸点要相差110℃以上。分馏可使沸点相近的互溶液体混合物得到分离和纯化。但是，能形成共沸的混合物不能用蒸馏或分馏分离或提纯。

蒸馏是将液态物质加热到沸腾变为蒸气，又将蒸气冷凝为液体的联合操作过程。用蒸馏方法分离混合组分时，要求被分离组分的沸点差在30℃以上才能达到有效分离或提纯的目的。蒸馏是分离和提纯液态有机物常用的方法之一，也可用来测量液态物质的沸点（常量法）。

分馏与蒸馏是不同的。装置上，分馏比蒸馏多一个分馏柱。分馏就是蒸馏液体混合物，使气体在分馏柱内反复进行汽化、冷凝、回流等过程，从而使得沸点相近的混合物分开。分馏相当于多次的简单蒸馏，最终在分馏柱顶部出来的蒸气为高纯度的低沸点组分，这样能把沸点相差较小的混合组分有效地分离或提纯出来。

分馏效率主要取决于分馏柱。分馏柱主要有三种类型：维氏分馏柱、达弗顿分馏柱和填充式分馏柱。分馏柱的柱高、填充物、保温性能和回流比都会影响分馏效率。柱高因素又称之为分馏柱效率因素，即主要与理论塔板数有关，一块理论塔板相当于一次普通蒸馏的效果。回流比越大，分馏效率越高，即馏出液速度太快时分离效果差，因而该因素又常常称为蒸馏速度的影响因素；保温性能即柱的保温。在其他因素影响相同时，保温效果越好，热能利用率越高，在相同柱高时，蒸馏的次数越多。反之，如果保温效果不好，蒸气就很难上升到柱顶。有时，为了保温效果更好，会在分馏柱周围包裹其他物质。为提高分馏效果也会在分馏柱中加入填充物，目的是增加气液相的接触面积，使气液相间进行更有效的热交换，从而提高分馏效果。

三、主要仪器与试剂

仪器：圆底烧瓶（100 mL、50 mL）、蒸馏头、温度计（100 ℃）、温度计套管、分馏柱、直形冷凝管、橡皮管、接液管（牛角管／尾接管）、10 mL 量筒、长颈漏斗、铁架台、铁圈、铁夹、石棉网、酒精灯、沸石、橡皮圈等。

试剂：工业酒精。

四、实验步骤

（一）安装分馏实验装置

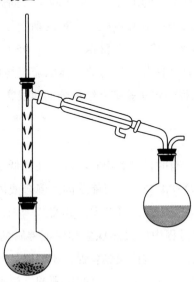

图 1-18-1 分馏装置

注意：为方便测出馏出液体积，接收瓶有时会用量筒代替。

（二）装料

在 50 mL 的圆底烧瓶中加入工业酒精 15 mL，并加入 1 ～ 2 粒沸石。然后，在烧瓶上装上刺形分馏柱，在分馏柱上口插入温度计，使温度计水银球上端与分馏柱侧管底边在同一水平线上，依次装上直形冷凝管、接引管。以 10 mL 量筒作接收瓶，另准备一个 10 mL 量筒待用。

（三）加热、分馏

打开冷凝水，用电热套加热，当液体开始沸腾后，即见到一圈圈气液沿分馏柱慢慢上升，待其停止上升后，调节热源，提高温度，当蒸气上升到分馏柱顶部，开始有馏液流出时，记下第一滴分馏液落到接收瓶中时的温度。调节并控制好温度，使蒸气缓慢上升以保持分馏柱内有一个均匀的温度梯度，并控制馏出液的速度为 2 ～ 3 滴 / 秒。记录馏出物的体积和相应的温度，填表 1–18–1。

表 1–18–1　分馏曲线数据

分馏	馏出液体积（mL）	第一滴	0.5	1	1.5	2	2.5	3	3.5	4	4.5	…
	温度（℃）											

开始蒸出的馏分中含低沸点的组分（乙醇）较多，而高沸点组分（水）较少，随着低沸点组分的蒸出，混合液中高沸点组分含量逐渐增加，馏出液的沸点随之升高。当温度到达 80℃ 时，更换另一个小量筒接收 80℃ ～ 95℃ 的馏分。当蒸气达到 95℃ 时，停止分馏，冷却几分钟，使分馏柱内的液体回流至烧瓶。以柱顶温度为纵坐标，馏出液体积（mL）为横坐标，将实验结果绘成分馏曲线，讨论分离效果。

五、操作要点说明

（1）进行蒸馏操作时，有时发现馏出物的沸点往往低于（或高于）该化合物的沸点，有时馏出物的温度一直在上升，这可能是因为混合液体组成比较复杂，沸点又比较接近，简单蒸馏难以将它们分开，可考虑用分馏。

（2）为了防止在蒸馏过程中的过热现象和保证沸腾的平稳状态，常加沸石，或一端封口的毛细管。如果用磁力搅拌加热装置，还可以加入磁子。它们都能防止加热时的暴沸现象，因而把它们称作止暴剂，又叫助沸剂。值得注意的是，不能在液体沸腾时加入止暴剂，不能用已使用过的止暴剂。

（3）蒸馏及分馏效果好坏与操作条件有直接关系，其中最主要的是控制馏出液的流出速度，以 1 ～ 2 滴 / 秒为宜，不能太快，否则达不到分离要求。

（4）当蒸馏沸点高于 140℃的物质时，应该使用空气冷凝管。

（5）如果维持原来加热程度，不再有馏出液蒸出，温度突然下降时，就应停止蒸馏，即使杂质含量很少也不能蒸干，特别是蒸馏低沸点液体时更要注意不能蒸干，否则易发生意外事故。蒸馏完毕，先停止加热，后停止通冷却水，拆卸仪器，其程序和安装时相反。

（6）蒸馏低沸点易燃吸潮的液体时，在接液管的支管处，连一个干燥管，再从后者出口处接胶管通入水槽或室外，并将接收瓶在冰浴中冷却。

（7）简单分馏操作和蒸馏大致相同，要很好地进行分馏，必须注意以下几点：

①分馏一定要缓慢进行，控制好恒定的蒸馏速度（1 ～ 2 滴 / 秒），这样才可以得到比较好的分馏效果。

②要使有相当量的液体沿分馏柱流回烧瓶中，就要选择合适的回流比，使上升的气流和下降液体充分进行热交换，使易挥发组分上升，难挥发组分尽量下降，分馏效果更好。

③必须尽量减少分馏柱的热量损失和波动。分馏柱的外围可用石棉绳包住，这样可以减少分馏柱内热量的散发，减少风和室温的影响，也减少了热量的损失和波动，使加热均匀，分馏操作平稳地进行。

六、思考题

（1）分馏和蒸馏在原理及装置上有哪些异同？两种沸点很接近的液体组成的混合物能否用分馏来提纯呢？

（2）若加热太快，馏出液的流速大于 1 ～ 2 滴 / 秒（每秒种的滴数超过要求量），用分馏分离两种液体的能力会显著下降，为什么？

（3）用分馏柱提纯液体时，为了取得较好的分离效果，为什么分馏柱必须保持回流液？

（4）在分离两种沸点相近的液体时，为什么装有填料的分馏柱比不装填料的效率高？

（5）为什么不能用分馏法分离共沸混合物？

（6）在分馏或蒸馏时，可以用水浴或油浴加热，这种加热与直接用火加热相比较，有什么优点？

实验十九　重结晶提纯法

一、实验目的

（1）学习重结晶法提纯有机化合物的原理和方法。

（2）掌握抽滤、热滤、脱色等操作技能。

（3）通过对重结晶提纯法的学习，培养学生精益求精的品格和精神。

二、实验原理

利用被提纯物质与杂质在同一种溶剂中溶解性能的显著差异，而将它们分离的操作称为重结晶。从自然界提取或通过有机化学反应合成得到的固体有机化合物，常常含有少量的杂质，除去杂质最有效的方法就是用适当的溶剂进行重结晶，重结晶是提纯固体有机物最常用的方法。

大多数的固体有机物在溶剂中的溶解度随着温度的升高而增大，随温度的降低而减小，重结晶就是利用这个原理，使有机物在热溶剂中溶解，制成接近饱和的热溶液，趁热过滤，除去不溶性（在溶剂中溶解度很小）的杂质，再将溶液冷却，让有机物重新结晶析出，与可溶于冷溶剂（在溶剂中的溶解度很大）的杂质分离，这就是重结晶操作。经过一次或多次重结晶操作，可以大大提高固体有机物的纯度。

重结晶的一般过程为：选择合适的溶剂→溶解固体有机物制成热饱和溶液→脱色除去杂质→热过滤→冷却、析出晶体→抽滤、洗涤→干燥。

（1）选择溶剂。选择适合的溶剂是重结晶的关键之一，适宜的溶剂必须符合以下几个条件：① 与被提纯的有机物不起化学反应；② 被提纯的有机物在该溶剂中的溶解度随温度变化显著，在热溶剂中溶解度大，在冷溶剂中溶解度小；③ 杂质的溶解度很大（被提纯物成晶体析出时，杂质仍留在母液中）或很小（被提纯物溶解在溶剂中而杂质不溶，借热过滤除去）；④ 溶剂的沸点适中，沸点过低，被提纯物在其中溶解度变化不大；沸点过高，附着于晶体表面的溶剂难以经干燥除去；⑤ 价廉易得，毒性低，容易回收。

根据"相似相溶"的原理，在选择溶剂时溶质一般易溶于与其结构相似的溶剂。极性溶剂溶解极性固体，非极性溶剂溶解非极性固体。具体选择可通过查阅有关化学手册，也可以通过实验来确定。

（2）溶解固体。待提纯固体有机物的溶解一般在锥形瓶或圆底烧瓶等细口容器中进行，一般不在烧杯等广口容器中进行，因为锥形瓶的瓶口较小，溶剂不易挥发，又便于振荡。溶解时，先将待提纯的固体有机物放入锥形瓶中，加入比理论计算量略少的溶剂（因为含有杂质，溶解时需要的溶剂量少些），加热至微沸，振荡，若有固体未溶解，再加入少量溶剂，继续加热振荡，至瓶中固体不再溶解（当含有不溶性杂质时，添加足够量的溶剂杂质依然不溶）或全溶（不含不溶性杂质）为止，最后再多加计算量20%的溶剂（将溶液稀释，防止热滤时由于溶剂的挥发和温度的下降导致晶体析出），振荡，制成热的近饱和溶液。

（3）脱色。若热溶液有色，说明其中有有色杂质，可利用活性炭进行脱色处理，除去有色杂质。

脱色操作：将沸腾的溶液稍冷后，加入活性炭加热煮沸几分钟，然后趁热过滤，除去活性炭，得到无色溶液。在脱色的过程中，注意不能向正在沸腾的热溶液中加入活性炭，以免暴沸。活性炭的用量根据溶液颜色的深浅而定，一般为固体粗产物的1%～5%，加入过量的活性炭会吸附产物而造成损失。加热煮沸的时间一般为5～10分钟。

（4）热过滤。待重结晶的有机物热溶液中若有不溶性杂质或经活性炭脱色后必须趁热过滤除去杂质或活性炭。热滤应尽可能快速进行，防止在过滤中由于溶剂挥发或温度下降引起晶体析出，析出的晶体与杂质混在一起，造成损失。为了加快热滤的速度应采取以下措施：① 选用颈短而粗的玻璃漏斗，避免析出晶体堵塞漏斗颈；② 使用热水漏斗，保持溶液温度；③ 使用菊花形折叠滤纸，增大过滤面积，提高过滤速度。

（5）析出晶体。热过滤得到的滤液，静置，让其自然冷却，晶体逐步析出。结晶过程中，如果将溶液急速冷却或剧烈摇动，则析出的晶体颗粒太小，晶体表面积大，吸附的杂质较多，纯度较低。因此，应将溶液缓慢冷却、静置，得到颗粒较大的晶体。但是，晶体颗粒也不能太大，否则晶体中包含大量的母液，产物纯度过低，也给干燥带来困难。当看到有较大晶体形成时，及时轻轻摇动使之形成均匀的小晶体。如果溶液冷却后没有晶体析出，可以用玻璃棒摩擦器壁或用冰水冷却促使晶体生成。

（6）抽滤洗涤。结晶完全后，过滤使晶体与母液分离，溶解度大的杂质留在母液中。一般采用抽滤进行过滤，因为抽滤速度快且能吸干母液，得到的产品纯度高。抽滤装置主要由布氏漏斗（图1-19-1）、抽滤瓶（图1-19-2）、真空泵组成。在实验室内，真空泵一般用循环水真空泵（图 1-19-3）。安全起见，一般还会安装缓冲瓶（有时称为安全瓶）。布氏漏斗插入吸滤瓶时应该让漏斗下端斜口正对抽滤瓶的支管口；漏斗内放一张圆形滤纸，滤纸直径要小于漏斗内径，但必须能完全盖住所有小孔。抽滤前用少量溶剂将滤纸润湿并吸紧。缓冲瓶的作用是调节系统压力，防止倒吸。

图 1-19-1 布氏漏斗

图 1-19-2 抽滤瓶

图 1-19-3 循环水真空泵

抽滤时先将晶体和母液转移到布氏漏斗上，使晶体均匀分布在滤纸上，用少量溶剂将黏附在容器壁上的晶体洗出倒入漏斗，抽气吸干，用玻璃棒挤压晶体，尽量除去母液，用少量溶剂洗涤晶体，继续抽干。结束抽滤时，应先打开缓冲瓶上的旋塞放气，内外压力平衡后再关闭真空泵。

（7）晶体的干燥。经过抽滤得到的晶体表面吸附有少量溶剂，必须干燥除去，以得到纯净的产品。固体有机物的干燥通常采用烘干法。将重结晶得到的固体从漏斗转移到一个干燥洁净的表面皿上。烧杯中盛少量水，在石棉网上加热至沸腾，把表面皿放在烧杯上，用水蒸气加热，使晶体吸附的溶剂快速挥发，从而使晶体干燥。干燥后取下晶体，用玻璃棒轻敲滤纸使黏在滤纸上的晶体全部脱落下来。

三、主要仪器与试剂

仪器：金属漏斗、玻璃漏斗、锥形瓶、抽滤装置（抽滤瓶和布氏漏斗）、表面皿等。

试剂：乙酰苯胺或己二酸粗制品、滤纸、活性炭等。

四、实验步骤

（一）固体溶解

称取待提纯的粗制品乙酰苯胺 5 g（或己二酸 5 g），放于 250 mL 锥形瓶中，加入适量纯水（应小于理论计算用水量），加热至沸，振荡，若固体不能全部溶解，可分次添加少量水，每次 2 ~ 3 mL，加热沸腾，振荡，至固体全溶或不再溶解为止，记录加入水量，再加入过量 20% 的水，加热至微沸。

（二）脱色

热溶液稍冷后，加入 0.5 ~ 1 g 活性炭，边加热边搅拌，煮沸 5 ~ 10 分钟。

（三）热过滤

方法一：用抽滤装置热过滤

将布氏漏斗加热后，趁热取出，用热水将滤纸润湿，趁热过滤（抽滤）。过滤完毕，用少量热水洗涤锥形瓶和滤纸。

方法二：用金属漏斗热过滤

热过滤的步骤也可以采用以下操作（图 1-19-4）：在金属漏斗中注入热水，放于铁圈上，用酒精灯加热侧管，取一个短颈玻璃漏斗放入金属漏斗中，将折叠好的菊花滤纸（菊花形滤纸的折叠方法如图 1-19-5 所示）放在玻璃漏斗上，预热一段时间。用少量热水润湿滤纸，再将沸腾的热溶液倒入漏斗中过滤，每次倒入少量，分几次过滤，瓶中剩余的溶液继续加热保持微沸。过滤完毕，用少量热水洗涤锥形瓶和滤纸。

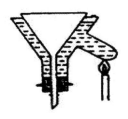

图 1-19-4　常压热过滤装置

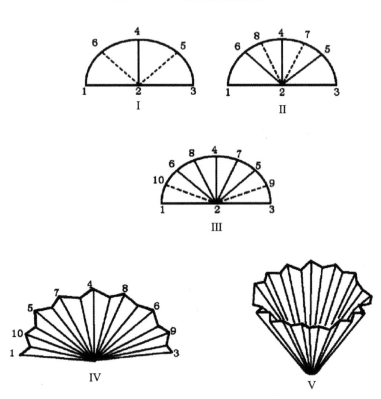

图 1-19-5　菊花形滤纸的折叠方法

（四）结晶

滤液静置，自然冷却，晶体逐渐析出。

（五）抽滤

连接抽滤装置，剪一个大小合适的滤纸放于布氏漏斗上，用少量水润湿后开动真空泵吸紧，打开缓冲瓶旋塞，将晶体和母液一起倒入漏斗中，晶体要尽可能分布均匀，关闭缓冲瓶旋塞，抽滤，抽干。用玻璃瓶塞或者玻璃棒挤压晶体，尽量除去母液。抽干后用少量水洗涤晶体两次，继续抽干。

（六）烘干

将滤纸和滤饼一同从漏斗中取出，放在一个干燥洁净的表面皿上，在水蒸气浴上加热（或100℃以下烘干），晶体表面的溶剂很快挥发，晶体逐渐干燥。取下晶体，将滤纸上沾附的少量晶体刮下合并在一起。

（七）计算

称重计算。

五、操作要点说明

（1）不能将活性炭加入正在沸腾的溶液中，必须等溶液冷后再加。

（2）热过滤时，漏斗滤纸都要预热，每次倒入少量液体，过滤速度要快，防止在滤纸上出现结晶。

（3）结晶析出时要静置，切勿摇动。

（4）抽滤时注意正确操作。

六、思考题

（1）重结晶一般包括哪几个步骤？选用溶剂应具备哪几个条件？

（2）重结晶时所用的溶剂为什么不能太多或太少？溶剂的量应如何正确控制？

（3）热过滤时应注意哪些要点？

实验二十　薄层色谱

一、实验目的

（1）掌握薄层色谱的基本原理和操作技术。

（2）了解薄层色谱在有机物分离中的应用。

（3）通过对薄层色谱斑点位移的观察，教育学生对待学习和工作应争先恐后，培养学生积极进取的品质。

二、实验原理

色谱法是分离、纯化和鉴定有机化合物的重要方法之一，其基本原理是利用混合物各组分在某一物质中的吸附或溶解性的不同，使混合物的溶液流经该种物质进行反复的吸附或分配，从而使各组分物质得到分离。色谱法在有机化学中的应用主要包括以下四个方面：

（1）分离混合物。一些结构类似、理化性质也相似的化合物组成的混合物，一般应用化学方法分离很困难，但应用色谱法分离，有时可得到满意的结果。

（2）精制提纯化合物。有机化合物中含有少量结构类似的杂质，不易除去，可利用色谱法分离以除去杂质，得到纯品。

（3）鉴定化合物。在条件完全一致的情况，纯碎的化合物在薄层色谱或纸色谱中都会呈现一定的移动距离，即比移值（R_f 值），所以利用色谱法可以鉴定化合物的纯度或确定两种性质相似的化合物是否为同一物质。但是，影响比移值的因素很多，如薄层的厚度，吸附剂颗粒的大小，酸碱性，活性等级，外界温度和展开剂的纯度、组成、挥发性等。因此，要获得重现的比移值就比较困难。为此，在测定某一试样时，最好用已知样品进行对照。

（4）观察一些化学反应是否完成。可以利用薄层色谱或纸色谱观察原料色点直至逐步消失，以判断反应完成与否。

薄层色谱（Thin Layer Chromatography，简称 TLC）是一种微量、快速和简便的色谱方法，可用于分离混合物和精制化合物。它具有展开时间短（几十分钟就可达到分离目的）、分离效果高（可达到 300 ~ 4000 块理论塔板数）、需要样品少（几到几十微克甚至 0.01 μg）等优点。如果将吸附层加厚，样品点成一条线，又可用作制备色谱，分离多达 500 mg 的样品，还可用于精制样品。特别适用于挥发性较小或在较高温度下易发生变化而不能用气相色谱分析的物质。

常用的薄层色谱有吸附色谱和分配色谱两类。一般能用硅胶或氧化铝薄层色谱分开的物质，也能用硅胶或氧化铝柱色谱分开；凡能用硅藻土和纤维素作支持剂的分配柱色谱能分开的物质，也可分别用硅藻土和纤维素薄层色谱展开。因此，薄层色谱常用作柱色谱的先导。

在有机混合物中，各组分对吸附剂的吸附能力不同，当展开剂流经吸附剂时，有机物各组分会发生无数次吸附和解吸过程，吸附力弱的组分随流动迅速向前，而吸附力强的组分则滞后。各组分不同的移动速度使得它们分离。各组分被分离后在薄层板上的位置，常用比移值 R_f 表示。

$$R_f = \frac{\text{原点至层析斑点中心的距离}}{\text{原点至溶剂前沿的距离}}$$

如图 1-20-1 所示，展开前薄层板左边点为纯样品点 1，右边点为混合物点。数值①、②、③分别表示展开后展开剂前沿到起始线的距离、纯样品点 1 到原点的距离以及分离后纯样品点 2 到原点的距离。良好的分离，R_f 值应为 0.15 ～ 0.75，否则应更换展开剂重新展开。

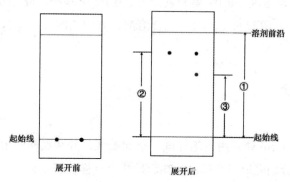

图 1-20-1　二组分混合物展开前后各组分定位及定性分析示意图

薄层色谱在实际操作中，通常是在干净的玻璃板（10 cm×3 cm）上均匀地涂一层吸附剂或支持剂，待干燥、活化后将样品溶液（有机混合物溶液）用管口平整的毛细管滴加于离薄层板一端约 1 cm 处的起点线上，晾干或吹干后置薄层板于盛有展开剂的展开槽（或称为层析槽）内，浸入深度为 0.5 cm（图 1-20-2）。待展开剂前沿离顶端 1 cm 附近时，将色谱板取出，干燥后喷以显色剂，或在紫外灯下显色。记录原点至主斑点中心及展开剂前沿的距离，计算 R_f 值。

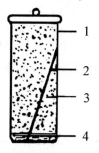

1—层析缸／层析槽／展缸；2—薄层板；3—展开剂饱和蒸气；4—层析液

图 1-20-2　浸有层析板的层析槽

三、主要仪器与试剂

仪器：10 cm×3 cm 硅胶层析板两块、层析槽一个、点样用毛细管。

试剂：

（1）1% 罗丹明 B 溶液、0.1% 亚甲基蓝溶液、1% 罗丹明 B 溶液和 0.1% 亚甲基蓝溶液（1∶1）混合溶液、水饱和的丁醇，其中水饱和的正丁醇作展开剂。

（2）0.1% 甲基橙溶液、0.1% 溴酚蓝溶液、0.1% 甲基橙溶液和 0.1% 溴酚蓝溶液（1∶1）混合溶液、乙醇和水（2∶1）混合溶液，其中乙醇和水（2∶1）混合溶液作展开剂。

四、实验步骤

（一）点样

在层析板下端 1 cm 处，用铅笔轻画一条起始线，并在点样处用铅笔做一记号为原点。取毛细管，分别蘸取三个样品，在起始线上点样，斑点直径一般不超过 2 mm。点样用的毛细管必须专用，不得弄混。点样时，使毛细管液面刚好接触到薄层即可，切勿点样过重而使薄层破坏，斑点间距约为 1 cm。

（二）展开

将层析板置于盛着展开剂的展缸内。展开剂的量不能高于起始线，如果高于起始线，样品点将会溶于展开剂。

（三）显色

待展开剂快要扩展到色谱板的顶端时，拿出色谱板，晾干，在紫外光下观察。记录斑点的位置。

（四）定位及定性分析

用铅笔将各斑点框出，并找出斑点中心，用小尺量出各斑点到原点的距离和溶剂前沿到起始线的距离，然后计算各样品的比移值并定性确定混合物中各物质的名称。

五、操作要点说明

（1）在薄层色谱实验中，点样时用的毛细管必须专用，不得混用。点样时，毛细管液面刚刚接触到薄层即可，切勿点样过重。点样过重容易使薄层破坏，并且也容易出现拖尾现象。

（2）点样时，点要细，直径不要大于 2 mm。两个不同的点样点之间间隔 0.5 cm 以上；样品点浓度不可过大，以免出现拖尾、混杂现象。

（3）展开剂的选择需要根据展开剂的极性以及待分离有机物的极性选择合适的配比。展开剂在层析槽中的高度一般不超过 2 cm，展开剂的量如果太多，对应的起始线就要高。在层析板高度一定时，展开剂高度太高不利于分离。

（4）展开剂不能高于起始线，否则起始时点的待展开的样品将会溶在展开剂中。

（5）点样时，样品点不要太靠层析板的边缘，在展开过程中，样品点容易朝着层析板边缘跑偏。

（6）实验过程中，拿去层析板时，应夹住层析板边缘没有样品点的地方，否则如果镊子不干净可能会有其他荧光物质干扰观察；另外，如果镊子用力不均匀，可能会夹坏层析板的涂层。

（7）如果没有层析槽，可以用烧杯代替。展开用的烧杯要洗净烘干，放入板之前，要先加展开剂，盖上表面皿，让烧杯内形成一定的蒸气压。

六、思考题

（1）在一定的操作条件下为什么可利用 R_f 值来鉴定化合物？

（2）在混合物薄层色谱中，如何判定各组分在薄层上的位置？

（3）展开剂的高度若超过了点样线，对薄层色谱有何影响？

实验二十一　柱层析

一、实验目的

（1）了解色谱法的原理和分类。

（2）掌握柱层析色谱分离有机物的原理和方法。

（3）掌握薄层色谱与柱层析色谱的相同和不同之处，让学生了解事物之间的区别和联系。

（4）柱层析色谱通常是和薄层色谱配合应用的，通过对两者的学习，让学生更加深刻地体会团结互助的思想。

二、实验原理

（一）色谱法

色谱法利用不同物质在不同相态的选择性分配，以流动相对固定相中的混合物进行洗脱，混合物中不同的物质会以不同的速度沿固定相移动，最终达到分离的效果。色谱法又称色谱分析、色谱分析法、层析法，是一种分离和分析方法，在分析化学、有机化学、生物化学等领域有着非常广泛的应用。

色谱法按照分离原理的不同，可以分为吸附色谱、分配色谱和离子交换色谱。

（1）吸附色谱。这是利用吸附剂表面对不同组分物理吸附性能的差别而使之分离的色谱法。常用氧化铝和硅胶作吸附剂，填装在柱中的吸附剂将混合物中各组分先从溶液中吸附到其表面，而后用溶剂洗脱。溶剂流经吸附剂时发生无数次吸附和脱附，由于各组分被吸附的程度不同，吸附强的组分移动得慢留在柱的上端，吸附弱的组分移动得快在柱的下端，从而达到分离的目的。吸附色谱特别适用于分离不同种类的化合物，如分离醇类与芳香烃。

（2）分配色谱。与液—液连续萃取法相似，它是利用混合物中各组分在两种互不相溶的液相间的分配系数不同而进行分离的，常以硅胶、硅藻土和纤维素作为载体，以吸附的液体作为固定相。

（3）离子交换色谱。这是利用离子交换原理和液相色谱技术的结合来测定溶液中阳离子和阴离子的一种分离分析方法，是利用溶液中的被分离组分（离子）与固定相离子交换树脂表面的离子之间的相互作用能力差异实现分离的。离子交换色谱应用广泛，可使有机酸、碱或盐类得到分离，因而可以应用于无机离子分离，也可以应用于有机物和生物物质的分离，如氨基酸、蛋白质、核酸等。

色谱法可分为柱色谱、薄层色谱和纸色谱三种，而实验室中最常用的是柱色谱和薄层色谱，以及它们之间的配合应用。柱色谱法又称柱上层析法，简称柱层析，它是纯化和分离有机物的一种常用方法。色谱体系包含两个相：一个是固定相，一个是流动相。固定相极性大于流动相极性的色谱为正相色谱，相反的为反相色谱。根据相似相溶原理，混合物中在固定相中溶解度大的物质后出柱，保留时间长，难被洗脱。

常用的吸附剂有氧化铝、硅胶、氧化镁、碳酸钙和活性炭等，在实验室中使用最多的吸附剂是硅胶。吸附剂一般要经过纯化和活化处理，颗粒大小应当均匀。对吸附剂来说粒子小、表面积大，吸附能力就强。但是，颗粒小时溶剂的流速就太慢，因而应根据实际分离需要而选择大小合适的粒子。通常使用的吸附剂颗粒大小以

200～300目为宜。供柱层析使用的氧化铝有酸性、中性和碱性三种。酸性氧化铝用1%盐酸浸泡后，用蒸馏水洗至氧化铝的悬浮液pH为4，适用于分离有机酸类化合物；中性氧化铝pH约为7.5，适用于醛、酮、醌及酯类化合物的分离；碱性氧化铝pH约为10，适用于胺、生物碱类碱性化合物及烃类化合物的分离。

吸附剂的活性取决于含水量的多少，最活泼的吸附剂含最少量的水。氧化铝的活性分为Ⅰ～Ⅴ五级，Ⅰ级的吸附作用太强，分离速度太慢，Ⅴ级的吸附作用太弱，分离效果不好，所以一般常采用Ⅱ或Ⅲ级。多数吸附剂都容易吸水，使其活性降低，在使用时一般需经加热活化。吸附剂的活性与含水量的关系见表1-21-1。

表1-21-1　吸附剂活性和含水量的关系

活性等级	Ⅰ	Ⅱ	Ⅲ	Ⅳ	Ⅴ
氧化铝加水量（%）	0	3	6	10	15
硅胶加水量（%）	0	5	15	25	38

（二）溶质的结构与吸附能力的关系

化合物的吸附性与它们的极性成正比，化合物分子中含有极性较大的基团时，吸附性也往往较强。氧化铝对各种化合物的吸附性按以下次序递减：酸和碱＞醇、胺、硫醇＞酯、醛、酮＞芳香族化合物＞卤代物、醚－烯＞饱和烃。

非极性物质与吸附剂之间的作用主要依靠诱导力，作用力较弱。极性物质与氧化铝作用类型有诱导力、偶极—偶极作用、氢键配位作用及盐的形成等几种。作用力的强度按下列次序递减：盐的形成＞配位作用＞氢键配位作用＞偶极—偶极作用＞诱导力。

（三）溶解样品溶剂的选择

样品溶剂的选择也是重要的一环，通常根据被分离化合物中各种成分的极性、溶解度和吸附剂活性等来考虑：①溶剂要求较纯，否则会影响样品的吸附和洗脱。②溶剂和氧化铝不能起化学反应。③溶剂的极性应比样品极性小一些，否则样品不易被氧化铝吸附。④样品在溶剂中的溶解度不能太大，否则影响吸附；也不能太小，如太小，溶液的体积增加，易使色谱分散。常用的溶剂有石油醚、甲苯、乙醇、乙醚、氯仿等，沸点不宜过高，一般为40℃～80℃。有时，也可用混合溶剂，如有的成分含有较多的极性基团，在极性较小的溶剂中溶解度太小时，可先选用极性较大的氯仿溶解，而后加入一定量的甲苯，这样既降低了溶液的极性，又减少了溶液的体积。

（四）洗脱剂

样品吸附在色谱柱上后，用合适的溶剂进行洗脱，这种溶剂称为洗脱剂。洗脱剂的选择通常是先用薄层色谱法进行探索，这样只需花费较少的时间就能完成对溶剂的选择实验，然后将薄层色谱法找到的最佳溶剂或混合溶剂用于柱层析。

层析的展开首先使用非极性溶剂，用来洗脱出极性较小的组分。然后，用极性稍大的溶剂将极性较大的化合物洗脱下来。通常使用混合溶剂，在非极性溶剂中加入不同比例的极性溶剂，这样使极性不会剧烈增加，防止柱上"色带"很快洗脱下来。常用溶剂的洗脱力（极性）递增次序为石油醚（己烷、戊烷）＜环己烷＜四氯化碳＜三氯乙烯＜二硫化碳＜甲苯＜苯＜二氯化碳＜氯仿＜乙醚＜乙酸乙酯＜丙酮＜正丙醇＜乙醇＜甲醇＜水＜吡啶＜乙酸＜酸碱溶液。

影响柱色谱分离的因素包括：

（1）吸附剂。

（2）溶剂的极性。

（3）色谱柱的尺寸。

（4）洗脱的速率。

仔细选择各种条件，几乎任何混合物均可被分离，甚至可以用光学活性的固定相来分离对应的异构体。

三、主要仪器与试剂

仪器：色谱柱、烧杯、玻璃棒、锥形瓶等。

试剂：吸附剂（色谱用氧化铝或硅胶）、待分离的有机物、洗脱剂。

四、实验步骤

（一）柱层析装置

柱层析装置是一根带有隔板或不带隔板的玻璃管，一般称为层析柱或色谱柱（图1-21-1）。没有隔板的层析柱使用前应放置一小块脱脂棉在层析柱底部，防止吸附剂堵住活塞的小孔。实验前，为了使一定数量的样品达到良好的分离效果，应该正确选取层析柱的尺寸和吸附剂的用量。一般来说，吸附剂的质量应是待分离物质质量的25～30倍，所用层析柱的高度和直径比大约为8∶1。表1-21-2给出了某些典型样品质量适用的吸附剂质量与层析柱高和直径的关系。值得注意的是，层析柱的尺寸和高度以及所需的吸附剂的量还取决于分离的难易程度。不易分离的化合物可能需要更长的层析柱和更多的吸附剂用量，实验者应根据实际情况参照选择。

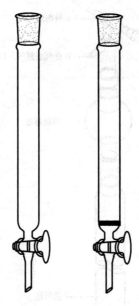

图 1-12-1 层析柱

表 1-21-2 某些典型样品质量适用的吸附剂质量与色谱柱高和直径的关系

样品质量（g）	吸附剂质量（g）	色谱柱直径（mm）	色谱柱高度（cm）
0.01	0.3	3.5	30
0.10	3.0	7.5	60
1.00	30.0	16.0	130
10.00	300.0	35.0	280

在研究工作中，重力柱层析已大量被加压柱层析所代替。由于使用的吸附剂更细（23 ~ 24 μm，230 ~ 240 目），加压柱层析不仅省时，且更有效。为此，需要特殊的装置（图 1-21-2），用压缩空气或氮气作为施压气体。

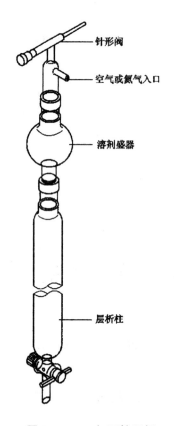

针形阀

空气或氮气入口

溶剂盛器

层析柱

图 1-21-2　加压柱层析

（二）普通柱层析的操作方法

1. 装柱

装柱是柱层析中最关键的操作，装柱的好坏直接影响分离效果。装柱前应先将层析柱洗干净、干燥，垂直固定在铁架上。如果层析柱底部没有砂芯层隔板，则需要在层析柱底铺一小块脱脂棉，再铺约 0.5 cm 厚的石英砂，然后进行装柱。如果有砂芯层隔板，可以直接装柱（图 1-21-3）。装柱分为湿法装柱和干法装柱两种，下面分别加以介绍。

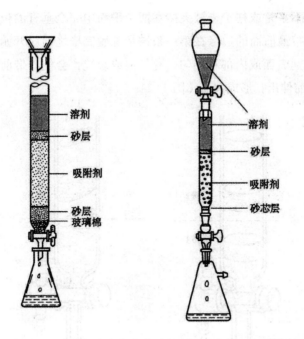

图 1-21-3 无砂芯层（左）和有砂芯层（右）柱层析的装柱示意图

（1）湿法装柱

将吸附剂（氧化铝或硅胶）用洗脱剂中极性最小的洗脱剂调成糊状，在柱内先加入约 3/4 柱高的洗脱剂，再将调好的吸附剂边敲打边倒入柱中。同时，打开下旋塞，在色谱柱下面放一个干净并且干燥的锥形瓶，接收洗脱剂。当装入的吸附剂达到一定高度时，洗脱剂下流速度变慢，待所用吸附剂全部装完后，用流下来的洗脱剂转移残留的吸附剂，并将柱内壁残留的吸附剂淋洗下来。在此过程中，应不断敲打层析柱，以使层析柱填充均匀并没有气泡。层析柱填充完后，在吸附剂上端覆盖一层约 0.5 cm 厚的石英砂（图 1-21-3）。

覆盖石英砂的目的是使样品均匀地流到吸附剂表面，当加入洗脱剂时，防止吸附剂表面被破坏。在整个装柱过程中，柱内洗脱剂的高度始终不能低于吸附剂最上端，否则柱内会出现裂痕和气泡。

（2）干法装柱

在层析柱上端放一个干燥的漏斗，将吸附剂倒入漏斗中，使其成为细流连续不断地装入柱中，并轻轻敲打层析柱柱身，使其填充均匀，再加入洗脱剂湿润。也可以先加入 3/4 的洗脱剂，然后再倒入干的吸附剂。因为硅胶和氧化铝的溶剂作用易使柱内形成缝隙，所以这两种吸附剂不宜使用干法装柱。

　　装柱时表面不平整或柱子未被夹持在两个平面中完全垂直的位置，会造成谱带重叠。第二条谱带最前面的边缘在第一条谱带洗脱完毕之前就开始洗脱出来了（图1-21-4）。吸附剂表面或内部不均匀，有气泡或裂缝，会使谱带前沿的一部分从谱带主体部分中向前伸出，形成沟流（图1-21-5）。

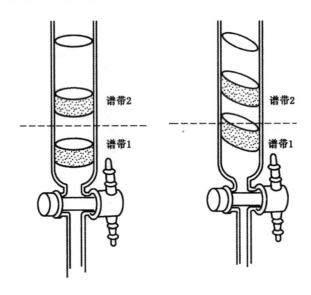

图 1-21-4　水平的（左）和非水平（右）的谱带前沿的对比图

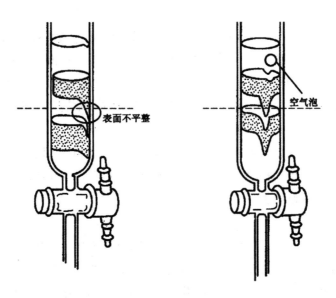

图 1-21-5　表面不平整（左）和空气泡（右）造成的沟流

2. 上样

把样品溶解在最少量体积的溶剂中，该溶剂一般是展开色谱的第一个洗脱剂。当装柱时的溶剂下降到吸附剂表面时，用滴管把样品溶液沿柱壁滴加转移到层析柱中，并用少量溶剂分几次洗涤柱壁上所沾试液，直至无色。

注意：转移样品液时小心滴加，不要让溶剂将吸附剂冲松浮起。

3. 展开及洗脱

装柱前先将洗脱剂配好。样品加完后，打开下旋塞，使样品进入石英砂层后，再加入洗脱剂沿柱壁滴加进行洗脱。样品中各组分在吸附剂上经过吸附、溶解、再吸附、再溶解……按极性大小有规律地自上而下移动而相互分离。极性小的色带首先向下移动，极性较大的色带留在柱的上端，形成不同的色带。

4. 观察色带的出现，并用锥形瓶收集洗脱液

层析柱在检测分离有色物质时，可以直接观察到分离后的色带，然后用洗脱剂将分离后的色带依次自柱中洗脱出来，分别收集在不同容器中（该方法应用较多），或者将层析柱吸干，挤压出柱内固体，按色带分割开，再用适宜溶剂将溶质萃取出来（该方法应用较少）。

在实际实验中，大多数有机化合物是无色的，因而最常用的方法是收集一系列的馏分，用薄层层析法通过紫外灯照射进行不同馏分的检测，确定哪些馏分中的化合物是相同的，哪些是不同的。然后，将相同的馏分进行合并。合并后的馏分往往再通过旋蒸，旋出溶剂，得到固体或液体的有机分离物。

五、操作要点说明

（1）洗脱剂应连续平稳地加入，不能中断。样品量少时，可以用滴管一点点加入。样品量大时，用滴液漏斗作储存洗脱剂的容器，控制好滴加速度，可得到更好的效果。

（2）在洗脱过程中，应先使用极性最小的洗脱剂淋洗，然后逐渐加大洗脱剂的极性，使洗脱剂的极性在柱中形成梯度，以形成不同的色带环。也可以分步进行淋洗，即将极性小的组分分离出来后，再改变洗脱剂的极性分出极性较大的组分。当色谱带出现拖尾时，可适当提高洗脱剂极性。

（3）在洗脱过程中，样品在柱内的下移速度不能太快，但是也不能太慢（甚至过夜），因为吸附剂表面活性较大，时间太长会造成某些成分被破坏，使色谱扩散，影响分离效果。

（4）通常洗脱剂的流出速度为每分钟 5 ~ 10 滴，若洗脱剂下移速度太慢，可适当加压或用水泵减压。

（5）为了保持层析柱的均一性，整个吸附剂要浸泡在溶剂或溶液中，否则当层析柱中溶剂或溶液流干时，就会使柱身干裂，影响渗滤和显色的均一性。

六、思考题

（1）装样过程中，如果吸附剂中有气泡会对实验结果有何影响？

（2）洗脱过程中，如果洗脱剂加得过快或者过慢会对实验结果有何影响？

（3）如果在洗脱过程中，在柱上方对洗脱剂进行加压，会对实验结果有影响吗？

实验二十二　减压蒸馏

一、实验目的

（1）复习、巩固蒸馏的原理和操作。

（2）学习减压蒸馏的原理和操作。

（3）掌握减压蒸馏的应用范围。

（4）通过对减压蒸馏的学习，让学生更深刻地体会压力和动力的关系。培养学生以积极的心态面对压力。

二、实验原理

（一）减压蒸馏的原理

液体的沸点是指它的蒸气压等于外界大气压时的温度，所以液体沸腾的温度是随外界压力的降低而降低的。因此，如果使液体表面的压力降低，那么就可以降低液体的沸点。这种在较低压力下进行蒸馏的操作，称为减压蒸馏。减压蒸馏是分离和提纯有机化合物的一种重要方法，特别适用于那些在常压蒸馏时未达到沸点就已受热分解、氧化或聚合的物质。

减压蒸馏时，物质的沸点与压力有关，对于在文献中查不到与减压蒸馏选择的压力相应的沸点，则可以根据经验曲线（图 1-22-1）找出该物质在此压力下的沸点（近似值）。在应用图 1-22-1 时，我们可以用一把小尺子，通过表中的两个数据，便可知道第三个数据。例如，我们知道一个液体在常压时的沸点为200℃，那么真空水泵的压力为30 mm Hg；若要知道此压力下的沸点，则可以将小尺子通过B线的200℃点和C线的30 mm Hg点，便可看到小尺通过A线的点为100℃，即为该液体将在30 mm Hg真空度的水泵抽气下，在100℃左右蒸出。又如，根据文献报导，某化合物在真空度0.3 mm Hg时沸点为100℃，但要在真空为1 mm Hg下蒸馏，求其沸点。此时可以将小尺放在A线的100℃点上，C线的0.3 mm Hg点上，则可以看到小尺通过B线的310℃，然后将尺通过B线的310℃及C线的1 mm Hg，则这尺与A线的125℃相交，这便是指这一化合物如用真空度为1 mm Hg的油泵蒸馏，将在125℃沸腾。

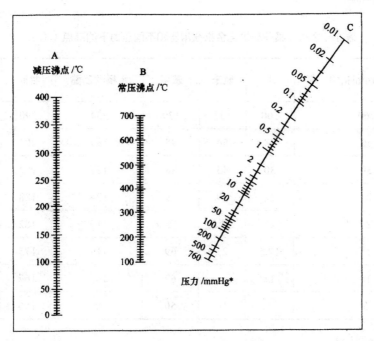

图1-22-1　液体在常压、减压下的沸点近似关系图（1mm Hg ≈ 133Pa）

在给定压力下的沸点还可以近似地从下列公式求出：

$$\lg p = A + \frac{B}{T}$$

试中：P——为蒸气压；

　　　T——为沸点（热力学温度）；

　　　A、B——为常数。

如以 lg p 为纵坐标，$1/T$ 为横坐标作图，可以近似地得到一直线。因此，可从两组已知的压力和温度算出 A 和 B 的数值，再将所选择的压力代入上式计算出液体的沸点。

表 1-22-1 列出了一些有机化合物在常压与不同压力下的沸点。从中可以看出，当压力降低到 2.67 kPa（20 mm Hg）时，大多数有机物的沸点比常压 0.1 MPa（760 mm Hg）的沸点低 100℃～120℃，当减压蒸馏在 1.33～3.33 kPa（10～25 mmHg）进行时，大体上压力每相差 0.133 kPa（1 mm Hg），沸点约相差 1℃。当要进行减压蒸馏时，预先粗略地估计出相应的沸点，对具体操作和选择合适的温度计与热浴都有一定的参考价值。

表 1-22-1　某些有机化合物在常压和不同压力下的沸点（℃）

压力（mmHg*）	水	氯苯	苯甲	水杨酸乙酯	甘油	蒽
760	100	132	179	234	290	354
50	38	54	95	139	204	225
30	30	43	84	127	192	207
25	26	39	79	124	188	201
20	22	34.5	75	119	182	194
15	17.5	29	69	113	175	186
10	11	22	62	105	167	175
5	1	10	50	95	156	159

＊ 1mmHg=133 Pa

（二）减压蒸馏的装置

图 1-22-2 是常用的减压蒸馏系统。整个系统由蒸馏、抽气（减压）以及在它们之间的保护和测压装置三部分组成。

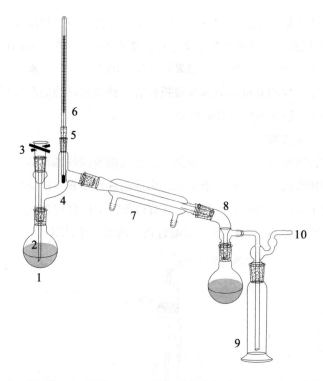

1-蒸馏烧瓶；2-毛细管；3-螺旋夹；4-带支管的蒸馏头；5-温度计套管；6-温度计；
7-直形冷凝管；8-尾接管；9-冷（却）阱；10-接抽气装置和压力表

图 1-22-2　减压蒸馏装置

1. 蒸馏部分

在实验室中常常用克氏蒸馏头配圆底烧瓶代替减压蒸馏瓶。减压蒸馏瓶有两个颈，其目的是避免减压蒸馏时瓶内液体由于沸腾而冲入冷凝管中。瓶的一颈中插入温度计，另一颈中插入一根毛细管，长度恰好使其下端距瓶底 1 ~ 2 mm。毛细管上端连有一段带螺旋夹的乳胶管。螺旋夹用以调节进入空气的量，使极少量的空气进入液体，呈微小气泡冒出，代替沸石作为液体沸腾的汽化中心，使蒸馏平稳进行。接收器可采用蒸馏瓶或抽滤瓶，切不可用平底烧瓶或锥形瓶。蒸馏时若要收集不同的馏分而又不中断蒸馏，则可用两尾或多尾接引管，多尾接引管的几个分支管和作为接收器的圆底烧瓶连接起来。转动多尾接引管，就可使不同的馏分进入指定的接收器中。

2. 抽气部分

实验室通常用真空水泵或油泵进行减压。对于沸点较低的有机物，真空循环水泵比较合适，不仅可以抽真空加压，还可提供冷凝水，方便实用且可以节约用水。对于沸点较高的有机物油泵更合适。油泵的效能取决于泵的机械结构以及真空泵油的好坏（油的蒸气压必须很低）。好的油泵能抽至真空度为 $10^{-3} \sim 10^{-1}$ mm Hg，油泵结构较精密，工作条件要求较严。蒸馏时，如果有挥发性的有机溶剂、水或酸的蒸气，都会损坏油泵。因为挥发性的有机溶剂蒸气被吸收后，就会提高油的蒸气压，影响真空效能。真空泵油使用一段时间后要及时更换。

3. 保护及测压装置部分

当用油泵进行减压时，为了保护油泵，必须在馏液接收器与油泵之间顺次安装冷却装置——冷阱和吸收塔，以免污染泵油，腐蚀机件致使真空度降低。冷阱又称冷却阱，其构造如图 1-22-3 所示，将其置于盛有冷却剂的广口保温瓶中。冷却剂的选择随需要而定，如冰 - 水混合物、冰 - 盐混合物、液氮、干冰等。

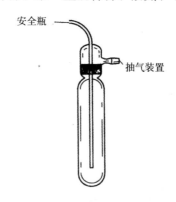

图 1-22-3　冷（却）阱

在泵前还应接上一个安全瓶，瓶上的两通旋塞供调节系统压力及放气之用。减压蒸馏的整个系统必须保持密封不漏气，所以选用橡胶塞的大小及钻孔都要十分合适。所有橡胶管应用真空橡胶管。各磨口玻璃塞部位都应仔细涂好真空油脂。

当被蒸馏物中含有低沸点的物质时，应先进行普通蒸馏，然后用水泵减压蒸馏，最后再用油泵减压蒸馏。

三、主要仪器与试剂

仪器：圆底烧瓶、蒸馏头、冷凝管、尾接管、冷阱、油泵、沸石等。

试剂：待减压蒸馏的混合物（苯甲酸乙酯粗产品）。

四、实验步骤

（一）安装实验装置，检查装置气密性

安装好实验装置后，打开真空循环水泵，再缓慢打开安全瓶上的旋塞，注意观察真空表的刻度是否有变化，当刻度在 −0.09MPa 以下时，表明气密性良好，可以进行后续实验。

注意：真空度与玻璃仪器匹配并且玻璃仪器不要有裂纹等损伤，如果真空度过大，容易使玻璃仪器破碎。

（二）装样

在蒸馏烧瓶中，放置待蒸馏的液体（苯甲酸乙酯粗产品），注意容积不超过蒸馏瓶的 1/2。安装好减压蒸馏装置，检查装置气密性。为使气密性良好，在磨口仪器的所有接口处涂真空油脂。

（三）安装装置

安装减压蒸馏装置，旋紧毛细管上的螺旋夹，打开安全瓶上的二通旋塞，将冷阱放入液氮瓶中，待冷阱冷却后，开泵抽气。逐渐关闭安全瓶上的二通旋塞，从压力计上观察系统所能达到的真空度。

如果因为漏气（而不是因水泵、油泵本身效率的限制）而不能达到所需的真空度，可检查各部分塞子和橡胶管的连接处是否紧密等。如果超过所需的真空度，可小心地旋转安全瓶上的二通旋塞，慢慢地引进少量空气，以调节至所需的真空度。调节细管上的螺旋夹，使液体中有连续平稳的小气泡通过（如无气泡可能因毛细管已阻塞，应予更换）。

（四）蒸馏

待压力稳定后，开启冷凝水，选用合适的热浴加热蒸馏。液体沸腾后，注意观察沸点的变化。待沸点稳定后收集馏分。注意馏出速度以 1 ~ 2 滴 / 秒为宜。

当蒸馏烧瓶内剩少量液体时，应立即停止蒸馏，不能将瓶内液体蒸干。

（五）蒸馏完毕

蒸馏完毕时，先关闭加热电源或熄灭火源，撤去热浴，待稍冷后先打开与大气相通的二通旋塞，使得装置内外压力一致。待系统内外压力平衡后，方可关闭油泵，否则，若系统中的压力较低，油泵中的油就有倒吸的可能。

五、操作要点说明

（1）根据蒸出液体的沸点不同，选用合适的热浴和冷凝管。如果蒸馏的液体量不多而且沸点甚高，或是低熔点的固体，也可不用冷凝管，而将蒸馏头的支管通过接引管直接插入接收瓶的球形部分中，用电磁搅拌代替毛细管防止暴沸。蒸馏沸点较高的物质时，最好用石棉绳或石棉布包裹蒸馏瓶的两颈，以减少散热。控制热浴的温度，使它比液体的沸点高 20℃ ~ 30℃。

（2）酸性蒸气会腐蚀油泵的机件。水蒸气凝结后与油形成浓稠的乳浊液，会破坏油泵的正常工作，因此使用时必须接安全瓶，要特别注意保护油泵。在使用一段时间后，发现真空度有所降低时，应及时换上新油，以免油泵机件被腐蚀。

（3）实验中用到的玻璃仪器一定没有损伤且质量较好，否则在抽真空的过程中容易破碎，加热条件下会更加危险。

六、思考题

（1）具有什么性质的化合物需用减压蒸馏进行提纯？
（2）使用水泵减压蒸馏时，应采取什么预防措施？
（3）进行减压蒸馏时，为什么必须用油浴加热？为什么必须先抽真空后加热？
（4）使用油泵减压时，要有哪些吸收和保护装置？其作用是什么？
（5）当减压蒸馏完所需要的化合物后，应如何停止减压蒸馏？为什么？

实验二十三　酸度计的使用及水样 pH 测定

一、实验目的

（1）了解直接电位法测定水的 pH 的原理和方法。
（2）学习酸度计的使用方法和标准缓冲溶液的配制方法。
（3）通过对水样 pH 测定，培养学生将理论知识与生活实践结合的能力，提高学生解决问题的能力。

二、实验原理

在日常生活和工农业生产中，所用水的质量都有一定标准。在进行水质检验时，水的 pH 是重要检验项目之一，如生活饮用水 pH 要求为 6.5～8.5。低压锅炉水要求 pH 为 10～12。电子工业、实验试剂配制则需要中性的高纯水。粗略的 pH 测量可用试纸，而比较精确的 pH 测量则需要借助仪器。

酸度计是一种常见的分析仪器，有时又称为 pH 计，是指用来测定溶液酸碱度值的仪器，广泛应用在科研、教学、农业、环保和工业等领域。该仪器的工作是利用原电池的原理工作。原电池的两个电极间的电动势依据能斯特定律，既与电极的自身属性有关，又与溶液里的 H^+ 浓度有关。因此，原电池的电动势和 H^+ 浓度之间存在对应关系，而 H^+ 浓度的负对数即 pH。当配上相应的离子选择电极时，能测量多种相对应的离子浓度（选择电极之电位 mV 值），可以用作电位滴定测量显示仪。

现在测量水的 pH 比较精确的方法是直接电位法。该方法通常是将玻璃电极（指示电极）、饱和甘汞电极（参比电极）与待测试液组成原电池，用酸度计测量其电动势。原电池用下式表示：

Ag|AgCl（s）|HCl（0.1mol·L^{-1}）| 玻璃膜 | 试液溶液（xmol·L^{-1}）‖KCl（饱合）|Hg$_2$Cl$_2$（s）|Hg

玻璃电极　　　　　被测溶液　　　　甘汞电极

玻璃电极为负极，饱和甘汞电极为正极。在一定条件下，电池的电动势 E 与 pH 为直线函数关系（推导过程从略）：

$$E = K' + \frac{2.303RT}{F}\text{pH}$$

由上式看出，求出 E 和 K'，即可知道试液的 pH。E 可通过测量求得，而 K' 是由内外参比电极及难以计算的不对称电位和液接电位所决定的常数，很难求得。在实际测量时，选用和待测试液 pH 相近的已知 pH 的标准缓冲溶液在 pH 计上进行校正。因此，酸度计工作原理并不是直接测定 pH，而是通过测定溶液带电离子电压进而间接反应溶液的 H^+ 浓度的，再换算成 pH。只有用 pH 已知的三种标准缓冲液才能得到电压与实际 pH 的对应比值，两点决定一条直线，进而求出机器的换算标准用于测量，所以测量前必须用标准缓冲溶液校正仪器。

一支电极应使用两种不同 pH 的标准 pH 缓冲溶液进行校正，两种缓冲溶液定位的 pH 误差应在 0.05 之内。pH 测量结果的准确度主要取决于标准缓冲溶液的 pH 的准确度、两电极的性能及酸度计的精度等。在实际测试中，常常会用 pH 复合电极代替玻璃电极和参比电极。pH复合电极就是把pH玻璃电极和参比电极组合在一起的电极，主要由电极球泡、玻璃支持杆、内参比电极、内参比溶液、外壳、外参比电极、外参比溶液、液接界、电极帽、电极导线、插口等组成。pH复合电极最大的好处就是使用方便。

三、主要仪器与试剂

仪器：酸度计、复合pH电极（注：若无复合电极可以用231型玻璃电极和232型饱和甘汞电极各一支代替）、50 mL烧杯。

试剂：

（1）pH = 4.00的标准缓冲溶液（20℃）：称取115℃±5℃下烘干2～3小时的一级纯邻苯二甲酸氢钾（$KHC_8H_4O_4$）10.12 g溶于不含CO_2的蒸馏水中，在容量瓶中稀释至1000 mL，保存于塑料瓶中。

（2）pH = 6.88的标准缓冲溶液（20℃）：称取一级纯磷酸二氢钾（KH_2PO_4）3.39 g和磷酸氢二钠（Na_2HPO_4）3.53 g，将它们溶于不含CO_2的蒸馏水中，在容量瓶中稀释至1000 mL，保存于塑料瓶中。

（3）pH = 9.23的标准缓冲溶液（20℃）：称取一级纯硼砂（$Na_2B_4O_7 \cdot 10H_2O$）3.80 g，将它溶于不含CO_2的蒸馏水中，在容量瓶中稀释至1000 mL，保存于塑料瓶中。

（4）待测水样。

四、实验步骤

（一）pH复合电极的使用

1.测试前的准备工作

测试前取下电极装有浸泡液的保护浸泡瓶，将电极测量端浸在蒸馏水中清洗，然后取出用滤纸吸干残留蒸馏水。

观察敏感球泡内部是否全部充满液体，如发现有气泡，则应将电极向下轻轻甩动，以清除敏感球泡内的气泡，否则影响测试精度。

2.电极与pH计配套校正及测试

（1）pH电极接到pH仪器输入端，连接准确。

（2）按酸度计使用方法进行标定，标定结束后进行测量。

（3）电极在进行标定或测量前，均需用蒸馏水清洗干净，并用滤纸轻轻将蒸馏水吸干。

（二）酸度计的使用（以 PHS-3C 型为例）

（1）仪器的安装。连接好电源，电源为交流电。

（2）电极的安装。将电极夹子夹在电极杆上，将复合电极夹在电极上，同时将 pH 酸度计上的选择电极插口保护帽去掉，将 pH 复合电极一端插口接入。

（3）将酸度计的功能开关置 pH 档。

（4）标定。标定前需打开仪器电源开关，预热 20 分钟。该仪器采用两点标定法，即定位标定和斜率标定。首先，用温度计测试 pH 约为 7 和 pH 约为 4 的缓冲溶液的温度。

①定位标定。将斜率旋钮刻度置于 100% 处，而后将用蒸馏水清洗干净、滤纸吸干后的 pH 复合电极插入中性磷酸盐 pH 约为 7 的缓冲溶液中，调节温度补偿旋钮，使其指示的温度与溶液温度相同。再调节定位旋钮，使仪器显示的 pH 与该缓冲溶液在此温度下的 pH 相同。

②斜率标定。把电极从 pH 约为 7 的缓冲溶液中取出，用蒸馏水清洗干净、滤纸吸干后插入 pH 约为 4 的缓冲溶液中。调节温度补偿旋钮，使其指示的温度与溶液温度相同。再调节斜率旋钮，使仪器显示的 pH 与该溶液在此温度下的 pH 相同。标定即结束。

（三）水的 pH 测定

（1）pH 酸度计预热后，清洗并安装电极，调节零点。

（2）根据不同实验温度，由表 1-23-1 所示的标准缓冲溶液的 pH，分别用不同 pH 的标准缓冲溶液对仪器进行定位。定位 pH 误差应在 5% 之内。

表 1-23-1 不同标准缓冲溶液在不同温度下的 pH

温度（℃）	0	5	10	15	20	25	30	35	40	45	50
邻苯二甲酸氢钾（0.05 mol·L^{-1}）	4	4	4	4	4	4.01	4.01	4.02	4.04	4.05	4.06
磷酸二氢钾（0.025 mol·L^{-1}） 磷酸氢二钠（0.025 mol·L^{-1}）	6.98	6.95	6.92	6.90	6.88	6.86	6.85	6.84	6.84	6.83	6.83
硼砂（0.01 mol·L^{-1}）	9.46	9.40	9.33	9.27	9.22	9.18	9.14	9.10	9.06	9.04	9.01

（3）测量水样。先用 pH 试纸检测出水样大致 pH 的范围，根据水样的 pH，选择相应的标准 pH 缓冲溶液对仪器定位。再分别测定 4 个不同水样的 pH。每个不同的

水样进行测量时，均先用水样将电极和烧杯冲洗 3 次以上，然后测量。从仪器刻度表上读出 pH，每个水样应重复测定三次，实验数据记录于表 1-23-2 中。

表 1-23-2　实验数据记录表

水样	水样 1			水样 2			水样 3			水样 4		
测定次数	1	2	3	1	2	3	1	2	3	1	2	3
pH												
平均 pH												

（4）测量完毕后，关掉开关，拔掉电源，清洗电极。其中，玻璃电极应使用蒸馏水浸泡，饱和甘汞电极应带上相应的橡皮套，防止 KCl 流失，下次备用。

五、操作要点说明

（1）若使用 pH 玻璃电极，请注意：①使用新 pH 电极要进行调整。②测定溶液后，要认真冲洗，吸干水珠，再测定下一个样品。③测定时，玻璃电极的球泡应全部浸在溶液中，要稍高于甘汞电极的陶瓷芯端。④内电极与球泡之间不能存在气泡，若有气泡可轻甩让气泡逸出。⑤测定时，若使用磁力搅拌器搅拌，则搅拌器速度不宜过快，否则易产生气泡，读数不稳；测定浑浊液之后要及时用蒸馏水冲洗干净；测定有油污的样品时，特别是有浮油的样品，用后要用 CCl_4 或丙酮清洗，之后需用 1.2 $mol \cdot L^{-1}$ 的盐酸和蒸馏水冲洗，在蒸馏水中浸泡一昼夜再使用。

pH 玻璃电极的维护：pH 电极短时间内放在 pH 为 4 的缓冲液中或放入蒸馏水中即可。长期存放，应放在 pH 为 7 的缓冲液中或套上橡皮帽放入盒中。

（2）若使用饱和甘汞电极作参比电极请注意：保证氯化钾溶液浸没内部电极小瓷管的下端，保证氯化钾溶液饱和。使用前应检查饱和氯化钾溶液是否浸没内部电极小瓷管的下端，是否有氯化钾晶体存在。若氯化钾溶液少了或无氯化钾晶体，则应适当添加。另外，检查弯管内是否有气泡将溶液隔断，如有气泡，为了保证电路畅通，应除去气泡。

六、思考题

（1）电位法测定水样 pH 的原理是什么？

（2）玻璃电极在使用前应如何处理？为什么？

（3）甘汞电极使用前应做哪几项检查？

（4）酸度计为什么要用已知 pH 的标准缓冲溶液校正？校正时应注意哪些问题？

实验二十四 邻二氮菲分光光度法测定水中微量的铁

一、实验目的

（1）学习分光光度计的使用方法，了解其工作原理。

（2）学习数据处理的基本方法和标准曲线定量分析方法。

（3）学会吸收曲线及标准曲线的绘制，掌握用邻二氮菲分光光度法测定微量铁的方法和原理。

（4）通过对分光光度计的学习，使学生充分认识到大型仪器在测试中的重要性，深刻理解"科学技术就是第一生产力"。

二、实验原理

分光光度法测定物质的理论依据是朗伯－比尔定律（Lambert-Beer law），是描述物质对某一波长光吸收的强弱与吸光物质的浓度及其液层厚度间的关系。数学表达式为

$$A=\lg(1/T)=Kbc$$

式中：A——吸光度；

T——透射比（透光度），是出射光强度（I）与入射光强度（I_0）的比值；

K——摩尔吸光系数，它与吸收物质的性质及入射光的波长 λ 有关；

c——吸光物质的浓度，$mol \cdot L^{-1}$；

b——吸收层厚度，cm，也常用 L 替换，含义一致。

该表达式的物理意义是当一束平行单色光垂直通过某一均匀非散射的吸光物质时，其吸光度 A 与吸光物质的浓度 c 及吸收层厚度 b 成正比，而与透光度 T 成反相关。因此，当入射光波长 λ 及光程 b 一定时，在一定浓度范围内，有色物质的吸光度 A 与该物质的浓度 c 成正比。只要绘出以吸光度 A 为纵坐标，浓度 c 为横坐标的标准曲线，测出试液的吸光度，就可以由标准曲线查得对应的浓度值，即未知样的含量。同时，还可应用相关的回归分析软件，将数据输入计算机，得到相应的分析结果。

　　在建立一个新的吸收光谱法时，必须进行一系列条件实验，包括显色化合物的吸收光谱曲线（简称吸收光谱）的绘制、选择合适的测定波长、显色剂浓度和溶液 pH 的选择及显色化合物影响等。此外，还要研究显色化合物符合朗伯 – 比尔定律的浓度范围、干扰离子的影响及其排除的方法等。

　　用分光光度法测定试样中的微量铁，可选用显色剂邻二氮菲（又称邻菲罗啉）。邻二氮菲分光光度法是化工产品中测定微量铁的通用方法，在 pH 为 2 ~ 9 的溶液中，邻二氮菲和二价铁离子结合生成橙红色络合物：

　　此络合物 $\lg k_{稳}$ =21.3，最大吸收峰 λ_{max} 在 510 nm 附近时摩尔吸光系数 ε = 1.1×10^4 L/（mol·cm），$\lg\beta_3$ =21.3（20℃）。

$$Fe^{2+} + 3phen \rightarrow Fe(phen)_3^{2+}（橙红色）$$

　　由于 Fe^{3+} 可以与邻二氮菲生成 1∶3 的淡蓝色络合物（$\lg\beta_3$ =14.1），在显色前应首先用盐酸羟胺将 Fe^{3+} 还原为 Fe^{2+}，其反应为

$$2Fe^{3+} + 2NH_2OH \cdot HCl \rightarrow 2Fe^{2+} + N_2 \uparrow + 2H_2O + 4H^+ + 2Cl^-$$

　　本实验利用分光光度计能连续变换波长的性能测定邻二氮菲 $-Fe^{2+}$ 的吸收光谱，并选择合适的测定波长 λ_{max}。在 λ_{max} 处测定吸光度值，用标准曲线法可求得水样中铁的含量。用盐酸羟胺等还原剂将水中的 Fe^{3+} 还原为 Fe^{2+}，因而该方法可测定水中总铁、Fe^{2+} 和 Fe^{3+} 各自的含量。在该实验中，测定时如果酸度较高，反应会进行较慢；若酸度太低，则离子易水解。本实验采用 HAc-NaAc 缓冲溶液控制溶液 pH≈5.0，使显色反应进行完全。

　　本方法的选择性很高，相当于含铁量 40 倍的 Sn^{2+}、Al^{3+}、Ca^{2+}、Mg^{2+}、Zn^{2+}、SiO_3^{2-}，20 倍的 Cr^{3+}、Mn^{2+}、VO_3^-、PO_4^{3-}，5 倍的 Co^{2+}、Ni^{2+}、Cu^{2+-} 等离子不干扰测定，但 Bi^{3+}、Cd^{2+}、Hg^{2+}、Zn^{2+}、Ag^+ 等离子与邻二氮菲作用生成沉淀干扰测定。

三、主要仪器与试剂

仪器：722 型分光光度计、50 mL 具塞磨口比色管、吸量管（1 mL、2 mL、5 mL）、洗耳球、移液管等。

试剂：铁标准溶液（1）（Fe^{2+} = 100 μg·mL^{-1}）、铁标准溶液（2）（Fe^{2+} = 10 μg·mL^{-1}）、新鲜配制的 0.15%（m/V）邻二氮菲水溶液、新鲜配制的 10%（m/V）盐酸羟胺 $NH_2OH \cdot HCl$ 水溶液、缓冲溶液（pH = 4.6）、含铁水样、蒸馏水。

四、实验步骤

（一）准备工作

1. 试剂的配制

（1）铁标准溶液（1）（Fe^{2+} = 100 μg·mL^{-1}）的配制：准确称取 0.7022 g 分析纯硫酸亚铁铵 $(NH_4)_2Fe(SO_4)_2 \cdot 6H_2O$，放入烧杯中，加入 20 mL（1∶1）盐酸溶液，溶解后移入 1000 mL 容量瓶中，用去离子水稀释至所需刻度，混匀。此溶液中含铁量为 100 μg·mL^{-1}，Fe^{2+} 的量浓度为 1.79×10^{-3} mol·L^{-1}。

（2）铁标准溶液（2）（Fe^{2+} = 10 μg·mL^{-1}）的配制：用吸量管准确吸取 10 mL 铁标准溶液（1）至 100 mL 容量瓶中，用去离子水稀释至所需刻度。此溶液铁含量为 10 μg·mL^{-1}。

（3）缓冲溶液（pH = 4.6）：将 68 g 乙酸钠溶于约 500 mL 蒸馏水中，加入 29 mL 冰乙酸稀释至 1 L。

2. 仪器准备工作

打开仪器电源开关，预热，调解仪器。

（二）分光光度法测定水中微量的铁

1. 邻二氮菲–Fe（Ⅰ）溶液的配制：

吸取 1.0 mL 铁标准溶液（1）（Fe^{2+} = 1.79×10^{-3} mol·L^{-1}），同时吸取 1.00 mL 去离子水（空白试验），分别放入 50 mL 比色管中，加入 1.0 mL 10% $NH_2OH \cdot HCl$ 溶液，混匀。放置 2 分钟，加入 2.0 mL 0.15% 邻二氮菲溶液和 5.0 mL 缓冲溶液，用水稀释至所需刻度，混匀。

2. 吸收曲线的绘制和测量波长的选择

在 722 型分光光度计上，将邻二氮菲–Fe（Ⅰ）溶液和空白溶液分别盛于 1 cm

比色皿中，安放于仪器中比色皿架上。按仪器使用方法操作，从 420 ~ 560 nm，每隔 10 nm 测定一次。每次用空白溶液调零，测定邻二氮菲 – Fe（1）溶液的吸光度值。在最大吸收峰 510 nm 附近，再每隔 2 nm 测定一点。记录不同波长下的吸光度值。以波长为横坐标，吸光度为纵坐标，绘制吸收曲线，选择测量的适宜波长，一般选用最大吸收波长 λ_{max} 为测定波长（该实验根据该步骤的吸收曲线选出最大吸收波长 508 nm）。

3. 标准曲线的绘制

（1）用吸量管准确吸取 0.00（空白试验），0.50 mL，1.00 mL，2.50 mL，3.50 mL，5.00 mL 和 7.00 mL 铁标准溶液（2）分别放入 50 mL 比色管中。各加入 1.0 mL 10% $NH_2OH \cdot HCl$ 溶液，混匀。静置 2 分钟后，再各加入 2.0 mL 0.15% 邻二氮菲溶液和 5 mL 缓冲溶液，用水稀释至所需刻度，混匀，放置 10 分钟。

（2）在 722 型分光光度计上，于 508 nm 处，用 1 cm 比色皿，以"空白试验"调零，测定各溶液的吸光度值，做记录。

（3）以含铁量为横坐标，以对应的吸光度值为纵坐标，绘制标准曲线。

4. 水样中铁的测定

（1）总铁的测定

用移液管吸取 25 mL 水样，放入 50 mL 比色管中，加入 1.0 mL 10% $NH_2OH \cdot HCl$ 溶液，混匀。静置 2 分钟后，再加入 2.0 mL 0.15% 邻二氮菲溶液和 5 mL 缓冲溶液，用水稀释至所需刻度，混匀，放置 10 分钟。在分光光度计上，于 508 nm 处，用 1 cm 比色皿，以"空白试验"调零，测定各溶液的吸光度值，做记录。在标准曲线上查出水样中总铁含量。做 3 份平行样。

（2）Fe^{2+} 的测定

用移液管吸取 25 mL 水样，放入 50 mL 比色管中，再加入 2.0 mL 0.15% 邻二氮菲溶液和 5 mL 缓冲溶液，用水稀释至所需刻度，混匀，放置 10 分钟。在分光光度计 508 nm 处，用 1 cm 比色皿，以空白试验调零，测定吸光度值，在标准曲线上查出水样中 Fe^{2+} 的含量。做 3 次平行试验。

注意：在 Fe^{2+} 的测定中不加 $NH_2OH \cdot HCl$ 溶液。

（3）计算

$$C_{Fe^{2+}} = \frac{m}{V} \quad 或 \quad C_{Fe^{2+}} = \frac{c_{标 \times Fe} \times 50}{V}$$

式中：$c_{Fe^{2+}}$——Fe^{2+}的浓度，$mg \cdot L^{-1}$；

　　　m——标准曲线上查出总铁或 Fe^{2+} 的含量，μg；

　　　$c_{标 \cdot Fe}$——标准曲线上查出总铁或 Fe^{2+} 的含量，$mg \cdot L^{-1}$；

　　　V——水样的体积，mL；

　　　50——水样稀释最终体积，mL。

五、实验数据记录与处理

表 1-24-1　吸收曲线的绘制和测量波长的选择

波长 λ（nm）	420	430	440	450	460	470	480	490	500
吸光度 A									
波长 λ（nm）	510	520	530	540	550	560			
吸光度 A									
波长 λ（nm）	502	504	506	508	510	512	514	516	518
吸光度 A									

以波长为横坐标，以对应的吸光度为纵坐标，将测得值逐个描绘在坐标纸上，并连成光滑曲线，即得吸收光谱。从曲线上查得溶液的最大吸收波长 λ_{max}，即测量铁的测量波长（又称工作波长）。具体数据填写在表 1-24-2、表 1-24-3 中。

表 1-24-2　标准曲线绘制（终体积 50 mL）

铁标准溶液（10 μg·mL⁻¹ ）	1	2	3	4	5	6	7
加入量（mL）	0.00	0.50	1.00	2.50	3.50	5.00	7.00
Fe 含量（μg）							
Fe 浓度（mg·L⁻¹）							
吸光度值							

表 1-24-3　水样测定

	水样编号	1	2	3		水样编号	1	2	3
总铁	吸光度值				Fe²⁺	吸光度值			
	Fe 含量（μg）					Fe 含量（μg）			
	Fe 浓度（mg·L⁻¹）					Fe 平均浓度（mg·L⁻¹）			
	Fe 平均浓度（mg·L⁻¹）					Fe²⁺ 平均浓度（mg·L⁻¹）			

六、操作要点说明

（1）本实验旨在学会分光光度法测定水中微量物质时的最基本操作条件、原理和方法，以及 722 型分光光度计的使用。因此，要仔细阅读仪器说明书，了解仪器的构造和各个旋钮的功能。在使用时，一定要遵守操作规程并听从老师的指导。

（2）严格来说，在每次测定前应首先做比色皿配对性试验。试验方法：将同样厚度的 4 个比色皿分别编号，都装空白溶液，在 508 nm 处测定各比色皿的吸光度（或透光率），结果应相同。若有显著差异，应将比色皿重新洗涤后再装空白溶液测定，直到吸光度（或透光率）一致。若经过多次洗涤，仍有显著差异，则用下法校正：

①以吸光度最小的比色皿为 0，测定其余三个比色皿的吸光度值作为校正值；

②测定水样或溶液时，以吸光度为零的比色皿做空白，用其他各皿装溶液，测各吸光度值减去所用比色皿的校正值。溶液吸光度测量值的校正示例见表 1-24-4。

表 1-24-4　溶液吸光度测量值的校正示例

比色皿编号	空白溶液校正值（A）	显色溶液测得值（A）	校正后测得值（A）
1			
2			
3			
4			

（3）拿取比色皿时，只能用手指捏住毛玻璃的两面，手指不得接触其透光面。盛好溶液（至比色皿高度的 4/5 处）后，先用滤纸轻轻吸去外部的水（或溶液），再用擦镜纸轻轻擦拭透光面，直至洁净透明。另外，还应注意比色皿内不得有小气泡，

否则影响透光率。

（4）测量之前，比色皿需用被测溶液荡洗 2 ～ 3 次，然后再盛溶液。比色皿用完后，应立即取出，用自来水及蒸馏水洗净后，倒立晾干。

（5）分光光度计不测定时，应打开暗箱盖，以保护光电管。

（6）绘制吸收光谱时应选择恰当的坐标比例，曲线应光滑。

（7）严格意义上来说，做该类型实验，除了对测量波长进行选择，还应该对显色剂用量、最适 pH、显色时间及有色溶液的稳定性等进行选择，以便选取最合适的测量条件，减小误差。

七、思考题

（1）邻二氮菲在该实验中的作用是什么？

（2）用邻二氮菲分光光度法测定微量铁时为何要加入盐酸羟胺溶液？

（3）参比溶液的作用是什么？本实验中，在测定标准曲线和测定试液时以试剂空白溶液为参比，可否用蒸馏水做参比？

（4）邻二氮菲测定微量铁时，酸度为什么不能太高或者太低？

实验二十五　紫外 - 可见分光光度法测定芳香族化合物

一、实验目的

（1）了解紫外吸收光谱在有机化合物结构分析中的应用。

（2）掌握紫外 - 可见分光光度法测定芳香族化合物的原理和方法。

（3）掌握应用紫外 - 可见分光光度计进行定量分析的方法和基本操作。

（4）学习测定苯酚含量的方法。

（5）通过对芳香族化合物应用和危害的讲解，让学生充分认识到事物的两面性，培养学生的辩证思维。

二、基本原理

分光光度法是通过测定被测物质在特定波长处或一定波长范围内的吸光度或发光强度，对该物质进行定性和定量分析的方法。常用的分光光度法包括紫外 - 可见分光光度法、红外分光光度法、荧光分光光度法和原子吸收分光光度法等。紫外 – 可见分光光度法是在 $190 \sim 800$ nm 波长范围内测定物质的吸光度，用于鉴别、杂质检查和定量测定。常用检测仪器：紫外 – 可见分光光度计。

当光穿过被测物质溶液时，物质对光的吸收程度随光的波长而变化。因此，通过测定物质在不同波长处的吸光度，绘制其吸光度与波长的关系图即可得到被测物质的吸收光谱。从吸收光谱中可以确定最大吸收波长 λ_{max} 和最小吸收波长 λ_{min}。物质的吸收光谱具有与其结构相关的特征，因而可以通过特定波长范围内样品的光谱与对照光谱或对照品光谱（常称为标准吸收光谱）的比较，或通过确定最大吸收波长，或通过测量两个特定波长处的吸收比值而鉴别物质。用于定量分析时，一般方法是在最大吸收波长处测量一定浓度样品溶液的吸光度，并与一定浓度的对照溶液的吸光度（标准吸收光谱）进行比较算出样品溶液的浓度。

苯具有环状共轭体系，由 $\pi \rightarrow \pi^*$ 跃迁于紫外吸收光区产生三个特征吸收带：强度较高的 E_1 带，出现在波长 180 nm 左右；中等强度的 E_2 带，出现在波长 204 nm 左右；强度较弱的 B 带，出现在波长 255 nm。有机溶剂、苯环上的取代基及其取代位置都可能对最大吸收峰的波长、强度和形状产生影响。具有苯环结构的化合物在紫外光区均有较强的特征吸收峰，在苯环上的部分取代基（助色团）使吸收增强。因此，可用紫外 – 可见分光光度法直接测定芳香族化合物的含量。

许多有机物在紫外区都有特征吸收光谱，因而可用来进行有机物的鉴定及结构分析（主要用于鉴定有机物的官能团）。比如，苯酚在波长 270 nm 处有特征吸收峰，在一定范围内其吸收强度与苯酚的含量成正比，符合朗伯 – 比尔定律（Lambert–Beer）定律。此外，还可对同分异构体进行鉴别，对具有 π 键电子及共轭双键的化合物特别灵敏，在紫外光区有极强烈的吸收谱。紫外 – 可见分光光度法在有机物分析中主要可进行纯度检查、未知样的鉴定、互变异构体的判别、分子结构的推测、定量测定等。

三、主要仪器与试剂

仪器：紫外 – 可见分光光度计（752 型）、石英比色皿、50 mL 容量瓶、移液管等。
试剂：萘 – 乙醇溶液（10 $\mu g \cdot mL^{-1}$、1 $\mu g \cdot mL^{-1}$）、苯酚、环己烷。

四、实验步骤

（一）未知物鉴定（苯酚）

（1）取约 0.1 mg 的未知物（苯酚），溶于 $5 \sim 10$ mL 环己烷中。

（2）以环己烷为参比，用 1 cm 石英比色皿测定 215 ～ 290 nm 波长的吸收光谱。

注意：每隔 0.2 nm 测定一个点，其中波峰处 0.1 nm 测一个点，所有波长处测定前都应先以参比调整零点。

（3）绘制吸收曲线，并与标准吸收光谱进行比较，以确定未知物的成分。

（二）萘的测定

（1）吸收曲线的测定。以无水乙醇为参比溶液，用 1 cm 石英皿对浓度 1 μg·mL^{-1} 的萘乙醇溶液测其在 210 ～ 230 nm 的紫外区间的吸收光谱（间隔 2 nm），准确找出最大吸收峰位置。

（2）标准系列溶液的配制：用 10 mL 容量瓶 6 支，分别配制 0.2 μg·mL^{-1}、0.4 μg·mL^{-1}、0.6 μg·mL^{-1}、0.8 μg·mL^{-1}、1.0 μg·mL^{-1}、1.5 μg·mL^{-1} 的萘标准溶液各 10 mL。

（3）标准曲线的测定。在最大吸收波长处分别测定各标准溶液的吸光度，浓度由低向高记录所测定的吸光度。

（4）测定未知样品的吸光度，注意测定条件应与标准一致。

将上述数据填入表 1-25-1 中。

表 1-25-1 萘标准曲线绘制

项目	1	2	3	4	5	6
加入萘标准溶液的浓度（μg·mL^{-1}）						
吸光度						

（三）水样中苯酚含量的测量

（1）配制苯酚标准溶液 250 mg·L^{-1}

准确称取 0.025 g 苯酚于 250 mL 烧杯中，加 20 mL 去离子水溶解，移入 100 mL 容量瓶，用去离子水定容至所需刻度，摇匀。

（2）标准系列溶液的配制

取 5 只 50 mL 容量瓶，分别加入 2.00 mL、4.00 mL、6.00 mL、8.00 mL、10.00 mL 浓度为 250 mg·L^{-1} 的苯酚标准溶液，用去离子水稀释至所需刻度，摇匀。计算其浓度（mg·L^{-1}）。

（3）吸收曲线的测定

取上述标准系列中的任一溶液，用 1 cm 石英比色皿，以溶剂空白（去离子水）

做参比，在 220 ～ 350 nm 波长范围内，扫描绘制吸收曲线。

（4）标准曲线的测定

选择苯酚的最大吸收波长（λ_{max}），用1 cm石英比色皿，以溶剂空白（去离子水）做参比，按浓度由低到高的顺序依次测定苯酚标准溶液的吸光度。

（5）水样的测定

在与上述测定标准曲线相同的条件下，测定水样的吸光度。

五、实验数据及处理

（一）未知物的鉴定

（1）记录不同波长及相应吸光度数据。

（2）绘制吸收曲线，并与标准吸收光谱进行比较，以确定未知物的成分。

（二）萘的定量分析

（1）记录萘－乙醇溶液的波长吸光度数据，绘制萘的吸收光谱，确定最大吸收峰波长。

（2）记录萘系列标准溶液及未知试样的吸光度数据，绘制萘－乙醇标准溶液的标准工作曲线，由标准曲线查得样品的浓度。

（三）水样中苯酚含量的测量

（1）以吸光度为纵坐标，以波长为横坐标绘制吸收曲线，找出最大吸收波长 λ_{max}，并计算其 ε_{max}。

（2）以吸光度为纵坐标，以标准溶液浓度为横坐标，绘制标准曲线。然后，根据水样吸光度在标准曲线上查出相对应的浓度值，计算出水样中苯酚的含量（$g \cdot L^{-1}$）。

六、思考题

（1）应用紫外－可见分光光度计绘制有机物的紫外吸收光谱时，为什么每改变一次测量波长，均应重新用参比溶液调整一次零点？

（2）试比较分光光度计与紫外－可见分光光度计的不同点。

实验二十六　红外吸收光谱法测定固体有机化合物的结构

一、实验目的

（1）了解傅里叶变换红外光谱仪的原理，掌握用压片法制备固体试样的方法。

（2）了解红外光谱的基本原理，初步掌握红外定性分析法。

（3）了解红外吸收光谱的测量技术的应用。

（4）通过对红外吸收光谱法的学习，让学生进一步认识到特征吸收峰的重要性，培养学生正确认识整体和部分的关系，引导学生树立大局意识。

二、实验原理

当一束连续变化的红外光照射样品时，其中一部分光被吸收，被吸收的这部分光能就转变为分子的振动能和转动能；另一部分光透射，若将其透过的光用单色器进行色散（或傅立叶变换），就可以得到一带暗条的谱带。若以波长或波数为横坐标，以百分吸收率为纵坐标，把这个谱带记录下来，就得到了该样品的红外吸收光谱图，又称分子振动光谱或振转光谱。在有机物分子中，组成化学键或官能团的原子处于不断振动的状态，其振动频率与红外光的振动频率相当。因此，用红外光照射有机物分子时，分子中的化学键或官能团可以发生振动吸收。不同的化学键或官能团对应的吸收频率是不同的，在红外光谱上也将处于不同位置，因而可获得分子中含有何种化学键或官能团的信息。

根据量子力学的观点，分子的每一个运动状态都属于一定的能级，处于某特定的运动状态的分子的能量 E 可以近似地分三部分：电子运动能 $E_{电}$、振动能 $E_{振}$ 和分子的整体转动能 $E_{转}$，于是

$$E = E_{电}(n) + E_{振}(v) + E_{转}(J)$$

式中：n，v，J 分别为电子量子数、振动量子数和转动量子数。

如果这些分子在光照射下发生能级迁跃，就会产生分子对光的吸收或发射。分子由低能级 E' 跃迁到高能级 E'' 时，吸收光的频率（以波数表示）为

$$v = \frac{E'' - E'}{ch} = \frac{1}{ch}\left[\left(E''_{电} - E'_{电}\right) + \left(E''_{振} - E'_{振}\right) + \left(E''_{转} - E'_{转}\right)\right]$$

式中：c——光速，m/s ;

h——普朗克常数。

$$\left(E''_{电}-E'_{电}\right)>>\left(E''_{振}-E'_{振}\right)>>\left(E''_{转}-E'_{转}\right)$$

其中，振动能级跃迁引起的振动光谱区出现在红外光谱区，称之为红外光谱。纯转动能级的跃迁引起的转动光谱，出现在极远红外光谱区及微波区。实际上，振动能级的跃迁伴随转动能级的跃迁，这时得到振动－转动光谱。振动类型总体来说可分为伸缩振动和变形振动两大类。伸缩振动主要改变键长，同时伸缩振动又分为对称性收缩振动和不对称性收缩振动。变形振动引起的则是键角的变化，分为面内变形振动和面外变形振动等形式。

红外吸收光谱图中的吸收峰的数目及所对应的波数是由吸光物质分子结构所决定的，是分子结构的特性反映。因此，可根据吸收光谱图的特征吸收峰，对吸光物质进行定性分析和结构分析。红外光谱可划分为官能团区和指纹区，波长在 1300 cm^{-1} 以上为官能团区，波长在 1300 cm^{-1} 以下为指纹区。更细致的划分如下：

（1）波长在 4000 ~ 2500 cm^{-1} 为含 H 化学键的伸缩振动区域。由于 H 原子质量最小，这种键具有高的振动频率。–OH、–NH、–CH 等伸缩振动吸收带均出现在此区域。波长在 2500 ~ 2000cm^{-1} 为终态和乘积双键的伸缩振动区域。这种键具有最高的权值，其振动频率也较大。C≡C、C≡N 及–N=C=O 等伸缩振动吸收带出现在此区域。

（2）波长在 2000 ~ 1300 cm^{-1} 为双键的伸缩振动区域，C=C、C=O 以及苯环的骨架等伸缩振动出现在此区域。

（3）波长在 1300 ~ 400 cm^{-1} 为单键区，在此区域所有的化合物均有互异的谱，犹如人的指纹，可以用来鉴定各种化合物，因此又称为指纹区。重原子（除 H 外的其外原子）之间单键的伸缩振动，由于 k 小 u 大具有较低的振动频率，如 C–C、C–O、C–N 等伸缩振动吸收带均出现在此区域。另外，由于变形振动的 k 值远远小于伸缩振动的 k 值，所以含氢化学键或功能基的变形振动吸收出现在该区域。

实验中常常借助有关特征吸收谱带的知识，对化合物的红外光谱进行官能团的定性分析，以确定有关化合物的类别，再与已知结构的化合物的光谱进行比较，鉴定提出的可能结构的化合物。另外，红外光谱分析试样的制备技术也会直接影响谱带的波数、数目和强度；不同的聚集状态（气、液、固三种状态），其吸收谱图也有所差异，测定时应加以注意。

红外吸收光谱压片法测定固体试样是将试样与稀释剂干燥的溴化钾混合（试样含

量范围一般为 0.1% ~ 2%）并研细，然后置压片机上压成透明薄片，置试样薄片于光路中进行测定。根据绘制谱图，查出特征吸收峰的波数并推断其官能团的归属，从而进行定性和结构分析。

由苯甲酸分子结构可知，分子中各原子基团的基频峰的频率为 4000 ~ 650 cm^{-1}，见表 1-26-1。

表 1-26-1 苯甲酸分子中各原子基团的基频峰的频率

原子基团的基本振动形式	基频峰的频率（cm^{-1}）
$\nu_{C-H（Ar上）}$	3077，3012
$\nu_{C=C（Ar上）}$	1600，1582，1495，1450
$\delta_{C-H（Ar上邻接五氢）}$	715，690
$\nu_{O-H（形成氢键二聚体）}$	3000 ~ 2500（多重峰）
δ_{O-H}	935
$\nu_{C=O}$	1400
$\delta_{C-O-H（面内弯曲振动）}$	1250

本实验用干燥的溴化钾稀释苯甲酸试样，研磨均匀后压制成晶片，以纯溴化钾晶片做参比，测绘其红外吸收光谱，对照上述的各原子基团基频峰的频率及其峰的强度是否一致。

三、主要仪器与试剂

仪器：傅里叶变换红外光谱仪、压片机及模具一套、玛瑙研钵、红外干燥灯等。

试剂：苯甲酸（优级纯）、溴化钾（优级纯）、无水乙醇等。

四、实验步骤

（1）开启空调，调整室温，使室内温度控制在 18℃ ~ 25℃，相对湿度 ≤ 60%。

（2）开启仪器的电源开关，启动计算机进入相应软件，设置好采集条件。仪器需预热 30 分钟。

（3）苯甲酸试样和纯溴化钾晶片的制作：取预先烘干的溴化钾粉末 150 ~ 200 mg 置于洁净的玛瑙研钵中，在红外干燥灯下研匀成细小的粉末。然后，将适量的粉末转移到压片模具上，置压片机中加压，当压力达到 27 MPa 时保持 1 ~ 2 分钟，按压片机使用方法取出压好的透明的晶片，保存在干燥器内或直接测试。如果压完之后的晶片不完整，需要重新压片。晶片透明度不好也需要重新压片。粉末量过多或者过少都会影响压片质量。另取一份相同量的干燥溴化钾粉末，置于洁净的玛瑙研钵中，再在其中加入 0.5 ~ 2 mg 优级纯苯甲酸，同上操作研磨均匀、压片并保存在干燥器内。

（4）按设定好的采集顺序取出晶片，置于夹持器中，打开位于仪器顶部的样品仓门，将夹持器插入仪器的样品架中并随手关上仓门，即可按红外软件的操作步骤进行红外吸收光谱的测绘。

（5）测绘结束后，可以先用相关软件标出特征吸收峰等信息后再关闭计算机及红外仪电源开关。取出夹持器，回收晶片。模具、玛瑙研钵及夹持器擦净收好。

（6）在苯甲酸试样红外吸收光谱图上标出各特征吸收峰的波数，并确定其归属。

五、操作要点说明

（1）溴化钾及固体试样在研磨过程中会吸水，应在红外干燥灯下操作。

（2）压片后制得的晶片应厚度均匀、完整透明、无裂缝，局部无发白现象。

六、思考题

（1）化合物的红外吸收光谱是怎样产生的？

（2）红外光谱实验室为什么对温度和相对湿度要维持一定的指标？

（3）在测试固体红外吸收光谱时，对固体试样的制片有何要求？

（4）固体试样与溴化钾研磨后颗粒的直径为什么要非常细小？

（5）试样含有水对红外谱图解释有何影响？

实验二十七　荧光光谱法测定铝（以 8- 羟基喹啉为络合剂）

一、实验目的

（1）掌握荧光光谱法的工作原理及其主要应用范围。

（2）了解荧光光度计的结构、性能及使用方法。

（3）掌握铝的荧光测定方法，以及荧光测量、萃取等基本操作。

（4）通过学习荧光分析法测定铝，进一步提升学生对仪器分析方法在实际检测中的应用能力，提高学生正确认识问题、分析问题和解决问题的能力。

二、实验原理

荧光光谱法具有灵敏度高、选择性强、用样量少、方法简便、工作曲线线形范围宽等优点，可以广泛应用于有机化学和无机化学、生命科学、食品质量检测、药学和药理学等领域。荧光光谱法应用到的最重要的仪器就是荧光分光光度计。荧光分光光度计主要由光源、激发单色器、样品池、发射单色器、检测系统及信号显示系统六个部分组成。光源用来激发试样，要求发射强度大、波长范围宽（高压汞灯发射的 365nm、405nm、436 nm 三条谱线是荧光分析中常用的，氙弧灯发射连续光波长范围为 200 ~ 700 nm）。激发单色器将光源发出的复合光色散成单色光组成的光谱带，并分离出所需的单色激发光。用滤光片做单色器时，干涉滤光性能最好，精密的荧光光度计均用分光器做单色器。分光器多采用光栅。发射单色器则用来将试样发出的多波长光色散成光谱带，并滤出所需检测的单色光。简单的荧光计用目视或硒光电池做检测器。精密的荧光光度计则采用光电倍增管做检测器。

铝离子能与许多有机试剂形成会发光的荧光络合物，其中 8- 羟基喹啉是较常用的试剂，它与铝离子所生成的络合物能被氯仿萃取，萃取液在波长 365 nm 紫外光照射下，会产生荧光，峰值波长在 530 nm 处，以此建立铝的荧光测定方法。它的测定范围为 0.002 ~ 0.24 $\mu g \cdot mL^{-1}Al$。Ga^{3+} 及 In^{3+} 会与该试剂形成会发光的荧光络合物，应加以校正。存在大量的 Fe^{3+}、Ti^{4+}、VO_3^- 会使荧光强度降低，应加以分离。另外，实验常使用标准硫酸奎宁溶液作为荧光强度的基准。

三、主要仪器与试剂

仪器：荧光光度计（含液槽一对、滤光片一盒）、分液漏斗、容量瓶、脱脂棉等。
试剂：

（1）1.000 $g \cdot L^{-1}$ 铝标准储备液：溶解 17.57 g 硫酸铝钾 $[Al_2(SO_4)_3 \cdot K_2SO_4 \cdot 24H_2O]$ 于水中，滴加 1：1 硫酸至溶液清澈，移至 1 L 容量瓶中，用水稀释至标线，摇匀。

（2）2.00 $\mu g \cdot mL^{-1}$ 铝标准工作液：取 2.00 mL 铝的储备液于 1 L 容量瓶中，用水稀释至标线，摇匀。

（3）2% 8- 羟基喹啉溶液：溶解 2 g 8- 羟基喹啉于 6 mL 冰醋酸中，用水稀释至 100 mL。

（4）缓冲溶液：200 g NH_4Ac 和 70 mL 浓 $NH_3 \cdot H_2O$ 混合后，溶解稀释至 1L。

（5）50.0 $\mu g \cdot mL^{-1}$ 标准奎宁溶液：0.500 g 奎宁硫酸盐溶解在 1 L 2 $mol \cdot L^{-1}$ 硫酸中，再取此溶液 10 mL，用 2 $mol \cdot L^{-1}$ 硫酸稀释到 100 mL。

四、实验步骤

（一）标准溶液的配制

取 6 个 125 mL 分液漏斗，各加入 40 ～ 50 mL 水，分别加入 0.00 mL、1.00 mL、2.00 mL、3.00 mL、4.00 mL 及 5.00 mL 2.00 $mol \cdot L^{-1}$ 铝的工作标准液。沿壁加入 2 mL 2% 8- 羟基喹啉溶液和 2 mL 缓冲溶液至以上各分液漏斗中。然后，每种溶液均用 20 mL 氯仿分别萃取 2 次。萃取后的氯仿溶液通过脱脂棉滤入 50 mL 容量瓶中，并用少量氯仿洗涤脱脂棉，用氯仿稀释至所需刻度，摇匀。

（二）标准溶液荧光强度的测量

选择合适的激发滤光片及荧光滤光片，首先在波长 365 nm 光下照射，测量 50.0 $\mu g \cdot mL^{-1}$ 标准奎宁溶液峰值波长在 530 nm 附近的荧光强度，并将其荧光强度读数调节为 100。然后，再在荧光光度计上分别测量上述系列标准溶液各自的荧光强度。记录系列标准溶液的荧光强度，并绘出标准曲线。

（三）未知试液的测定

取一定体积未知试液，按步骤（一）和步骤（二）分别处理并测量。记录未知试样的荧光强度，由标准曲线求得未知试样的铝浓度。

五、思考题

（1）荧光分光光度计主要由哪几部分组成？

（2）荧光光谱法测定铝离子为什么用 8- 羟基喹啉？

（3）标准奎宁溶液的作用是什么？

实验二十八 气相色谱定性、定量测定混合烃含量

一、实验目的

（1）了解气相色谱法的应用和工作原理。

（2）掌握气相色谱分析的基本操作和混合烃的分析方法。

（3）学习定量校正因子及归一化法定量分析的基本原理和测定方法。

（4）通过该实验让学生进一步了解大型仪器在现代实验分析中的应用，进一步认识到科学技术的重要性，激发学生的报国情怀和使命担当。

二、实验原理

气相色谱法（Gas Chromatography，简称 GC）是色谱法的一种，是以气体为流动相的色谱分析方法。气体黏度小、传递速率高、渗透性强，有利于高效快速地分离。气相色谱法具有选择性高、灵敏度高、分离效能高、分离速度快、应用范围广等特点。

气相色谱仪的主要部件包括：①气路（载气）系统：包括气源、净化干燥管和载气流速控制；②进样系统：进样器及气化室；③分离系统：填充柱或毛细管柱、温度控制系统（柱室、气化室的温度控制）；④检测系统：可连接各种检测器，以热导检测器或氢火焰检测器最为常见；⑤记录系统：放大器、记录仪或数据处理仪。检测器是将柱后载气中各组分的浓度或质量的变化转变成可测量的电信号的装置，是气相色谱仪最主要的部分。气相色谱仪的检测器有多种，常用检测器有氢焰离子化检测器（FID）、热导检测器（TCD）、电子捕获检测器（ECD）、火焰光度检测器（FPD）、热离子化检测器（TID）。检测器不同，对应的检测范围也不同。

气相色谱的定性鉴定依据是纯净化合物在相同的色谱条件下的保留时间相同。用气相色谱进行定性鉴定时，必须要有相应的标准样品。而定量分析中，常用归一化法。归一化法的优点是计算简便，定量结果与进样量无关，且操作条件不需要严格控制，是常用的一种色谱定量方法。当各组分色谱峰宽窄比较悬殊时，采用此法较为准确。该法的缺点是试样中所有组分都必须分离流出，并且得到可测量的信号，其校正因子也均为已知。

为了消除色谱条件对响应值的影响，在色谱定量分析中通常采用相对校正因子 f'_i，即被测物质 i 与标准物质 s 的绝对质量校正因子之比值：

$$f'_i = f_i / f_s = (m_i / A_i) / (m_s / A_s) = m_i A_s / m_s A_i$$

把所有出峰组分的含量之和按 100% 计的定量方法称为归一化法。使用归一化法定量时，要求试样中的所有组分都能得到完全分离，并且在色谱图上都能出峰，计算式为

$$m_i\% = f_i A_i / \sum f_i A_i \times 100\%$$

本实验通过测量混合烃试样中各组分的峰面积，利用相对校正因子，用归一化法

计算出各组分的百分含量。

三、主要仪器与试剂

仪器：日本岛津公司产 GC-2010 Plus 全套气相色谱仪（包含自动进样器、色谱柱等）、氮气钢瓶（氮气作载气）等。

试剂：色谱纯甲醇、分析纯苯、甲苯、正己烷、分析纯苯、甲苯、正己烷混合液等。

四、实验步骤

（1）相关参数：①柱温：100℃；②进样口温度：150℃；③检测器（TCD）温度：150℃；④桥电流：50mA；⑤进样量：1μL。

（2）打开载气等气体装置。载气是高纯氮气，钢瓶输出压强 0.6 MPa。

（3）先打开气相色谱仪主机，再打开电脑。

（4）点击桌面上的"Labsolution"软件图标，输入用户名和密码，点击"确定"按钮。点击"仪器"选项进入"数据采集"界面。

首先检查系统配置："主项目"—"系统配置"，在"系统配置"页面设置相关参数。系统参数设置好之后，点击"下载"。

（5）开启GC选择"主项目"—"数据采集"—"开启GC图标"命令。

（6）进样：对于单个样品，点击"单次分析"命令，仪器自动进样采取数据；对于多个样品，点击"批处理分析"命令，多个样品依次进入仪器，自动进样采取数据。

根据测定条件，按操作规程将色谱仪调至待测状态。以苯为标准物质测定甲苯、正己烷、环己烷的相对校正因子。分别注入体积比为 1∶1∶1 的苯、甲苯和正己烷 1 μL，测算相应的峰面积，计算各物质的相对校正因子。重复操作三次。

再注入 1 μL 混合待测样品，测算相应的峰面积，用归一化法计算各物质的质量百分含量。

注意：①数据文件保存、名称；②样品瓶的位置。

（7）采集完后，界面显示"GC就绪"。

（8）关机顺序：温度降低到接近室温后，关软件，关电脑，关仪器主机，关载气。

（9）根据实验数据，求算表 1-28-1 中相关值。

表 1-28-1 实验数据列表

组 分	峰面积 A_i		相对校正因子 f_i'	样品峰面积 A_i'		百分含量
	单测值	平均值		单测值	平均值	
苯						
甲苯						
正己烷						

五、操作要点及说明

（1）开机前必须先通载气 10 ~ 20 分钟再开主机电源。

（2）开机前压力应比柱前压力高 100 KPa，保证气路系统不漏气。

（3）不同的载气在不同的操作温度下都有最高桥电流限制，使用时不得超过。等检测器温度降到室温后，再关闭软件。

六、思考题

（1）在色谱定量分析中，为什么常常需要测定被测组分的相对校正因子？

（2）气相色谱仪的检测器主要有哪几种？

（3）热导检测器的应用范围是什么？电子捕获检测器适用于哪些物质的检测？

实验二十九 高效液相色谱法对芳烃的分离与测定

一、实验目的

（1）掌握高效液相色谱法的原理和应用。

（2）了解高效液相色谱仪的结构和工作原理。

（3）掌握高效液相色谱仪的基本操作，培养学生小心谨慎、严谨务实的科研态度。

二、实验原理

高效液相色谱法（High Performance Liquid Chromatography，简称 HPLC）是色谱法的一个重要分支，以液体为流动相，采用高压输液系统，将具有不同极性的单一溶剂或不同比例的混合溶剂、缓冲液等流动相泵入装有极细颗粒固定相的色谱柱，在色谱柱内各成分被分离后，进入检测器进行检测，从而实现对试样的分析，是一种柱色谱层析技术。

高效液相色谱法对样品的适用性广，不受分析对象挥发性和热稳定性的限制，因而弥补了气相色谱法的不足。除了用量少、色谱柱可以反复使用、样品可以回收外，高效液相色谱法还具有高压、高速、高效、高灵敏度、应用范围广的特点。高效液相色谱法对复杂混合物的分离和分析具有效率高、方法简便的特点，广泛应用在食品、医药、有机化学、环境化学及高分子工业等方面。本实验采用反相柱进行分离，以紫外检测器进行测定。

三、主要仪器与试剂

仪器：高效液相色谱仪（Thermo Scientific）、色谱柱（C_{18} ODS 色谱柱，4.6 mm × 150 mm）、20 μL 进样量等。

试剂：苯、萘、联苯（均为分析纯）、甲醇（色谱纯）和蒸馏水（用 0.45 μm 水相滤膜处理）等。

（1）苯、萘、联苯标准溶液：准确称取苯、萘、联苯，用甲醇分别配置成 1 mg·mL^{-1} 的溶液。

（2）标准混合液：分别取上述溶液 10 mL 于 50 mL 容量瓶中，用甲醇定容，摇匀（各含 0.2 mg·mL^{-1}）。

（3）未知混合液样品（临时配置）。

四、实验步骤

（1）先开电脑主机，再开仪器（后侧共四个按钮，依次打开），使仪器处于正常工作状态。

（2）打开软件，点击桌面下方变色龙的图标，弹出对话框，点击对话框上的 "Instrument Controller" 选项。再点击桌面上图标 "Chromeleon 7"，打开后设置仪器参数，有 "Home" "Sampler" "Pump Module" "Column Oven" "UV" "Audit" "Start up" "Queue"。

在 "Sampler" 中，点击 "Start Up" 下边的 "Prime Syringe" "Wash Buffer Loop" "Wash Needle Extemally" "Injection Valve"。

在 "Pump Module" 中的 "Eluent" 中可以设置各种洗脱液的比例。设置流动相

（甲醇100%）和流速（1.00mL·min⁻¹）。

在"UV"中，选择210 nm波长。

注意：进样前，先放气（把进样阀拧松），等放气后再拧紧进样阀。

（3）点"采集"按钮，设定好波长通道后，采集基线。

（4）待基线平稳后，即可开始进样分析。

（5）样品测定。选择单针进样（或批进样）方式进样。

①分别进样标准溶液（苯、萘、联苯标准溶液），保存色谱图于相应的文件夹中。

②进未知混合液样品，出峰完全后保存色谱图于相应的文件夹中，与标准溶液色谱图比较，根据保留时间确定未知混合液样品中的化合物种类。

③进标准混合液样品，保存色谱图于相应的文件夹中，用标准混合液样品色谱图的分析结果，根据峰面积（或峰高）计算校正因子。

（6）按上述操作进样未知混合液样品三次，根据结果取三次平均值。

（7）实验结果处理。

①记录实验条件和对应色谱峰的保留时间与峰面积（或峰高）。

②分别计算苯、萘、联苯的定量校正因子：

$$f_i = A/m$$

式中：f_i——苯、萘或联苯的定量校正因子；

A——苯、萘或联苯的峰面积；

m——苯、萘或联苯的进样量。

③计算未知混合液样品中各物质的含量（mg·L⁻¹）。

苯、萘或联苯的含量（mg·L⁻¹）为

$$[A_X/(f_i \times V)] \times 10^6$$

式中：A_X——样品中苯、萘或联苯的峰面积；

V——进样量（20μL）。

五、操作要点说明

（1）流动相必须要过0.45μm的滤膜，并进行脱气处理。

（2）仪器上的开关和按键未经允许不得随意乱动。

六、思考题

（1）液相色谱仪由哪些部分构成？

（2）气相色谱仪与液相色谱仪的分析对象有什么差别？

（3）高效液相色谱仪常用的脱气方法有哪几种？

实验三十　原子吸收分光光度法测定饮用水中的钙

一、实验目的

（1）了解原子吸收分光光度计的结构、性能及操作方法。

（2）了解实验条件对测定的灵敏度、准确度和干扰情况的影响，掌握原子吸收测定最佳实验条件的选择方法。

（3）了解测定饮用水中钙离子的意义，教育学生爱护水资源，保护水资源，引导学生树立和践行绿水青山就是金山银山的理念。

二、实验原理

光谱法是物质发生电磁辐射作用时，对由物质内部发生量子化的能级之间的跃迁而产生的发射、吸收或散射辐射的波长和强度进行分析的方法。光谱法可分为发射光谱法、吸收光谱法、散射光谱法；也可以分为原子光谱法和分子光谱法；亦可分为能级谱，电子光谱、振动光谱、转动光谱，电子自旋及核自旋谱等。分光光度法是光谱法的重要组成部分，是通过测定被测物质在特定波长处或一定波长范围内的吸光度或发光强度，从而对该物质进行定性和定量分析的方法。常用的方法有紫外－可见分光光度法、红外分光光度法、荧光分光光度法和原子吸收分光光度法等。

在原子吸收分析中，测定条件的选择对测定的灵敏度、准确度和干扰情况均有很大的影响。通常选择共振线做分析线，使测定有较高的灵敏度，但为了消除干扰，也可选择灵敏度较低的谱线。例如，测定 Pb 时，为了避开短波区分子吸收的影响，不用 217.0 nm 的共振线，而常选用 283.3 nm 的次灵敏线。分析高浓度样品时，也采用灵敏度较低的谱线，以便得到适中的吸光度。

使用空心阴极灯时，灯电流不能超过允许的最大工作电流。灯的工作电流过大，易产生自吸（蚀）作用，多普勒效应增加，谱线变宽，测定灵敏度降低，工作曲线弯曲，灯的寿命减少。但灯电流过低，发光强度减弱，发光不稳定，信噪比下降。在保证稳定和适当光强输出的情况下，尽可能选用较低的灯电流。

燃气和助燃比流量的改变，直接影响测定的灵敏度和干扰情况。燃助比小于 1∶6 的贫燃焰，燃烧充分，温度较高，还原性差，适用于不易氧化的元素测定。燃助比大于 1∶3 的富燃焰，燃烧充分，温度较前者低，噪声较大，火焰呈还原气氛，适用于易形成难熔氧化物的元素测定。燃助比为 1∶4 的化学计量焰，温度较高，火焰稳定，背景低，噪声小，多数元素分析常用这种火焰。被测元素基态原子的浓度随火焰高度不同，分布是不均匀的。因为火焰高度不同，火焰温度和还原气氛不同，基态原子浓度也不同。

原子吸收测定中，光谱干扰较小，测定时可以使用较宽的狭缝，增加光强，提高信噪比。对谱线复杂的元素，如铁族、稀土等，要采用较小的狭缝，否则工作曲线弯曲。过小的狭缝使光强减弱，信噪比变差。

在使用锐线光源和试样低浓度的情况下，基态原子蒸气对共振线的吸收符合朗伯–比尔定律

$$A = \lg (I_0/I) = KLN_0$$

式中：A——为吸光度；

　　　I_0——入射光强度；

　　　I——经原子蒸汽吸收后的透射光强度；

　　　K——为吸光系数；

　　　L——为辐射光穿过原子蒸汽的光程长度；

　　　N_0——基态原子密度。

当试样原子化，火焰的绝对温度低于 3000K 时，可以认为原子蒸气中基态原子的数目实际上接近原子总数。在固定实验条件下，原子总数与试样中被测元素的浓度 C 成正比，上式可记为

$$A = KC$$

这就是原子吸收分光光度法的定量基础。定量方法可用标准曲线法或标准溶液加入法等。

火焰原子化法是目前应用最广泛的原子化技术。火焰中原子的生成是一个复杂的过程，其最大吸收部位是由该部位的原子生成和消失的速度决定的。它不仅与火焰的类型及喷雾效率有关，而且还因元素的性质及火焰燃料与助燃气的比例不同而异。为了获得较高的灵敏度，钙、锶等与氧化合反应较快的碱土金属，在火焰的上部的浓度较低，宜选用富燃焰。

实验测定饮用水中钙的含量，用 423 nm 波长进行测量。

三、主要仪器与试剂

仪器：原子吸收分光光度计（TAS-986 型）、乙炔钢瓶，空气压缩机、钙空心阴极灯、容量瓶、吸量管等。

试剂：1.0 mg·mL⁻¹ 钙离子标准液、100 mg/L 钙离子标准液。

四、实验步骤

（一）溶液的配制

准确移取 1.0 mg·mL⁻¹ 钙离子标准溶液 0.5 mL 于 100 mL 容量瓶中，用水稀释至标线，摇匀。

（二）仪器调节

（1）启动计算机，打开 TAS-986 电源开关。

（2）鼠标双击"AA win"图标，启动工作站，选择联机，仪器初始化。选工作灯和预热灯，寻峰，预热 30 分钟。

（3）燃烧器对光：燃烧器上方放一张白纸，调节燃烧器位置，使光轴与缝隙平行并在同一垂面上。

（4）在工作站界面上点击"仪器"按钮，再点击"燃烧器参数"按钮，设置原子化器工作条件（燃气流量、燃烧器位置等）。

（5）打开空压机电源开关，调出口压力为 0.25 ~ 0.3 Mpa，然后打开乙炔气总阀，调减压阀压力为 0.05 Mpa，点火。

（6）点击"测量"按钮，设置标样个数、浓度大小及单位。

（7）进样管放入空白液中，点击"调零"按钮。调零后将进样管放入样品中，点击"开始"按钮，测量样品吸光度。

（三）最佳实验条件的选择

（1）燃气流量的选择。在"燃烧器参数"选项中改变"乙炔流量"为不同值，在每个流量下测定 5.00 μg·mL⁻¹ 钙离子标准溶液的吸光度（填表 1-30-1）。原子吸收光谱曲线上最大吸光度所对应的燃气流量即最佳燃气流量。

（2）燃烧器高度的选择。改变燃烧器的高度，依次使燃烧器的高度为 0 mm、0.5 mm、1 mm、2 mm、4 mm、6 mm、8 mm，测定 5.00 μg/mL 钙离子标准溶液的吸光度（填表 1-30-2）。原子吸收光谱曲线上最大吸光度所对应的燃烧器高度即最佳燃烧器高度。

（2）灯电流的选择。在 1500 mL·min⁻¹ 助燃比及 h = 6 mm 燃烧器高度条件下，分别在不同灯电流时喷雾 5.00 μg·mL⁻¹ 钙标准溶液时，测量吸光度（填表 1–30–3）。稳定且最大吸光度所对应的灯电流为最佳灯电流。

（3）狭缝宽度的选择。在上述选定的实验条件下，将狭缝宽度置于不同值，喷雾 5.00 μg·mL⁻¹ 钙标准溶液，测量吸光度（填表 1–30–4）。选择不引起吸光度减小的最大狭缝为最佳狭缝宽度。

（四）原子吸收分光光度法测定饮用水中的钙

1. 系列标准溶液的配制

取 6 个 100 mL 容量瓶，依次加入 1.00 mL、2.00 mL、3.00 mL、4.00 mL、5.00 mL 及 6.00 mL 100 mg·L⁻¹ 钙标准溶液，用去离子水稀释至标线，摇匀。

2. 未知式样溶液的配制

取 10.00 mL 饮用水于 100 mL 容量瓶中，用去离子水稀释至标线，摇匀。

3. 标准加入法工作溶液的配制

取四个 100 mL 容量瓶，各加入 10.00 mL 未知试样溶液，然后依次加入 0.00 mL、1.00 mL、2.00 mL、3.00 mL 100 mg·L⁻¹ 的工作标准溶液，用去离子水稀释至标线，摇匀。

4. 吸光度的测量

按火焰原子吸收分光光度计的操作步骤，调整灯电流为 0.5 mA，测量波长为 422.7 nm，光谱通带为 0.2 nm，空气流量为 6.0 L·min⁻¹，调整空心阴极灯的位置及光电倍增管负高压至能量显示为 100 左右，打开乙炔钢瓶开关，调整输出压力为 1.0 MPa，接通乙炔流量为 1.0 L·min⁻¹，点火，以去离子水调整吸光度为 0，测量按实验步骤 1、2、3 中所配制的溶液的吸光度。

5. 数据处理

（1）原子吸收测定最佳实验条件的选择

表 1–30–1　最佳乙炔流量的确定

乙炔流量（L·min⁻¹）	A_1	A_2	A_3	平均值	RSD
1.2					
1.5					
1.8					
2					

以吸光度为纵坐标，以燃烧器高度为横坐标作图，确定最佳乙炔流量。

表 1-30-2 最佳燃烧器高度的确定

燃烧器高度（mm）	A_1	A_2	A_3	平均值	RSD
0					
0.5					
1					
2					
4					
6					
8					

以吸光度为纵坐标，以燃烧器高度为横坐标作图，确定最佳燃烧器高度。

表 1-30-3 最佳灯电流的确定

灯电流（mA）	A_1	A_2	A_3	平均值	RSD
1					
2					
4					
6					
8					

以吸光度为纵坐标，以灯电流为横坐标作图，确定最佳灯电流。

表 1-30-4 最佳狭缝宽度的选择

狭缝宽度（nm）	A_1	A_2	A_3	平均值	RSD
0.4					
1					
2					

以吸光度为纵坐标，以狭缝宽度为横坐标作图，确定最佳狭缝宽度。

表 1-30-5　原子吸收光谱法测定钙最佳实验条件

测定波长（nm）	乙炔流量（L·min⁻¹）	燃烧器高度（mm）	灯电流（mA）	狭缝宽度（nm）

（2）原子吸收分光光度法测定饮用水中的钙

①以钙的系列标准溶液的吸光度绘制标准工作曲线。用未知试样溶液的吸光度，求出饮用水中钙的含量。

②以钙的标准加入法工作溶液测得的吸光度绘制工作曲线。将其外推，求得饮用水中钙的含量。并比较结果。

五、操作要点说明

（1）先开助燃气，后开乙炔气。

（2）检查乙炔气体装置是否漏气，并注意乙炔压力不能超过要求值。

（3）每一个参数做完都要重新校零。

（4）一定要保证使用高纯度的去离子水。

六、思考题

（1）原子吸收分析为何要用待测元素的空心阴极灯作光源？能否用氢灯或者钨灯代替，为什么？

（2）助燃比为什么会影响测定的灵敏度？

第二部分　综合型实验

第二部分以综合型实验为主，共有22个实验，旨在加深对基础实验的理解和综合应用。该部分主要包括经典实验操作的物质合成及纯化方法、常见金属离子或有机物的定性和定量测定、从自然界中提取有机物等。在能力培养方面，通过包含众多基础知识和实验操作的综合型实验，培养学生综合运用所学知识、实验方法以及分析问题和解决问题的能力。在价值引领方面，教育学生爱护生态环境，节约能源，培养学生的大局观和社会责任感。

思政触点三：正溴丁烷的合成（实验四）——培养学生勇于探索的创新精神和善于解决问题的实际能力。

该实验利用正丁醇与溴化钠和硫酸作用生成正溴丁烷。在实验中，溴化钠和硫酸作用生成溴化氢，生成的溴化氢再与正丁醇作用生成正溴丁烷。溴化氢是一种强酸，且具有很强的挥发性、腐蚀性和毒性，加热时还会有大量溴化氢气体放出，严重污染环境和危害身体健康。因此，合理处理过量的溴化氢以及可能产生的其他有毒气体是该实验的关键之一。如果采用普通的回流装置，溴化氢等有毒气体会排放到空气中，所以要引导学生改进回流装置，在普通回流装置中组装带有气体吸收的装置，培养学生勇于探索的创新精神和善于解决问题的实际能力，使溴化氢等有毒气体不能排到空气中，保护环境，提高学生的环保意识和安全意识。

思政触点四：从茶叶中提取咖啡因和咖啡因的鉴定（实验八）——弘扬以爱国主义为核心的民族精神和以改革创新为核心的时代精神，增强学生民族自豪感和自信心，激发学生科技报国的家国情怀和使命担当。

该实验由青蒿素的提取引入，从青蒿中获得青蒿素是以萃取原理为基础的，而实验从茶叶中提取咖啡因也是以萃取原理为基础的。因此，实验将中国科学家屠呦呦获得诺贝尔医学奖的事迹和实验内容相结合。以屠呦呦 2015 年获得诺贝尔生理学或医学奖引出青蒿素的提取和纯化，以此讲解萃取、升华等分离提纯物质的方法。屠呦呦是首获科学类诺贝尔奖的中国人，她和青蒿素的事迹能增强学生的民族自信心和自豪感。青蒿素的提取和纯化不是一朝一夕能完成的，屠呦呦课题组在传统药方基础上，经过成百上千次的失败，不断改进提取方法，终于在 1971 年将青蒿抗疟发掘成功。青蒿素有效降低疟疾患者的死亡率，挽救了全球特别是发展中国家的数百万人的生命。

实验一 粗食盐的提纯和产品纯度的检验

一、实验目的

（1）学习提纯食盐的原理和方法及有关离子的鉴定。

（2）掌握溶解、过滤、蒸发、浓缩、结晶、干燥等基本操作。

（3）掌握普通过滤和减压过滤的正确使用方法与区别。

（4）通过对粗盐的提纯和产品纯度检验，让学生体会质量检验的重要性。

二、实验原理

粗食盐中的不溶性杂质（如泥沙等）可通过溶解和过滤的方法除去。粗食盐中的可溶性杂质主要是 Ca^{2+}、Mg^{2+}、K^+ 和 SO_4^{2-} 等离子，选择适当的试剂使它们生成难溶化合物的沉淀而被除去。

（1）在粗盐溶液中加入过量的 $BaCl_2$ 溶液，除去 SO_4^{2-}。

$$Ba^{2+} + SO_4^{2-} = BaSO_4 \downarrow$$

过滤，除去难溶化合物和 $BaSO_4$ 沉淀。

（2）在滤液中加入 NaOH 和 Na_2CO_3 溶液，除去 Mg^{2+}、Ca^{2+} 和沉淀 SO_4^{2-} 时加入的过量 Ba^{2+}。

$$Mg^{2+} + 2OH^- = Mg(OH)_2 \downarrow$$

$$Ca^{2+} + CO_3^{2-} = CaCO_3 \downarrow$$

$$Ba^{2+} + CO_3^{2-} = BaCO_3 \downarrow$$

过滤，除去沉淀。

（3）溶液中过量的 NaOH 和 Na_2CO_3 可以用盐酸中和除去。

（4）粗盐中的 K^+ 和上述的沉淀剂都不起作用。由于 KCl 的溶解度大于 NaCl 的溶解度，且含量较少，因而在蒸发和浓缩过程中，NaCl 先结晶出来，而 KCl 则留在溶液中。

三、主要仪器与试剂

仪器：天平、烧杯、量筒、普通漏斗、铁圈、布氏漏斗、抽滤瓶、蒸发皿、石棉网、酒精灯、药匙、玻璃棒、试管等。

试剂：粗食盐、HCl（$6 \, mol \cdot L^{-1}$）、HAc（$6 \, mol \cdot L^{-1}$）、NaOH（$6 \, mol \cdot L^{-1}$）、$BaCl_2$（$6 \, mol \cdot L^{-1}$）、Na_2CO_3（饱和）、$(NH_4)_2C_2O_4$（饱和）、镁试剂、滤纸、pH 试纸。

四、实验步骤

（一）粗食盐的提纯

（1）粗盐的溶解：称取 8.0 g 粗食盐，放在 100 mL 烧杯中，加入 30 mL 水，搅拌并加热使其溶解。

（2）SO_4^{2-} 的去除：加热至溶液沸腾时，在搅拌下逐滴加入 $1 \, mol \cdot L^{-1} \, BaCl_2$ 溶液至沉淀完全（约 2mL）。

为了检验沉淀是否完全，可将烧杯从石棉网上取下，待沉淀下降后，取少量上层清液于试管中，再加几滴 $1 \, mol \cdot L^{-1} \, BaCl_2$ 检验是否变浑浊，直至完全沉淀。继续加热 5 分钟，使 $BaSO_4$ 的颗粒长大而易于沉淀和过滤。常压过滤，留滤液，弃沉淀。

（3）在滤液中加入 1 mL $2mol \cdot L^{-1}$ NaOH 溶液和 $2 \, mol \cdot L^{-1}Na_2CO_3$ 溶液至沉淀完全，加热至沸腾，待沉淀下降后，取少量上层清液放在试管中，滴加 Na_2CO_3 溶液，检查有无沉淀生成。如不再产生沉淀，减压过滤，留滤液。

（4）在滤液中逐滴加入 $2 \, mol \cdot L^{-1}$ HCl 溶液，直至溶液呈微酸性为止（pH 约为 6）。

（5）将滤液倒入蒸发皿中，用小火加热蒸发，浓缩至稀粥状的稠液为止，切不可将溶液蒸干。

（6）冷却后，用布氏漏斗过滤，尽量将结晶抽干。将结晶放回蒸发皿中，小火加热干燥，直至不冒水蒸气为止。将精食盐冷却至室温，称重。最后把精盐放入指定容器中，计算产率。

（二）产品纯度的检验

取粗盐和精盐各 1 g，分别溶于 5 mL 蒸馏水中，将粗盐溶液过滤。两种澄清溶液分别盛于三支小试管中，组成三组，对照检验它们的纯度。

1. SO_4^{2-} 的检验

在第一组溶液中分别加入 2 滴 6 mol·L^{-1} HCl 溶液使溶液呈酸性，再加入 3 ～ 5 滴 1mol·L^{-1} $BaCl_2$ 溶液，如有白色沉淀，证明 SO_4^{2-} 存在。记录结果，进行比较。

2. Ca^{2+} 的检验

在第二组溶液中分别加入 2 滴 6 mol·L^{-1} HAc 溶液使溶液呈酸性，再加入 3 ～ 5 滴饱和的 $(NH_4)_2C_2O_4$ 溶液，如有白色沉淀生成，证明 Ca^{2+} 存在。记录结果，进行比较。

3. Mg^{2+} 的检验

在第三组溶液中分别加入 3 ～ 5 滴 6 mol·L^{-1} NaOH 溶液使溶液呈碱性，再加入 1 滴镁试剂，若有天蓝色沉淀生成，证明 Mg^{2+} 存在。记录结果，进行比较。

镁试剂是一种有机染料，在碱性溶液中呈红色或紫色，但被 $Mg(OH)_2$ 沉淀吸附后，则呈天蓝色。

五、操作要点说明

（1）粗食盐颗粒要研细，颗粒太大，溶解比较慢，杂质不能很好地析出。

（2）食盐溶液浓缩时，切不可蒸干，蒸干容易使食盐颗粒迸溅，也容易使蒸发皿炸裂。

（3）减压过滤时滤纸要小于布氏漏斗的内径，同时又要盖住所有的小孔。

六、思考题

（1）溶解 8 g 食盐加入 30 mL 水的依据是什么？加水过多或过少有什么影响？

（2）怎样除去实验过程中所加的过量沉淀剂 $BaCl_2$ 以及 NaOH 和 Na_2CO_3？

（3）提纯后的食盐溶液浓缩时为什么不能蒸干？

（4）检验 SO_4^{2-} 时为什么要加入盐酸溶液？

（5）在粗食盐的提纯中，第二、第三步能否合并后再过滤？

实验二　硫酸亚铁铵的制备和产品等级的确定

一、实验目的

（1）学习复盐的一般制备方法。

（2）巩固水浴加热、蒸发、浓缩、结晶和减压过滤等操作。

（3）学习用目测比色法检验产品质量的方法。

（4）通过讲解我国运用铁资源的悠久历史，弘扬以爱国主义为核心的民族精神和以改革创新为核心的时代精神，增强学生的民族自豪感和自信心。

二、实验原理

金属铁是人类应用比较早的金属之一，在我们日常生活中分布和应用非常广泛。在地壳含量中，铁占 4.75%，仅次于氧、硅、铝，位居地壳元素含量第四位。我们主要使用的铁矿石有赤铁矿（主要成分 Fe_2O_3）、磁铁矿（主要成分 Fe_3O_4）、菱铁矿（主要成分 $FeCO_3$）、黄铁矿（主要成分 FeS_2）等。铁单质是柔韧而延展性较好的银白色金属，而高纯的铁粉通常情况下呈灰色或灰黑色。铁及其化合物可以用于制发电机和电动机的铁芯，还用于制磁铁、药物、墨水、颜料、磨料等，是工业上所说的黑色金属之一（注：黑色金属主要是指铁、铬和锰。纯净的生铁是银白色的，铁被称为黑色金属是因为铁表面常常覆盖着一层主要成分为黑色四氧化三铁的保护膜）。另外，在人体中铁元素的作用也非常重要，Fe^{2+} 是血红蛋白的重要组成成分。

铁与稀硫酸反应，可以生成硫酸亚铁，反应方程式如下：

$$Fe（s）+H_2SO_4（aq）=FeSO_4（aq）+H_2（g）$$

含结晶水的硫酸亚铁通常情况下为蓝绿色单斜结晶或颗粒，溶于水，无气味，在干燥空气中会风化，在潮湿空气中表面氧化成棕色的碱式硫酸铁。无水硫酸亚铁是白色粉末，含结晶水的是浅绿色晶体，晶体俗称"绿矾"，其水溶液为浅绿色。硫酸亚铁的应用也十分广泛，可用于色谱分析试剂，点滴分析测定铂、硒、亚硝酸盐和硝酸盐。硫酸亚铁还可以作为还原剂，也可以用于净水、聚合催化剂、照相制版等。

通常情况下，亚铁盐在空气中容易被氧化生成铁盐。但是，等物质的量的硫酸亚铁与硫酸铵在水溶液中相互作用后，生成溶解度较小的复盐 $FeSO_4 \cdot (NH_4)_2SO_4 \cdot 6H_2O$

在空气中比较稳定：

$$FeSO_4（aq）+(NH_4)_2SO_4（aq）+6H_2O（1）=FeSO_4 \cdot (NH_4)_2SO_4 \cdot 6H_2O（s）$$

所得产品 $FeSO_4 \cdot (NH_4)_2SO_4 \cdot 6H_2O$ 为浅绿色单斜晶体，又称摩尔盐，易溶于水，难溶于乙醇。它比一般亚铁盐稳定，在空气中不易被氧化，在分析化学中常被选用为氧化还原滴定的基准物，在定量分析中常常用来配制亚铁离子的标准溶液。

硫酸亚铁在中性溶液中能被溶于水中的少量氧气氧化，并进而与水作用，甚至析出棕黄色的碱式硫酸铁（或氢氧化铁）沉淀。如果溶液的酸性减弱，则亚铁盐（或铁盐）中的 Fe^{2+} 与水的水解作用的程度将会增大。因此，在制备 $FeSO_4 \cdot (NH_4)_2SO_4 \cdot 6H_2O$ 的过程中，为了使 Fe^{2+} 不发生水解作用，溶液需要保持足够的酸度。

用目测比色法可估计产品中所含杂质 Fe^{3+} 的量，由于 Fe^{3+} 与 SCN^- 生成红色的物质 $[Fe（SCN）_n]^{3-n}$，当红色较深时，表明产品中含 Fe^{3+} 较多；当红色较浅时，表明产品中含 Fe^{3+} 较少。因此，只要将所制得的硫酸亚铁铵晶体与 KSCN 溶液在比色管中配制成待测溶液，将它所呈现的红色与含一定量的 Fe^{3+} 所配制成的标准的 $[Fe（SCN）_n]^{3-n}$ 溶液的红色进行比较，根据红色深浅程度情况，即可知待测溶液中杂质 Fe^{3+} 的含量，从而可确定产品的等级。

三、主要仪器与试剂

仪器：天平、烧杯、表面皿、酒精灯、石棉网，铁架台，铁圈、水浴锅、玻璃棒、蒸发皿、量筒、点滴板、漏斗、布氏漏斗、抽滤瓶、循环水式真空泵等。

试剂：铁屑、$HCl（2.0\ mol \cdot L^{-1}）$、$NaCO_3（10\%）$、$KSCN（0.1\ mol \cdot L^{-1}）$、$(NH_4)_2SO_4$（s）、$H_2SO_4（3\ mol \cdot L^{-1}）$、乙醇、标准 Fe^{3+} 溶液（$0.01\ mg \cdot mL^{-1}$）、滤纸、pH 试纸等。

四、实验步骤

（一）铁屑的预处理

用天平称取 2.0 g 碎铁屑，放入 100 mL 烧杯中，加入 10% Na_2CO_3 溶液 10 mL，放在石棉网上加热煮沸约 10 分钟。用倾析法倾去碱液，用水把碎铁屑洗至中性。

（二）$FeSO_4$ 的制备

在盛有处理过的碎铁屑的小烧杯中，加入 3 $mol \cdot L^{-1}$ H_2SO_4 溶液 10 mL，盖上表面皿，放在水浴中进行加热。加热过程中，要控制铁屑与 H_2SO_4 的反应不要过于剧烈，有大量气泡冒出时，可以适当搅拌，以免气泡混合着铁屑、H_2SO_4 溶液、$FeSO_4$

溶液等物质从容器中溢出，还应注意补充蒸发掉的少量水，以防止 $FeSO_4$ 结晶。同时，要控制溶液的 pH 不大于 1，防止水解。

待反应速度明显减慢，至无明显气泡冒出时，用普通漏斗趁热过滤。如果滤纸上有淡绿色的 $FeSO_4 \cdot 7H_2O$ 晶体析出，可用加热后的去离子水将晶体溶解。用少量 $3\ mol \cdot L^{-1} H_2SO_4$ 溶液洗涤未反应的铁屑和残渣，洗涤液合并至反应液中。

过滤完后将滤液转移至干净的蒸发皿中，未反应的铁屑用滤纸吸干后称重，计算已参加反应的铁的质量。

（三）$FeSO_4 \cdot (NH_4)_2SO_4 \cdot 6H_2O$ 的制备

根据反应消耗 Fe 的质量或生成 $FeSO_4$ 的理论产量，计算制备硫酸亚铁铵所需 $(NH_4)_2SO_4$ 的量（注意：考虑 $FeSO_4$ 在过滤等操作中的损失，$(NH_4)_2SO_4$ 的用量大致可按 $FeSO_4$ 理论产量的 80% 计算）。

按计算量称取 $(NH_4)_2SO_4$，将其配制成室温下的饱和溶液。将该饱和溶液加入上述过滤后的 $FeSO_4$ 溶液，然后在水浴中加热蒸发至溶液表面出现晶膜为止（注意：在蒸发过程中不宜过多搅动）。从水浴中取出蒸发皿，静置，使其自然冷却至室温，得到浅蓝绿色的 $FeSO_4 \cdot (NH_4)_2SO_4 \cdot 6H_2O$ 晶体。

用减压过滤的方法进行分离，晶体用少量乙醇洗液淋洗，以除去晶体表面所附着的水分（此时应继续抽滤）。将晶体取出，用滤纸吸干，称重，计算理论产量及产率。

（四）产品检验 Fe^{3+} 的限量分析

称 1.00 g 产品，放入 25 mL 比色管中，用少量不含氧的去离子水（将去离子水用小火煮沸 10 分钟，以除去所溶解的 O_2，盖好表面皿，待冷却后取用）溶解。加入 $1.00\ mL\ 3\ mol \cdot L^{-1} H_2SO_4$ 溶液和 $1.00\ mL\ 1mol \cdot L^{-1} KSCN$ 溶液，再加不含 O_2 的去离子水至标线，摇匀后与标准溶液（由实验室提供）进行比色，确定产品的等级。

五、思考题

（1）在硫酸亚铁铵的制备实验中，铁屑为什么要进行预处理？

（2）$FeSO_4$ 制备过程中，为什么要控制溶液的 pH 不大于 1？如何做到控制溶液的 pH 不大于 1？

（3）在硫酸亚铁铵的制备蒸发过程中，为什么不能频繁搅动？

（4）在产品检验 Fe^{3+} 的限量分析中，Fe^{3+} 的含量高，说明产品质量好还是差？

（5）在硫酸亚铁铵的制备中可能导致产率降低的操作（因素）有哪些？有没有可能称量的结果比实际值偏高？

实验三　乙酸乙酯的合成及纯化

一、实验目的

（1）掌握酯化反应原理，学习控制酯化反应平衡移动的方法。

（2）掌握实验室制备和纯化乙酸乙酯的方法和操作。

（3）规范应用回流、蒸馏、液态有机物萃取、洗涤、干燥等基础实验操作，培养学生综合运用基础实验知识和实验操作的能力。

二、实验原理

乙酸乙酯的合成方法有多种，在实验室中最常用的方法是在酸催化的条件下，由乙酸和乙醇直接酯化。常用浓硫酸、氯化氢、对甲苯磺酸等作催化剂，其中浓硫酸最常用，浓硫酸的量为醇的 0.3%。乙酸和乙醇在浓硫酸加热的条件下主要发生如下反应：

$$CH_3COOH + CH_3CH_2OH \underset{110℃～120℃}{\overset{H_2SO_4}{\rightleftharpoons}} CH_3COOC_2H_5 + H_2O$$

除了主产物乙酸乙酯生成，还可能会有乙醚和乙烯等副产物生成。酯化反应是可逆的，增加醇或酸的量，并不断将酯和水蒸去，反应向正方向进行，有利于提高产率。在酯化反应中，是酸还是醇过量，应视其是否易得、价廉及操作（包括分离）方便。例如，在合成乙酸乙酯时，实验室方法使用过量的乙醇，是由于乙醇价廉；而工业生产中一般采用过量的乙酸，目的是使乙醇完全反应，以避免由于乙醇的存在而形成二元（乙醇－乙酸乙酯）或三元（乙醇－乙酸乙酯－水）共沸物给分离造成麻烦。在实验室制备乙酸乙酯时，为了提高乙酸乙酯的产率，不仅可以加入过量乙醇，而且在反应过程中还可以不断地蒸出乙酸乙酯和水，促使平衡正向移动。

三、主要仪器与试剂

仪器：圆底烧瓶、沸石、冷凝管、量筒、加热装置（电热套或酒精灯等）、温度计套管、尾接管、回流冷凝管（或球形冷凝管）、分液漏斗、锥形瓶。

试剂：冰醋酸、乙醇、浓硫酸、饱和碳酸钠溶液、饱和食盐水、饱和氯化钙溶液、无水硫酸镁。

四、实验步骤

（一）装料

首先在 100 mL 圆底烧瓶中加 6.0 mL 冰醋酸和 9.5 mL 乙醇。为防止局部炭化，在轻轻摇动下慢慢加入 2.5 mL 浓硫酸，混匀后再加入 2 ~ 3 粒沸石。

（二）安装回流装置

装料完成后，安装回流装置（图 2-3-1）。检查装置稳固性和气密性后，小火加热回流 0.5 小时。注意控温，防止炭化。

图 2-3-1　简单回流装置

（三）改为蒸馏装置

回流完毕后，待冷却，将装置改为蒸馏装置（图 2-3-2）。其中，接收瓶用冷水冷却，加热蒸馏至不再有馏出物为止（馏出液大约占反应物总体积的 1/2），得到粗乙酸乙酯。

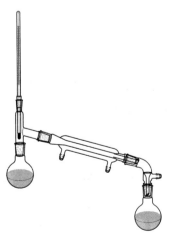

图 2-3-2　蒸馏装置

（四）萃取和纯化

轻轻摇动，慢慢向粗产物中加入饱和碳酸钠溶液，直到没有气体逸出。将液体转入分液漏斗中，摇振后静置，分去水相，有机相用 5.0 mL 饱和食盐水洗涤，再每次用 5.0 mL 饱和氯化钙溶液洗涤。弃去下层液，酯层转入干燥的具塞锥形瓶中，用无水硫酸镁干燥，称量质量 m_1。将产物乙酸乙酯导入回收瓶后再次称重 m_2。m_1 减去 m_2 的质量即制备的乙酸乙酯的质量。

五、操作要点说明

（1）该实验中主要试剂的物理常数见表 2-3-1。

表 2-3-1　实验中主要试剂的物理常数

试剂	分子量	d_4^{20}	m.p.（℃）	b.p.（/℃）	n_d^{20}	水溶性
乙醇	46.1	0.7893	−114.1	78.5	1.3611	混溶
乙　酸	60.1	1.0492	16.6	117.9	1.4360	易溶
乙酸乙酯	88.1	0.9003	−83.6	77.06	1.3727	微溶

（2）该实验中用饱和食盐水是为了去掉过量的碳酸钠，同时也可以降低乙酸乙酯在水中的溶解度，降低损失，还有利于分层，缩短实验时间。碳酸钠必须除去，否则下步用氯化钙洗醇时，会有碳酸钙沉淀，难分离。这里用食盐水洗。

（3）饱和氯化钙溶液洗涤是为了去醇。

（4）由于水与乙醇、乙酸乙酯以及形成的共沸物均为透明液体，因而不能以产品是否透明来判断是否干燥好，应以干燥剂加入后的吸水情况来定，干燥过程中可以不时摇振，也可以适当延长干燥时间。若洗不干净或干燥不够，会使沸点降低，影响产率。

（5）蒸馏装置要干燥，否则前馏分增加，后馏分减少（共沸物）。

（6）干燥剂不用氯化钙，因为氯化钙也能与酯络合。

（7）饱和碳酸钠是用来除去过量的乙酸的。

（8）理论上催化剂不会改变平衡常数（平衡混合物的组成），但在酯化反应中，实验证明加入较催化量稍多的酸时会使反应的平衡常数增大。这是由于较多酸的存在可以与生成的水结合（脱水），改变平衡位置，而且原料乙醇不是无水乙醇，有大量水需要除去。因此，浓硫酸的用量大大超过催化剂的量（3%），其他原料也有水，仪器也没有干燥。在该实验中，硫酸不仅是催化剂，而且还是脱水剂，所以大大超过 3%。

六、思考题

（1）在乙酸乙酯制备实验中，为什么要控制浓硫酸的滴加速度？

（2）能否用浓的氢氧化钠溶液代替饱和碳酸钠溶液来洗涤蒸馏液？为什么？

（3）如果在洗涤过程中出现了碳酸钙沉淀，如何处理？

（4）在乙酸乙酯制备实验中，乙酸可否过量，为什么？

实验四　正溴丁烷的合成

一、实验目的

（1）了解制备正溴丁烷的原理和方法。

（2）掌握回流、蒸馏、分液等实验操作。

（3）学习并掌握带有气体吸附的回流装置的原理及应用。

（4）通过对有毒气体吸附的学习，培养学生爱护环境、保护环境的意识。

二、实验原理

实验室中，制备一卤代烷的最简单的方法是通过氢卤酸与醇发生亲核取代反应。该反应如下：

$$R\text{-}OH + HX \xrightarrow{H^+} R\text{-}X + H_2O$$

本实验利用正丁醇与氢溴酸作用生成正溴丁烷。主反应如下：

$$NaBr + H_2SO_4 = HBr + NaHSO_4$$

$$CH_3CH_2CH_2CH_2OH + HBr \rightarrow CH_3CH_2CH_2CH_2Br + H_2O$$

在实验中如果不用溴化钠和硫酸而用含 48% 溴化氢的氢溴酸也可以，但产率低。若同时加入适量的浓硫酸作脱水剂，产率明显提高。在实验中，一般反应产生的溴化氢与水的重量比为 1∶1。水太多，氢溴酸的浓度低，产率明显降低；水太少，则产生的溴化氢易挥发，既浪费原料又污染环境。

除了以上主反应，还有以下副反应：

$$C_4H_9OH \xrightarrow{H_2SO_4} C_4H_8 + H_2O$$

$$2C_4H_9OH \xrightarrow{H_2SO_4} C_4H_9OC_4H_9 + H_2O$$

三、主要仪器与试剂

仪器：量筒、圆底烧瓶、直形冷凝管、蒸馏头、尾接器、分液漏斗、干燥管、常压漏斗、锥形瓶等。

试剂：正丁醇、溴化钠（无水）、浓硫酸、蒸馏水、碳酸钠、无水氯化钙、沸石等。

四、实验步骤

（一）装样

在圆底烧瓶中放入 4 ~ 5 mL 水和 5 mL 浓硫酸，混合均匀后，冷却至室温。然后加入 3 mL 正丁醇（约 0.033 mol），最后再加入 5.1 g 无水溴化钠（0.05 mol）和 2 ~ 3 粒沸石。

在该步骤中，如果用含结晶水的溴化钠，则应该按计算增加结晶溴化钠的用量，并相应地减少加入的水量，并且，在该步骤中，溴化钠可不必研得很细，因反应不需要溴化氢一下子产生，稍大块的溴化钠可逐步与酸作用，所产生的溴化氢可更有效地被利用。

（二）组装回流装置

当所有药品装完后，再组装带有气体吸收的回流装置（图 2-4-1），然后加热。

图 2-4-1 带有气体吸收的回流装置

（三）改回流装置为蒸馏装置

加热回流半小时，稍冷却后将回流装置改为蒸馏装置。加热蒸馏至正溴丁烷全部蒸出。正溴丁烷全部蒸馏出的标志为：馏出液由混浊变澄清，反应液上层消失并澄清。

（四）分液

将馏出液倒入分液滤斗中，分出下层粗产物并放入干燥的锥形瓶中。分出的下层粗产物尽量不带水，并用干燥的锥形瓶接收，以免下步用浓硫酸洗涤时因有水而发热至产品挥发。在水中冷却，慢慢加入等体积的浓硫酸，洗掉产物中未作用的正丁醇和生成的副产物正丁醚。振荡摇匀后，倒入干燥的分液漏斗中。静置后仔细分出下层硫酸，分别用 10% 碳酸钠溶液和水洗涤有机层。

（五）蒸馏收集

把洗涤后的有机层放于干燥的锥形瓶中，用 1 ～ 2 小块无水氯化钙干燥至澄清后蒸馏，收集 98℃ ～ 102℃ 馏分。产量为 2 ～ 2.5g。

纯正溴丁烷为无色透明的液体，沸点 101.0℃，d^{20}_4 1.276。

五、操作要点说明

（1）不用溴化钠和硫酸，而用含 48% 溴化氢的氢溴酸也可，但产率低。若同时加入适量的浓硫酸作脱水剂，产率明显提高。

（2）加入量由计算而得。一般反应产生的溴化氢与水的重量比为 1∶1。水太多，氢溴酸的浓度低，产率明显降低；水太少，则产生的溴化氢易挥发，既浪费原料又污染环境。

（3）如果是含结晶水的溴化钠，可按计算增加结晶溴化钠的用量，并相应地减少加入的水量。溴化钠可不必研得很细，因反应不需要溴化氢一下子产生，稍大块的溴化钠可逐步与酸作用，所产生的溴化氢可更有效地被利用。

（4）正溴丁烷全部蒸馏出的标志为：馏出液由混浊变澄清，反应液上层消失并澄清。

（5）分出的下层粗产物尽量不带水，并用干燥的锥形瓶接收，以免下步用浓硫酸洗涤时因有水而发热至产品挥发。

（6）用浓硫酸洗掉产物中未作用的正丁醇和副产物正丁醚。

六、思考题

（1）正溴丁烷制备实验中，加入硫酸的目的是什么？硫酸的用量和浓度过大或过小各有什么不足之处？

（2）正丁醇与溴化氢作用生成正溴丁烷和水的反应是可逆反应，可是本实验在反应前还要加入水，这是为什么？加水过多可以吗？

（3）从反应混合物中分离出粗产物正溴丁烷，为什么要用蒸馏的方法，而不直接用分液漏斗分离？

（4）对粗产物的各步洗涤目的是什么？

（5）加料时为什么加了水和浓硫酸后应冷却至室温再加正丁醇和溴化钠？能否先使溴化钠与浓硫酸混合然后加正丁醇和水？为什么？

实验五　环己烯的制备

一、实验目的

（1）学习在酸催化下醇脱水制取烯烃的原理和方法。

（2）了解简单蒸馏和分流的原理，初步掌握简单蒸馏和分馏的装置及实验操作。

（3）掌握分液漏斗的使用方法及用干燥剂干燥液体的方法。

（4）通过环己烯的制备实验，学生了解了石油资源的重要性和不可替代性，引导学生树立可持续发展的理念。

二、实验原理

石油是烷烃的主要天然来源，工业上由石油烃的高温裂解和催化脱氢来制取烯烃，低碳烯烃的混合物经过分离提纯可获得单一的烯烃。在实验室中，烯烃主要由醇脱水和卤代烷卤化脱氢两种方法制得。本实验采用醇脱水的方法制备烯烃，由环己醇脱水制备环己烯。

本实验采用对甲基苯磺酸作为催化剂，这是一个可逆反应，为提高反应产率，利用一边反应一边分馏的方法，将环己烯不断蒸出，从而使平衡向右移动。环己烯的制备反应如下：

主反应 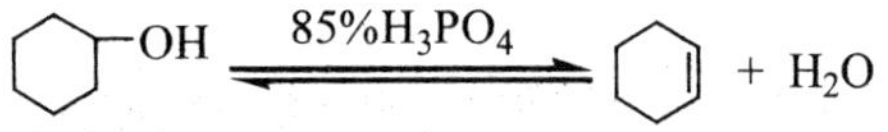　

副反应 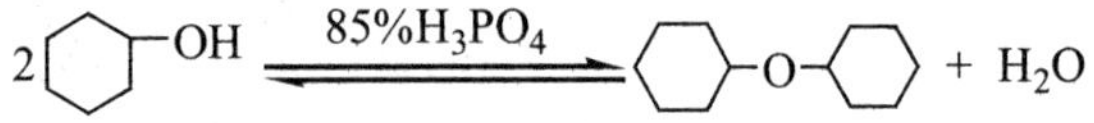　

一般认为，该反应历程为 E_1 历程，整个反应是可逆的：酸使醇羟基质子化，使其易于离去而生成正碳离子，后者失去一个质子，就生成烯烃。

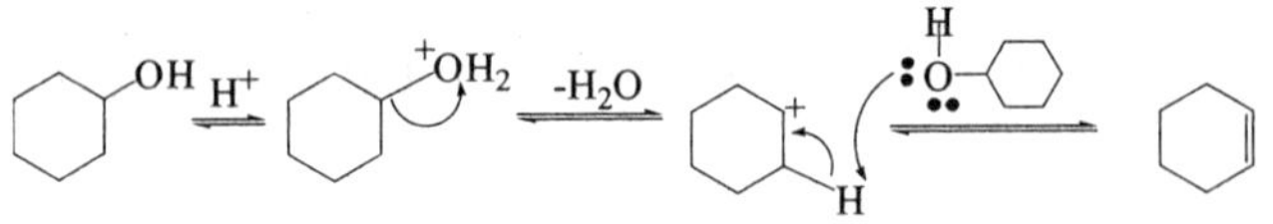

试剂的物理常数见表 2-5-1。

表 2-5-1　环己醇、环己烯与水形成的共沸物的组成及沸点

试剂名称	沸点（℃）		共沸物的组成（%）
	组成	共沸物	
环己醇	161.5	97.8	20.0
水	100.0		80.0
环己烯	83.0	70.8	90
水	100.0		10

由表 2-5-1 可以看出，边反应边蒸出反应生成的环己烯和水形成的二元共沸物（沸点 70.8℃，含水 10%）。但是原料环己醇也能和水形成二元共沸物（沸点 97.8℃，含水 80%）。为了使产物以共沸物的形式蒸出反应体系，而又不夹带原料环己醇，本实验采用分馏装置，并控制柱顶温度不超过 73℃。

三、主要仪器与试剂

仪器：50 mL 圆底烧瓶、直形冷凝管、磁力搅拌锅、125 mL 分液漏斗、蒸馏头、接液管、50 mL 磨口锥形瓶、温度计、沸石、电热套等。

试剂：环己醇、氯化钠、5% 碳酸氢钠溶液、无水氯化钙、对甲基苯磺酸、硅油等。

四、实验步骤

（一）粗产物的制备

1. 装料并安装分馏反应装置

在 50 mL 干燥的圆底烧瓶中加入 10 g 环己醇、4 g 对甲基苯磺酸和几粒沸石（若用磁力搅拌加热装置，可以加入磁子代替沸石），充分摇振使之混合均匀，安装分馏反应装置（图 2-5-1）。

图 2-5-1 分馏反应装置

2. 加热回流、蒸出粗产物

加热回流，采用边反应边蒸馏的收集产物的方式，控制分馏柱顶部的温度不超过 73℃，馏出液为带水的混浊液。当烧瓶中只剩下很少残液并出现阵阵白雾时，即可停止蒸馏。

（二）粗产物纯化

1. 分离并干燥粗产物

将馏出液用氯化钠（约 1g）饱和，然后加入 5 mL 5% 的碳酸钠溶液中和微量的酸。将液体转入分液漏斗中，振摇（注意放气操作）后静置分层，打开上口玻璃塞，再将活塞缓缓旋开，下层液体从分液漏斗的活塞放出，产物从分液漏斗上口倒入一个干燥的小锥形瓶中，用 1 ~ 2g 无水氯化钙干燥约 20 分钟。

2. 蒸出纯净产品

待溶液完全清亮透明后，小心滤入干燥的小烧瓶中，投入几粒沸石后用水浴蒸馏（使用蒸馏装置），收集 80℃ ~ 85℃ 的馏分于已称量的小锥形瓶中。称重，计算产率。

五、操作要点说明

（1）对甲苯磺酸是环己醇脱水合成环己烯的良好催化剂，性能优于其他催化剂，并且容易制备。它的最佳反应条件：用量为环己醇用量的 20%，反应时间为 1 小时，油浴温度为 180℃ ~ 190℃。产品收率较高，反应平和，容易控制，并且产品颜色浅，纯度高。

（2）环己醇在常温下是黏碉状液体，因而若用量筒量取应注意转移中的损失。所以，取样时最好先取环己醇，后取磷酸。

（3）环己醇与磷酸应充分混合，否则在加热过程中可能会局部炭化，使溶液变黑。

（4）由于反应中环己烯与水形成共沸物（沸点 70.8℃，含水 10%），环己醇也能与水形成共沸物（沸点 97.8℃，含水 80%），在加热时温度不可过高，蒸馏速度不宜太快，以减少环己醇蒸出。有文献要求柱顶温度控制在 73℃左右，但反应速度太慢。本实验为了加快蒸出的速度，可控制在 90℃以下。

（5）反应终点的判断可参考以下几个参数：①反应进行 40 分钟左右；②分馏出的环己烯和水的共沸物达到理论计算量；③反应烧瓶中出现白雾；④柱顶温度下降后又升到 85℃以上。

（6）洗涤分水时，水层应尽可能分离完全，否则将增加无水氯化钙的用量，使产物更多地被干燥剂吸附而损失。这里用无水氯化钙干燥较适合，因为它还可除去少量环己醇。无水氯化钙的用量视粗产品中的含水量而定，一般干燥时间应在半个小时以上，最好干燥过夜。但是，由于时间关系，在实际实验过程中，可能干燥时间不够，这样在最后蒸馏时，可能会有较多的前馏分（环己烯和水的共沸物）蒸出。

（7）蒸馏都要加沸石。在蒸馏已干燥的产物时，蒸馏所用仪器都应充分干燥。接收产品的锥形瓶应事先称重。

六、思考题

（1）在粗制环己烯中加入氯化钠的目的是什么？
（2）在反应终止前，出现的白雾状物质是什么？

实验六　乙醚的实验室制法

一、实验目的

（1）巩固乙醚的物理性质和化学性质，了解醚的应用，学习醚的制备。
（2）学习制备和收集低沸点有机物的方法，巩固萃取、洗涤及低沸点有机物的蒸馏等操作。
（3）掌握实验室制备乙醚的原理和方法。
（4）通过对乙醚知识的学习和了解，培养学生的忧患意识。

二、实验原理

醚是醇或酚的羟基中的氢被烃基取代的产物。通式为 R—O—R′，R 和 R′ 可以相同，也可以不同。相同者称为简单醚或者叫对称醚；不同者称为混合醚。如果 R、R' 分别是一个有机基团两端的碳原子则称为环醚，如环氧乙烷等。多数醚在常温下为无色液体，沸点低，易燃易挥发，有香味，比水轻，性质稳定。多数醚不溶于水，但由于和水形成氢键，常用的四氢呋喃和 1,4- 二氧六环却能和水完全互溶。大多数有机化合物在醚中都有良好的溶解度，因此醚是有机合成或萃取中常用的有机溶剂。另外，乙醚是在外科手术中常用的麻醉剂，其作用不是化学性质的，而是溶于神经组织脂肪中引起的生理变化。

制备乙醚的方法主要是醇脱水和醇（酚）钠与氯代烃作用。其中，醇脱水是指醇类在酸性脱水剂的条件下通过分子间脱水形成醚，这是实验室常用的制备方法。该方法中常用浓硫酸和氧化铝作脱水剂。这种方法一般只适用于由低级伯醇制备两边基团相同的简单脂肪族低级醚。使用该方法由仲醇制备醚产率不高，叔醇脱水主要生成烯烃。而醇（酚）钠与氯代烃作用制备醚主要是指威廉姆森（Williamson）醚合成法。该方法主要制备两边基团不同的混合不对称醚。

本实验是以浓硫酸为脱水剂，控温在 140℃ 左右，通过乙醇分子间脱水制备乙醚。反应机理为乙醇先和浓硫酸反应，生成硫酸氢乙酯，然后再被乙醇进攻生成乙醚。乙醇在浓硫酸存在下，除了主反应，还可能发生其他副反应，如温度在 170℃ 时，可以生成乙烯；温度在 100℃ 时，可以生成硫酸氢乙酯。因此，为了减少副产物的产生，实验中应该严格控制温度。

主反应：$CH_3CH_2OH + H_2SO_4 \xrightleftharpoons{100-130℃} CH_3CH_2OSO_2OH + H_2O$

$CH_3CH_2OSO_2OH + CH_3CH_2OH \xrightleftharpoons{135-145℃} CH_3CH_2OCH_2CH_3 + H_2SO_4$

总反应式：$CH_3CH_2OH \xrightleftharpoons[H_2SO_4]{140℃} CH_3CH_2OCH_2CH_3 + H_2O$

副反应：$CH_3CHO \xrightarrow{H_2SO_4} \begin{vmatrix} \xrightarrow{170℃} CH_2=CH_2 + H_2O \\ \xrightarrow{[O]} CH_3COOH + SO_2 + H_2O \end{vmatrix}$

$CH_3CHO \xrightarrow{H_2SO_4} CH_3COOH + SO_2 + H_2$

$SO_2 + H_2O \longrightarrow H_2SO_3$

三、主要仪器与试剂

仪器：250 mL 三口烧瓶、恒压滴液漏斗、温度计、温度计套管、蒸馏头、直形冷凝管、尾接管、磨口锥形瓶、烧杯、加热装置（电热套或酒精灯、石棉网、铁圈、铁架台等）、分液漏斗、蒸馏装置等。

试剂：乙醇、浓硫酸、5% NaOH 溶液、饱和 NaCl 溶液、饱和 $CaCl_2$ 溶液、无水

CaCl$_2$ 干燥剂、沸石、冰水等。

四、实验步骤

(一) 乙醚的制备

1. 装样，安装装置

在 250 mL 干燥的三口烧瓶中加入 12 mL 乙醇，在冰水浴中冷却，一边摇动，一边缓缓加入 12 mL 浓硫酸，混合均匀，再加入沸石。安装图 2-6-1 中的实验装置。其中，在恒压滴液漏斗中加入 25 mL 乙醇。将恒压滴液漏斗和温度计与温度计套管均安装在三口烧瓶上，滴液漏斗末端和温度计水银球必须浸入液面以下。再在三口烧瓶的另外一个支口安装蒸馏头，蒸馏头后再依次连接直形冷凝管、尾接管、尾接器。为了使馏出液更好地冷凝，减少挥发损失，将接收器放入冰水混合物的冷阱中，方便冷却。同时，尾接管支管接橡皮管通入下水道或室外。

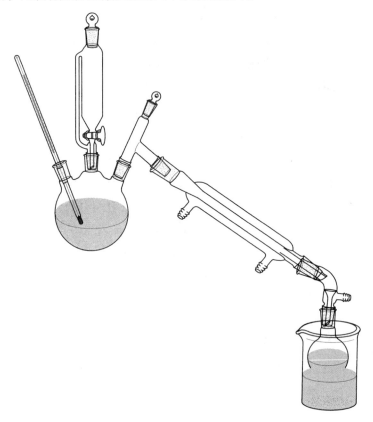

图 2-6-1　乙醚的制备装置

在该步骤中应注意：滴液漏斗末端和温度计水银球必须浸入液面以下，接收器必须浸入冰水浴中，尾接管支管接橡皮管通入下水道或室外。

2. 检查装置，加热

检查装置气密性（这里主要指各接口、磨口处安装结实牢固，不要有漏气现象）。安装好后，加热，使反应温度升到140℃后，开始由滴液漏斗慢慢滴加乙醇。控制滴入速度与馏出液速度大致相等，并且控制速度1滴/秒，不要太快或太慢。边反应，边蒸馏。尾接管连接100 mL烧瓶或者磨口锥形瓶作为接收器，收集馏出液。

蒸馏过程中，一直维持反应温度在135℃～145℃，同时保证乙醇缓慢滴加，至少滴加30分钟。滴加完后，迅速关闭滴液漏斗活塞，还需要再继续加热10分钟，直到温度升到160℃或者没有馏分蒸出，停止反应。

（二）乙醚的精制

将上述馏出液转至分液漏斗中，用8 mL 5% NaOH溶液洗涤，彻底分去NaOH层后，再依次用8 mL饱和NaCl溶液洗涤，最后用8 mL饱和$CaCl_2$溶液洗涤2～3次。分出醚层，用无水$CaCl_2$干燥。分出乙醚，再改用蒸馏装置，加入沸石，热水浴蒸馏收集33℃～38℃馏出液，不要蒸干，以免有残留的过氧化物因加热爆炸。计算产率。纯乙醚为无色液体，沸点为34.5℃。

在该步骤中，使用NaOH溶液洗涤是为了中和酸性；使用饱和NaCl溶液洗涤的目的是降低乙醚在水中的溶解度，提高乙醚的产量，同时还可以去除粗乙醚中的NaOH溶液，以免在饱和氯化钙溶液洗涤时产生氢氧化钙沉淀；使用饱和$CaCl_2$洗涤可除去溶在乙醚层的残留的碱液、SO_4^{2-}、SO_2等；使用无水$CaCl_2$干燥还可以去除残留的乙醇。

五、操作要点说明

（1）在反应装置中，滴液漏斗末端和温度计水银球必须浸入液面以下，接收器必须浸入冰水中，尾接管支管接橡皮管通入下水道或室外。

（2）控制好滴加乙醇的速度（1滴/秒）和反应温度（135℃～145℃）。

（3）乙醚是低沸点易燃的液体，仪器装置连接处必须严密。在洗涤过程中必须远离火源。

（4）在实验室使用或蒸馏乙醚时，应该注意：实验台附近严禁有明火。因为乙醚容易挥发，且易燃烧，与空气混和到一定比例时即发生爆炸，所以蒸馏乙醚时，只能用热水浴加热，蒸馏装置要严密不漏气，接收器支管上接的橡皮管要引入水槽或室外，且接收器外要用冰水冷却。

（5）蒸馏保存时间较久的乙醚时，应事先检验是否含过氧化合物。因为乙醚在保存期间与空气接触和受光照射的影响可能产生二乙基过氧化物（$C_2H_5OOC_2H_5$），过氧化物受热容易发生爆炸。

（6）检验乙醚中是否有过氧化物的方法：取少量乙醚，加等体积的2% KI 溶液，再加几滴稀盐酸振摇，振摇后的溶液若能使淀粉显蓝色，则表明有过氧化合物存在。

（7）除去乙醚中过氧化合物的方法：在分液漏斗中加入含过氧化物的乙醚，加入相当于乙醚体积1/5的新配制的硫酸亚铁溶液（如55 mL 水中加3 mL 浓硫酸，再加30 g 硫酸亚铁配制硫酸亚铁溶液），剧烈振动后分去水层即可。

六、思考题

（1）在用乙醇和浓硫酸制乙醚时，反应温度过高或过低对反应有什么影响？怎样控制好反应温度？

（2）在制备乙醚时，滴液漏斗的下端如果不浸入反应液液面以下会有什么影响？如果滴液漏斗的下端较短不能浸入反应液液面以下，应怎么办？

（3）在制备乙醚时，反应温度已高于乙醇的沸点，为何乙醇不易被蒸出？

（4）在制备乙醚时，为什么要控制滴加乙醇的速度？控制什么样的滴加速度比较合适？

（5）在制备乙醚和蒸馏乙醚时，两个实验步骤中温度计安装的位置是否相同？为什么？

（6）粗制乙醚中有哪些杂质？它们是怎样形成的？实验中采用哪些措施将它们一一除去？

（7）在用氢氧化钠溶液洗涤乙醚粗产物之后，用饱和氯化钙水溶液洗涤之前，为何要用饱和氯化钠水溶液洗涤产品？

（8）若精制后的乙醚沸程仍较长，估计可能是什么杂质未除尽？如何将其完全除去？

实验七　乙酰水杨酸（阿司匹林）的制备和纯度检验

一、实验目的

（1）通过本实验了解乙酰水杨酸（阿斯匹林）的制备原理和实验方法。

（2）进一步巩固称量、溶解、加热、结晶、洗涤、重结晶等基本操作。

（3）通过乙酰水杨酸的制备实验，掌握有机化合物分离、提纯的方法。

（4）了解乙酰水杨酸的纯度检验方法，学会对理论知识活学活用。

（5）了解乙酰水杨酸的应用价值。

二、实验原理

水杨酸分子中含羟基（-OH）、羧基（-COOH），具有双官能团，摩尔质量 $M=138.12g/mol$。如果生成乙酰水杨酸，则需要引入酰基。引入酰基的试剂叫酰化试剂。常用的乙酰化试剂有乙酰氯、乙酐、冰乙酸。本实验选用经济合理且反应较快的乙酐作酰化剂。本实验采用硫酸为催化剂，以乙酐为乙酰化试剂，与水杨酸的酚羟基发生酰化作用形成酯，反应如下：

$$\text{(水杨酸)} + (CH_3COO)_2O \xrightarrow{H_2SO_4} \text{(乙酰水杨酸)}$$

在实验中，水杨酸形成分子内氢键，阻碍酚羟基的酰化作用。水杨酸与酸酐直接作用须加热至150℃～160℃才能生成乙酰水杨酸。如果加入浓硫酸（或磷酸），氢键被破坏，酰化作用可在较低温度下进行，同时副产物大大减少。因此，该实验中浓硫酸的作用在于破坏水杨酸分子内氢键，降低反应温度（150℃～160℃）到85℃～90℃，避免高温副反应发生，提高产品纯度、产率。制备的粗产品不纯，除副产品外，可能还有没有反应的水杨酸等杂质。

本实验用 $FeCl_3$ 检查产品的纯度，还可采用测定熔点的方法检测纯度。杂质中有未反应完的酚羟基，遇 $FeCl_3$ 呈紫蓝色。如果在产品中加入一定量的 $FeCl_3$ 无颜色变化，则认为纯度基本达到要求。

此外，可以利用乙酰水杨酸的钠盐溶于水来分离少量不溶性聚合物。

三、主要仪器与试剂

仪器：100 mL 圆底烧瓶、5 mL 吸量管、洗耳球、烧杯（100 mL、250 mL、500 mL 各一个）、加热器、橡胶塞、温度计、玻璃棒、沸石、布氏漏斗、表面皿、药匙、50 mL 量筒、烘箱等。

试剂：水杨酸 2.00 g（0.015 mol）、乙酸酐 5 mL（0.053 mol）、饱和 $NaHCO_3$、4 mol·L^{-1} 盐酸、浓硫酸、冰块、95% 乙醇、蒸馏水、1% $FeCl_3$ 溶液等。

四、实验步骤

（一）乙酰水杨酸的制备

（1）安装水浴装置，并预热。在 500 mL 烧杯中加 100 mL 水和 2 ~ 3 颗沸石，用温度计控制温度在 85℃ ~ 90℃。

（2）称取水杨酸 1.98 g 于 100 mL 圆底烧瓶中，加入 2 ~ 3 颗沸石，在通风条件下用吸量管移取乙酸酐 5 mL，加入其中，再滴入 5 滴浓流酸作催化剂，摇动，使固体全部溶解，在事先预热的水浴中加热回流 10 ~ 15 分钟。如果水杨酸与乙酐混合后没有及时加硫酸并加热，则会发生较多副反应。

（3）停止加热，取出烧瓶，将液体转移至 100 mL 烧杯中并冷却至室温。随后加入 50 mL 冷水，同时剧烈搅拌，并且用冰水浴冷却直至晶体完全析出。在该步骤中，搅拌要剧烈，否则会析出块状物体，影响后续实验。

（4）抽滤。冷水洗涤几次，尽量抽干，固体转移至表面皿，风干。

（二）乙酰水杨酸的提纯

（1）饱和 $NaHCO_3$ 溶液可以溶解乙酰水杨酸，但是不溶解水杨酸聚合物，以此提纯乙酰水杨酸。首先，将粗产品置于 100 mL 烧杯中缓慢加入饱和 $NaHCO_3$ 溶液，产生大量气体，固体大部分溶解，共加入约 5 mL 饱和 $NaHCO_3$ 溶液，搅拌至无气体产生。

（2）用干净的抽滤瓶抽滤，用 5 ~ 10 mL 水水洗（可先转移溶液，后洗）。将滤液和洗涤液合并转移至 100 mL 烧杯中，缓缓加入 15 mL 4 mol·L^{-1} 盐酸，边加边搅拌，有大量气泡产生。

注意：在该步骤中加入盐酸时一定要缓慢滴加，加入过快会导致析出过大的晶粒，从而影响干燥。

（3）用冰水冷却 10 分钟后抽滤，用 2 ~ 3 mL 冷水洗涤几次，抽干，干燥，称量。

（4）产品纯度检验。水杨酸属于酚类，因而能够与 $FeCl_3$ 发生颜色反应。取几粒结晶放入试管中，加 5 mL 水，滴加 1%$FeCl_3$ 溶液，检验纯度。在该步骤中，为增加水杨酸和乙酰水杨酸在水中的溶解度，可加入少许乙醇。

五、操作要点说明

（1）仪器要全部干燥，药品也要经干燥处理。

（2）实验在通风橱中进行，因为乙酸酐具有强烈的刺激性，并注意不要沾在皮肤上。乙酸酐要使用新蒸馏的，收集 139℃ ~ 140℃ 的馏分。长时间放置的乙酸酐遇空气中的水，容易分解成乙酸。

（3）要按顺序加样。如果先加水杨酸和浓硫酸，水杨酸就会被氧化。

（4）水杨酸和乙酸酐最好的比例为 1∶2 或 1∶3，乙酸酐过量会有更多副产物产生，水杨酸过量则反应不完全。

（5）实验中要注意控制好温度（85℃ ~ 90℃），温度过高将增加副产物的生成，如水杨酰水杨酸、乙酰水杨酰水杨酸、乙酰水杨酸酐等。

（6）将反应液转移到水中时，要充分搅拌，将大的固体颗粒搅碎，以防重结晶时不易溶解。

六、思考题

（1）在乙酰水杨酸的实验中，反应容器为什么要干燥，不能带有水分？

（2）在乙酰水杨酸的实验中，加入浓硫酸的目的是什么？

（3）在乙酰水杨酸的实验中，可不可以用乙酸代替乙酸酐？为什么用乙酸酐而不用乙酸？

（4）在制备乙酰水杨酸的实验中可能产生什么副产物？副产物中的高聚物如何除去？

（5）水杨酸可以在纯化过程和产物的重结晶过程中被除去，如何检验水杨酸已被除尽？

实验八　从茶叶中提取咖啡因和咖啡因的鉴定

一、实验目的

（1）掌握从茶叶中提取咖啡因的基本原理和方法，了解咖啡因的性质。

（2）掌握用索氏提取器提取有机物的原理和方法。

（3）进一步熟悉萃取、蒸馏、升华等基本操作。

（4）通过学习从茶叶中提取咖啡因，让学生更加深刻地理解"取其精华去其糟粕"的道理。

二、实验原理

液液萃取时我们常常使用分液漏斗，而从固体混合物中萃取所需要的物质，最简单的方法是把固体混合物先行研细放在容器中，加入适当溶剂，用力振荡，然后用过滤和倾析的方法把萃取液和残留的固体分开。若被提取的物质特别容易溶解，也可以把固体混合物放在放有滤纸的锥形玻璃漏斗中，用溶液洗涤。这样，所要萃取的物质就可以溶解在溶剂里而被滤取出来。如果萃取物质的溶解度很小，则用洗涤方法要消耗大量的溶剂和很长的时间。在这种情况下，一般用索氏（Soxhlet）提取器（图2-8-1）来萃取，将滤纸做成与提取器大小相适应的套袋，然后把固体混合物放置在纸套袋内，装入提取器内。溶剂的蒸气从烧瓶进到冷凝管中，冷凝后回流到固体混合物里，溶剂在提取器内到达一定的高度时，就和所提取的物质一同从侧面的虹吸管流入烧瓶中。溶剂就这样在仪器内循环流动，把所要提取的物质集中到下面的烧瓶里。

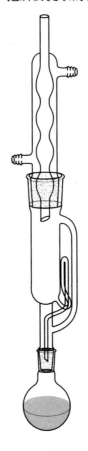

图2-8-1　索氏提取器

（一）索氏提取器

索氏提取器由烧瓶、抽提筒、回流冷凝管 3 部分组成，装置如图 2-8-1 所示。索氏提取器是利用溶剂的回流及虹吸原理，使固体物质每次都被纯的热溶剂所萃取，减少了溶剂用量，缩短了提取时间，因而效率较高。萃取前，应先将固体物质研细，以增加溶剂浸溶面积，然后将研细的固体物质装入滤纸筒内，再将滤纸筒置于抽提筒中。烧瓶内盛溶剂后与抽提筒相连，抽提筒上端接冷凝管。溶剂受热沸腾，其蒸气沿抽提筒侧管上升至冷凝管，冷凝为液体，滴入滤纸筒中，并浸泡筒中样品。当液面超过虹吸管最高处时，即虹吸流回烧瓶，从而萃取出溶于溶剂的部分物质。如此多次重复，把要提取的物质富集于烧瓶内。提取液经浓缩除去溶剂后，即得产物，必要时可用其他方法进一步纯化。

（二）升华装置

将预先粉碎好的待升华物质均匀地铺放于蒸发皿中，上面覆盖一张穿有许多小孔的滤纸，然后将与蒸发皿口径相近的玻璃漏斗倒扣在滤纸上，漏斗颈口塞一小棉球或少许玻璃棉以减少蒸气外逸。隔石棉网或用油浴、沙浴等缓慢加热蒸发皿，小心调节火焰，控制浴温低于升华物质的熔点，使其慢慢升华。蒸气通过滤纸孔上升，冷却后凝结在滤纸上或漏斗壁上，必要时漏斗外可用湿滤纸或湿布冷却 [图 2-8-2（a）]。较大量物质的升华，可在烧杯中进行。烧杯上放置一个通冷水的烧瓶，使蒸气在烧瓶底部凝结成晶体并附着在烧瓶底部 [图 2-8-2（b）]。

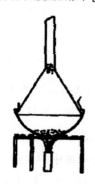 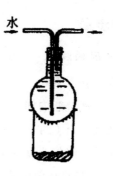

（a）量少时物质的升华　　　（b）较大量物质的升华

图 2-8-2　升华装置

（三）咖啡因

咖啡因（1，3，7- 三甲基 -2，6- 二氧嘌呤），又叫咖啡碱，是一种生物碱，存在于茶叶、咖啡、可可等植物中，是一种温和的兴奋剂，具有刺激心脏、兴奋中枢神经和利尿等作用。例如，茶叶中含有 1% ~ 5% 的咖啡因，同时还含有单宁酸、色素、纤维素等物质。咖啡因是弱碱性化合物，可溶于氯仿、丙醇、乙醇和热水中，难溶于乙醚和苯（冷）。纯品熔点为 235℃ ~ 236℃，含结晶水的咖啡因为无色针状晶体，在 100 ℃时失去结晶水，并开始升华，120℃时显著升华，178℃时迅速升华，利用这一性质可纯化咖啡因。

提取咖啡因的方法有碱液提取法和索氏提取器提取法。本实验以乙醇为萃取剂，用索氏提取器提取，再经浓缩、中和、升华，得到含结晶水的咖啡因。工业上咖啡因主要是通过人工合成制得的。它具有刺激心脏、兴奋大脑神经和利尿等作用，故可以作为中枢神经兴奋药，它也是复方阿司匹林（A.P.C）等药物的组分之一。

三、主要仪器与试剂

仪器：索氏提取器、烧瓶、漏斗、蒸发皿、酒精灯、电热套、温度计、蒸馏头、冷凝管、尾接器、锥形瓶、玻璃棒、棉花等。

试剂：茶叶、乙醇、生石灰粉、5% 鞣酸溶液、10% 盐酸（或 10% 硫酸）、滤纸、碘 - 碘化钾试剂等。

四、实验步骤

（一）咖啡因的提取

萃取：称取 5 g 干茶叶，装入滤纸筒内，轻轻压实，滤纸筒上口塞一团脱脂棉，置于抽提筒中，圆底烧瓶内加入 60 ~ 80 mL 95% 乙醇，加热乙醇至沸，连续抽提直到提取液颜色较浅为止（约 1 小时），待冷凝液刚刚虹吸下去时，立即停止加热。

蒸馏：稍冷后，将仪器改装成蒸馏装置，把提取液中的大部分乙醇通过加热蒸出（回收）。然后，趁热将烧瓶内残留液（大约 l0 ~ 15 mL）倾入蒸发皿中，烧瓶用少量乙醇洗涤，洗涤液也倒入蒸发皿中，蒸发至近干。

加碱中和：趁热加入 3 ~ 4g 生石灰粉，搅拌均匀，使其成糊状。

干燥：用电热套加热（100 ~ 120V），蒸发至干，压碎块状物，小火焙炒，除去全部水分。冷却后，擦去沾在边上的粉末，以免升华时污染产物。

升华：将一张刺有许多小孔的圆形滤纸盖在蒸发皿上，取一只大小合适的玻璃漏斗罩于其上，漏斗颈部疏松地塞一团棉花。

用电热套小心加热蒸发皿，慢慢升高温度，使咖啡因升华。咖啡因通过滤纸孔遇到漏斗内壁凝为固体，附着于漏斗内壁和滤纸上。当纸上出现白色针状晶体时，暂停加热，冷却后揭开漏斗和滤纸，仔细用小刀把附着于滤纸及漏斗壁上的咖啡因刮下。

将蒸发皿内的残渣加以搅拌，重新放好滤纸和漏斗，用较高的温度再加热升华一次。此时，温度也不宜太高，否则蒸发皿内大量冒烟，产品既受污染又遭损失。合并两次升华所收集的咖啡因，测定熔点。该过程中小心加热，以免滤纸被引燃着火。

（二）咖啡因的鉴定

1. 加入生物碱试剂

取咖啡因结晶的一半于小试管中，加 40 mL 水，微热，使固体溶解。溶液分装于 2 支试管中，其中一支加入 1 ~ 2 滴 5% 鞣酸溶液，记录现象。另一支加 1 ~ 2 滴 10% 盐酸（或 10% 硫酸），再加入 1 ~ 2 滴碘－碘化钾试剂，记录现象。理论上应该可见棕色、红紫色和蓝色化合物生成。棕色表示咖啡因存在，红紫色表示茶碱存在，蓝色表示可可豆碱存在。

2. 氧化

在表面皿剩余的咖啡因中加入 30% H_2O_2 8 ~ 10 滴，置于水浴上蒸干，记录残渣颜色。再加一滴浓氨水于残渣上，观察并记录颜色有何变化。

五、操作要点说明

（1）滤纸筒的直径要略小于抽提筒的内径，其高度一般要超过虹吸管，但样品不得高于虹吸管。

（2）如果没有现成的滤纸筒，可自行制作。方法为：取脱脂滤纸一张，卷成圆筒状（其直径略小于抽提筒内径），底部折起而封闭（必要时可用线扎紧），装入样品，上口盖脱脂棉，以保证回流液均匀地浸透被萃取物。

（3）提取过程中，生石灰起中和及吸水作用。

（4）索式提取器的虹吸管极易被折断，安装装置和取拿时必须特别小心。

（5）改成蒸馏装置后，安装时注意装置接口对接牢固，以免引起火灾。因该实验用乙醇作萃取剂，如果回流和蒸馏装置安装不牢固，乙醇蒸气会从接口处泄露，遇到明火（酒精灯）会着火，甚至引起爆炸。

（6）提取时，如烧瓶里有少量水分，升华开始时将产生一些烟雾，污染器皿和产品。

（7）蒸发皿上覆盖刺有小孔的滤纸是为了避免已升华的咖啡因回落入蒸发皿中，纸上的小孔应保证蒸气通过。漏斗颈塞棉花，防止咖啡因蒸气逸出。

（8）在升华过程中必须始终严格控制加热温度，温度太高，将导致被烘物和滤纸炭化，一些有色物质也会被带出来，影响产品的质和量。进行再升华时，加热温度亦应严格控制。

六、思考题

（1）在从茶叶中提取咖啡因的实验中，使用的索氏提取器内滤纸筒的高度有什么要求？为什么会如此要求？

（2）咖啡因提取过程中，加入生石灰的目的是什么？

（3）在咖啡因提取实验中，为什么要进行蒸馏？

实验九　邻硝基苯胺与对硝基苯胺的分离

一、实验目的

（1）了解薄层色谱和柱色谱的基本原理及应用。

（2）掌握邻硝基苯胺与对硝基苯胺应用薄层色谱和柱色谱分离的相关实验操作。

（3）将薄层色谱与柱色谱结合起来，实现基础实验操作与具体实践应用的有效结合，锻炼学生的动手能力和实际应用能力。

二、实验原理

薄层色谱（Thin Layer Chromatography，简称 TLC）是一种微量、快速、简便的色谱方法，可用于分离混合物和精制化合物，具有展开时间短、分离效果高、需要样品少等优点。薄层色谱分为吸附色谱和分配色谱两类。通常情况下，能用硅胶或氧化铝薄层色谱分开的物质，也能用硅胶或氧化铝柱色谱分开；凡能用硅藻土和纤维素作支持剂的分配柱色谱能分开的物质，也可分别用硅藻土薄层色谱和纤维素薄层色谱展开。实验室通常说的过柱子一般就是指柱层析分离，也叫柱色谱，常用一定目数的硅胶或氧化铝作为固定相的吸附柱。在分离未知混合物前，通常先通过薄层色谱寻找合适的展开剂，使得各组分分开，以便后续柱色谱分离。关于薄层色谱和柱色谱的相关知识，在本教材基础实验部分已有讲解，此处不再重复。

为了更好地了解薄层色谱和柱色谱的实际应用，我们以邻硝基苯胺与对硝基苯胺混合物的分离为例进行实验说明。邻硝基苯胺可以形成分子内氢键，因此其极性小于对硝基苯胺。邻硝基苯胺与对硝基苯胺（图2-9-1）二者极性不同，因而可以选择合适的展开剂将二者分离。

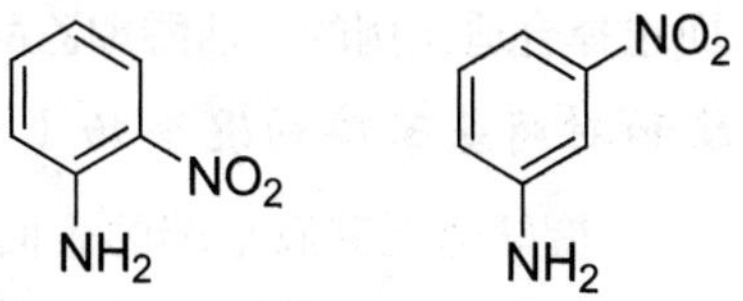

![邻硝基苯胺和对硝基苯胺结构式]

图2-9-1 邻硝基苯胺和对硝基苯胺

三、主要仪器及试剂

仪器：载玻片、200 ~ 300 目层析硅胶、广口瓶（或展开槽）、旋转蒸发仪、点样管、紫外灯、铅笔、滴管等。

试剂：邻硝基苯胺、对硝基苯胺、邻硝基苯胺和对硝基苯胺的混合物、硅胶、石油醚、乙酸乙酯等。

四、实验步骤

（一）实验前准备

（1）配制 1% 邻硝基苯胺的丙酮溶液和 1% 对硝基苯胺的丙酮溶液各 5 mL。

（2）邻硝基苯胺和对硝基苯胺的混合物用少量丙酮溶解。

（3）配制 1:1、1:2、1:3、1:4 和 1:5 等不同比例的石油醚和乙酸乙酯的混合溶液作展开剂。

（4）将硅胶用石油醚拌好后，装柱，待用。

（二）点样

取制好的薄层板，在距一端 1 cm 处用铅笔轻轻画一横线作为起始线。取管口平整的点样管插入样品溶液中，在板的起点上点 1% 邻硝基苯胺的丙酮溶液、1% 对硝基苯胺的丙酮溶液和混合液三个样点。保持一定样点间相距。如果样点的颜色较浅，可重复点样，重复点样前必须待前次样点干燥后进行。样点直径不应超过 2 mm。

（三）展开

将石油醚和乙酸乙酯以不同的比例混合后作为展开剂，待薄层板样点干燥后，小心放入已加入一种展开剂的 250 mL 广口瓶中进行展开。瓶的内壁贴一张高 5 cm，环绕周长约 4/5 的滤纸，下面浸入展开剂中，以使容器内被展开剂蒸气饱和。观察展开剂前沿上升至离板的上端 1 cm 处取出，尽快用铅笔在展开剂上升的前沿处画一记号，晾干后观察分离的情况，从而选择合适比例的石油醚和乙酸乙酯混合溶液作展开剂。

（四）分离邻硝基苯胺和对硝基苯胺的混合物（柱色谱分离）

装好硅胶的色谱柱，当液面恰好降至硅胶上端的表面上时，立即用滴管沿柱壁加入邻硝基苯胺和对硝基甲苯胺的混合液。用滴管滴入少量丙酮对装混合液的玻璃仪器进行清洗。当溶液液面再次降至硅胶上端表面时，用滴管滴入清洗后的溶液，待溶液降到硅胶表面时，再用选好的展开剂淋洗，控制滴加速度，直至观察到色层带相分离。当黄色邻硝基苯胺色层带到达柱底时，立即更换另一个接收器，收集全部此色层带。然后，改用极性更大的展开剂作为洗脱剂，收集淡黄色对硝基苯胺色层带。

将收集的邻硝基苯胺的溶液和对硝基甲苯胺的溶液分别用旋转蒸发仪蒸去溶剂，冷却结晶。

五、操作要点说明

（1）制板时要求薄层平滑均匀。为此，宜将吸附剂调得稍稀些，尤其是制硅胶板时更是如此，否则吸附剂调得很稠，就很难做到均匀。另一个制板的方法是：在一块较大的玻璃板上，放置两块 3 mm 厚的长条玻璃板，中间夹一块 2 mm 厚的薄层载玻片，倒上调好的吸附剂，用宽于载玻片的刀片或油灰刮刀顺一个方向刮去。倒料多少要合适，以便一次刮成。

（2）点样用的毛细管必须专用，不得弄混。点样时，使毛细管液面刚好接触到薄层即可，切勿点样过重而使薄层破坏。

六、思考题

（1）在一定的操作条件下，为什么可利用 R_f 值来鉴定化合物？

（2）展开剂的高度若超过了点样线，对薄层色谱有何影响？

（3）在混合物薄层色谱中，如何判定各组分在薄层上的位置？

实验十　测维生素 C 片剂中维生素 C 的含量（直接碘量法）

一、实验目的

（1）了解维生素 C 的分子式、结构简式和化学性质。

（2）了解维生素 C 含量的测定方法与原理。

（3）掌握碘标准溶液的配制和标定方法，以及直接碘量法测定维生素 C 的原理和方法。

（4）学习将所学知识应用到实际例子中，培养学生对知识活学活用的能力。

二、实验原理

维生素又名维他命，通俗来讲，即维持生命的物质。维生素既不参与构成人体细胞，也不为人体提供能量。但是，它是人和动物为维持正常的生理功能而必须从食物中获得的一类微量有机物质，在人体生长、代谢、发育过程中发挥着重要的作用。这类物质是一类调节物质，在物质代谢中起重要作用。

维生素 C 是维生素中重要的一种，是我们保持健康必不可少的营养素。从身体所需到美白保健，维生素 C 都功不可没。维生素 C 的结构类似葡萄糖，是一种多羟基化合物，其分子中第 2 及第 3 位上两个相邻的烯醇式羟基极易解离而释出 H^+，故具有酸的性质，又称抗坏血酸。维生素 C 的分子式为 $C_6H_8O_6$（图 2-10-1），它属水溶性维生素，具有很强的还原性，很容易被氧化成脱氢维生素 C，但其反应是可逆的，并且抗坏血酸和脱氢抗坏血酸具有同样的生理功能，但脱氢抗坏血酸若继续被氧化，生成二酮古乐糖酸，则反应不可逆而完全失去生理效能。

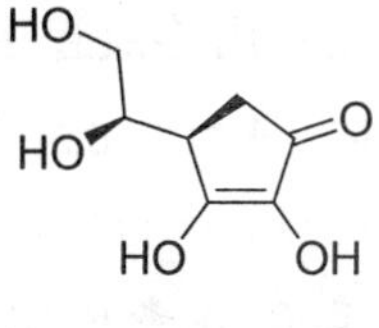

图 2-10-1　维生素 C 分子结构

维生素 C 含量的测定方法很多，各种方法各有特点。常见的测定方法有（直接 / 间接）碘量法、2,6- 二氯靛酚法、紫外 – 可见分光光度法和高效液相色谱法。碘量法测含量操作简单，是测量维生素 C 含量常用的方法。维生素 C 具有还原性，可被 I_2 定量氧化成二酮基，因而可用 I_2 标准溶液直接滴定，其滴定反应方程式可以简写为

$$C_6H_8O_6+I_2=C_6H_6O_6+2HI$$

使用淀粉作为指示剂，用直接碘量法可测定药片、注射液、饮料、蔬菜、水果中维生素 C 的含量。

由于维生素 C 的还原性很强，能较易被氧化性物质和空气中的氧气氧化，在碱性介质中这种氧化作用更强，因而碘量法滴定宜在酸性介质中进行，以减少副反应的发生。考虑到 I^- 在强酸性溶液中也易被氧化，故一般选在 pH 为 3 ~ 4 的弱酸性溶液中进行滴定。

直接碘量法测定维生素 C 的含量也存在许多缺点。比如，碘具有挥发性，碘离子易被空气所氧化而使滴定产生误差；又由于碘的挥发性和腐蚀性，使碘标准滴定溶液的配制及标定比较麻烦；待测维生素 C 的物质中含有其他还原性物质的干扰等。

三、主要仪器与试剂

仪器：分析天平、研钵、棕色试剂瓶、滴定管、250 mL 锥形瓶等。

试剂：单质碘、KI 溶液、$0.10 \ mol \cdot L^{-1} \ Na_2S_2O_3$ 标准溶液、$2 \ mol \cdot L^{-1} \ HAc$、淀粉溶液、维生素 C 片剂、蒸馏水、$0.05 \ mol \cdot L^{-1} \ FeCl_3$ 溶液、$0.1 \ mol \cdot L^{-1} \ KSCN$ 溶液、5% 淀粉溶液等。

四、实验步骤

（一）$0.05 \ mol \cdot L^{-1} \ I_2$ 溶液的配制与标定

（1）$0.05 \ mol \cdot L^{-1} \ I_2$ 溶液的配制：称取 3.3g I_2 和 5g KI，置于研钵中，加少量水，在通风橱中研磨。待 I_2 全部溶解后，将溶液转入棕色试剂瓶中，加水稀释至 250 mL，充分摇匀，放在阴暗处保存。

（2）$0.05 \ mol \cdot L^{-1} \ I_2$ 溶液的标定：用移液管移取 20.00 mL $Na_2S_2O_3$ 标准溶液于 250 mL 锥形瓶中，加 40 mL 蒸馏水和 4 mL 淀粉溶液，然后用 I_2 溶液滴定至溶液呈浅蓝色，30 秒内不褪色即达到滴定终点。平行标定 3 份，计算 I_2 的浓度。

（二）维生素 C 片剂中维生素 C 含量的测定

准确称取 2 片维生素 C 药片，置于 250 mL 锥形瓶中，加入 100 mL 新煮沸并冷却的蒸馏水，10 mL HAc 溶液和 5 mL 淀粉溶液，立即用 I_2 标准溶液滴定至出现稳定的浅蓝色，且在 30 秒内不褪色即达到滴定终点，记下消耗的体积。平行滴定 3 份，

计算试样中维生素 C 的质量分数。

（三）验证维生素 C 的还原性

（1）用胶头滴管吸取少量 $FeCl_3$ 溶液于试管中，加入少量 KSCN 溶液，再滴加数滴维生素 C 溶液，振荡，观察实验现象。

（2）取少量碘溶液于试管中，滴加少量淀粉溶液，观察实验现象。发现溶液变蓝后，再滴加维生素 C 溶液，振荡后观察实验现象。

五、实验数据记录与处理

（一）I_2 溶液的标定

表 2-10-1　I_2 溶液的标定

项目	1	2	3
$Na_2S_2O_3$ 的浓度（$mol \cdot L^{-1}$）			
$Na_2S_2O_3$ 的体积（mL）			
I_2 溶液的体积（mL）			
I_2 的浓度（$mol \cdot L^{-1}$）			
I_2 的平均浓度（$mol \cdot L^{-1}$）			
相对偏差（%）			
平均相对偏差（%）			

（二）维生素 C 片剂中维生素 C 含量的测定

表 2-10-2　维生素 C 片剂中维生素 C 含量的测定

项目	1	2	3
I_2 的浓度（$mol \cdot L^{-1}$）			
维生素 C 片剂的质量（g）			
I_2 溶液的体积（mL）			
Vc 的含量（%）			

项目	1	2	3
Vc 的平均含量（%）			
相对偏差（%）			
平均相对偏差（%）			

注：平均相对偏差与相对平均偏差为同义词。

六、操作要点说明

（1）碘－碘化钾溶液呈深棕色，在滴定管中较难分辨凹液面，但液面最高点较清楚，所以常读取液面最高点，读时应调节眼睛的位置，使之与液面最高点在同一水平位置上。

（2）使用碘量法时，应该用碘量瓶，防止 I_2、$Na_2S_2O_3$、维生素 C 被氧化，影响实验结果的准确性。

（3）实验中不可避免地会摇动锥形瓶，因而空气中的氧气会将维生素 C 氧化，使结果偏低。

七、思考题

（1）溶解 I_2 时，加入过量 KI 溶液的作用是什么？

（2）维生素 C 固体试样溶解时，为何要加入新煮沸并冷却的蒸馏水？

（3）碘量法的误差来源有哪些？应采取哪些措施减少误差？

实验十一　食品中维生素 C 的含量测定（2,4－二硝基苯肼比色法）

一、实验目的

（1）了解 2,4－二硝基苯肼比色法测定抗坏血酸总量的基本原理。

（2）学习 2,4－二硝基苯肼比色法测定抗坏血酸总量的操作方法，了解影响测定准确性的因素。

（3）通过学习不同的测定维生素 C 含量的方法，让学生进一步加深对"条条大路通罗马"的理解。

二、实验原理

各种维生素的化学结构及性质虽然不同，但它们却有着以下共同点：第一，维生素均以维生素原的形式存在于食物中；第二，维生素不是构成机体组织和细胞的组成成分，它也不会产生能量，它的作用主要是参与机体代谢的调节；第三，大多数的维生素在机体内都不能合成或合成量不足，不能满足机体的需要，必须通过食物获得；第四，人体对维生素的需要量很小，日需要量常以毫克或微克计算，但一旦缺乏就会引发相应的维生素缺乏症，对人体健康造成损害。维生素与碳水化合物、脂肪和蛋白质不同，在天然食物中仅占极少比例，但又为人体所必需。如果长期缺乏某种维生素，就会引起生理机能障碍而发生某种疾病。目前，维生素一般从食物中获得。现阶段发现的维生素有几十种，如维生素 A、维生素 B、维生素 C 等。不同的食物中所含维生素的种类是不同的，维生素的含量也是不同的，所以测定食品中维生素的含量对于保持人体健康十分重要。

食物中的维生素 C 主要存在于新鲜的蔬菜、水果中，人体不能合成。水果中，新枣、酸枣、橘子、山楂、柠檬、猕猴桃等含有丰富的维生素 C；蔬菜中，绿叶蔬菜、青椒、番茄、大白菜等维生素 C 含量较高。

总抗坏血酸包括还原型、脱氢型和二酮古乐糖酸，样品中还原型抗坏血酸经活性炭氧化为脱氢抗坏血酸，再与 2,4- 二硝基苯肼作用生成红色脎，其呈色强度与总抗坏血酸含量呈正比，可进行比色定量分析。

三、主要仪器与试剂

仪器：恒温箱或电热恒温水浴锅、可见光分光光度计、捣碎机、天平等。

试剂：浓硫酸、浓盐酸、抗坏血酸（维生素 C）、2,4- 二硝基苯肼、硫脲、活性炭、2% 草酸溶液、1% 草酸溶液等。

四、实验步骤

（一）实验所需试剂的配制

（1）4.5 mol·L^{-1} 硫酸：量取 250 mL 浓硫酸小心加入 700 mL 水中，冷却后用水稀释至 1000 mL。

（2）将 780mL 98% 的浓硫酸小心加入到 220 mL 蒸馏水中。

（3）2% 2,4-二硝基苯肼：溶解 2,4-二硝基苯肼 2 g 于 100 mL 4.5 mol·L^{-1} 硫酸中，过滤。不用时存于冰箱内，每次使用前必须过滤。

（4）1% 硫脲溶液：溶解 1g 硫脲于 100 mL 1% 草酸溶液中。

（5）2% 硫脲溶液：溶解 2g 硫脲于 100 mL 1% 草酸溶液中。

（6）1 mol·L^{-1} 盐酸：取 100 mL 浓盐酸，加入水中，并稀释至 1200 mL。

（7）抗坏血酸标准溶液：称取 100 mg 纯抗坏血酸溶解于 100 mL 2% 草酸溶液中，此溶液每毫升相当于 1mg 抗坏血酸。

（8）活性炭：将 100g 活性炭加到 750 mL 1 mol·L^{-1} 盐酸中，回流 1～2 小时，过滤，用水洗数次，至滤液中无铁离子（Fe^{3+}）为止，然后置于 110℃ 烘箱中烘干。

（二）样品处理（全部实验过程应避光）

（1）鲜样的制备：称取 100 g 鲜样加入 100 mL 2% 草酸溶液，倒入捣碎机中打成匀浆，称取 10.0～40.0 g 匀浆（含 1 mg～2 mg 抗坏血酸）倒入 100 mL 容量瓶中，用 1% 草酸溶液稀释至标线，混匀，过滤，滤液备用。

（2）干样制备：称取 1～4g 干样（含 1～2mg 抗坏血酸）放入乳钵内，加入等量的 1% 草酸溶液磨成匀浆，连固形物一起倒入 100 mL 容量瓶内，用 1% 草酸溶液稀释至标线，混匀，过滤备用。

（三）样品还原型抗坏血酸的氧化处理

量取 25.0 mL 上述滤液，加入 2g 活性炭，振摇 1 分钟，过滤，弃去最初数毫升滤液。吸取 10.0 mL 此氧化提取液，加入 10.0 mL 2% 硫脲溶液，混匀，此试样为稀释液。

（四）呈色反应

（1）取 3 支试管，各加入 4 mL 经氧化处理的样品稀释液。其中一支试管作为空白，向其余两支试管分别加入 1.0mL 2% 2,4-二硝基苯肼溶液，将所有试管放入 37℃±0.5℃ 恒温箱或恒温水浴中，保温 3 小时。

（2）3 小时后取出，除空白管外，将所有试管放入冰水中。空白管取出后使其冷却到室温，然后加入 2% 2,4-二硝基苯肼溶液 1.0 mL，在室温中放置 10～15 分钟后，放入冰水内。其余步骤同试样。

（五）85% 硫酸处理

当试管放入冰水冷却后，向每支试管（连同空白管）中加入 85% 硫酸 5 mL，滴加时间至少需要 1 分钟，需边加边摇动试管。将试管自冰水中取出，在室温放置 30 分钟后比色。

（六）样品比色测定

用 1 cm 比色皿，以空白液调零点，以 500 nm 波长的光测定吸光值。

（七）标准曲线绘制

（1）加 2 g 活性炭于 50 mL 标准溶液中，振动 1 分钟后过滤。吸取 10.00 mL 滤液放入 500 mL 容量瓶中加 5.0g 硫脲，用 1% 草酸溶液稀释至标线。抗坏血酸浓度为 20 μg/mL。

吸取 5 mL、10 mL、20 mL、25 mL、40 mL、50 mL、60 mL 稀释液，分别放入 7 个 100mL 容量瓶中，用 1% 硫脲溶液稀释至标线，使最后稀释液中抗坏血酸的浓度分别为 1 μg·mL^{-1}、2 μg·mL^{-1}、4 μg·mL^{-1}、5 μg·mL^{-1}、8 μg/mL、10 μg·mL^{-1}、12 μg·mL^{-1}，这些为抗坏血酸标准使用液。

（2）分别吸取 4 mL 不同浓度的抗坏血酸标准使用液于 7 个试管中，吸取 4 mL 水于试剂空白管中，各加入 1.0 mL 2% 2,4- 二硝基苯肼溶液，混匀，将全部试管放入 37℃ ± 5℃ 恒温箱或恒温水浴中，保温 3 小时。

3 小时后，将 8 个试管取出，全部放入冰水中冷却后，向每一试管中加入 5 mL 85% 硫酸，滴加时间至少需要 1 分钟，边加边摇。将试管自冰水中取出，在室温放置 30 分钟后，以试剂空白管调零，并比色测定。以吸光值为纵坐标，以抗坏血酸含量（mg）为横坐标绘制标准曲线或计算回归方程。

五、计算

$$X = \frac{c}{m} \times 100\%$$

式中：X ——样品中总抗坏血酸含量，mg/100g；

　　　c ——由标准曲线查得或由回归方程算得试样测定液总抗坏血酸含量，mg；

　　　m ——测定时所取滤液相当于样品的用量，g。

计算结果表示到小数点后两位。

六、操作要点说明

（1）利用普鲁士蓝反应可对铁离子存在与否进行检验：将 2% 亚铁氰化钾与 1% 盐酸等量混合，将需检测的样液滴入，如溶液中有铁离子则产生蓝色沉淀。

（2）硫脲的作用是防止抗坏血酸继续被氧化且有助于脎的形成。

（3）加硫酸显色后，溶液颜色可随时间的延长而加深，因而在加入硫酸溶液 30

分钟后，应即立比色测定。

（4）检测过程中，测定样的吸光值不落在标准曲线上，可重新调整测定样品的量或标准曲线的浓度范围。

（5）本实验在 $1 \sim 12\ \mu g \cdot mL^{-1}$ 抗坏血酸范围内呈良好线性关系，最低检出限为 $0.1\ \mu g \cdot mL^{-1}$。

（6）本实验适用于水果、蔬菜及其制品中总抗坏血酸的测定。

（7）食品分析中的总抗坏血酸是指抗坏血酸和脱氢抗坏血酸二者的总量，若食品中本身含有二酮古乐糖酸抗坏血酸的氧化产物，则导致检测总抗坏血酸含量偏高。

七、思考题

（1）试样制备过程为何要避光处理？

（2）为何加入 85% 硫酸溶液时，速度要慢而且需在冰水浴条件下完成？如果加酸速度过快，则样品管中液体变黑，这是什么原因？

（3）样品比色测定时，用样品空白管调零的目的何在？

实验十二　硫酸铜中铜含量的测定（碘量法）

一、实验目的

（1）了解测定铜含量的意义。

（2）掌握用碘量法测定铜的原理和方法。

（3）进一步了解碘量法的应用。

（4）铜是人类最早使用的金属之一，中国使用铜的历史年代久远。该实验以铜为起点引导学生了解中华民族的历史，进而传承中华民族优秀传统文化。

二、实验原理

在弱酸性溶液中 Cu^{2+} 与过量 KI 作用生成 CuI 沉淀，同时析出确定量的 I_2，反应如下：

$$2Cu^{2+} + 4I^- = 2CuI\downarrow + I_2$$

析出的 I_2 以淀粉为指示剂，用 $Na_2S_2O_3$ 标准溶液滴定：

$$I_2 + 2S_2O_3^{2-} = 2I^- + S_4O_6^{2-}$$

上述反应是可逆的。

为了促使反应趋于完全，实际上必须加入过量的 KI，同时由于 CuI 沉淀强烈地吸附 I_2，使测定结果偏低。如果加入 KSCN 可使 CuI[（K_{sp}=5.06（10^{-12}）]] 转化为溶解度更小的 CuSCN[（K_{sp}=4.8（10^{-15}）]]，则反应如下所示：

$$CuI + SCN^- = CuSCN\downarrow + I^-$$

这样不但可以释放出被吸附的 I_2，而且反应产生的 I^- 与未反应的 Cu^{2+} 可以发生作用。在这种情况下，使用较少的 KI 使反应进行得更完全。但 KSCN 只能在接近反应终点时加入，否则 SCN^- 可能直接还原 Cu^{2+} 而使结果偏低。反应如下：

$$6Cu^{2+} + 7SCN^- + 4H_2O = 6CuSCN + SO_4^{2-} + HCN + 7H^+$$

为防止铜离子水解，反应必须在酸性溶液中进行。然而，酸度过低，Cu^{2+} 氧化 I^- 不完全，测定结果偏低而且反应速度慢、反应终点拖长；酸度过高，则 I^- 被空气氧化为 I_2，使 Cu^{2+} 的测定结果偏高。Cl^- 能与 Cu^{2+} 发生络合反应，I^- 不能从 Cu^{2+} 的氯络合物中将 Cu^{2+} 定量地还原，因而最好用 H_2SO_4 调节酸性，而不用 HCl。

矿石或合金中的铜也可用碘量法测定。但是，必须防止 I^- 被其他物质氧化而造成干扰，如 NO_3^-、Fe^{3+} 等都能氧化 I^-。防止氧化的方法通常是加入掩蔽剂以掩蔽干扰离子，如使 Fe^{3+} 生成 FeF_6^{3-} 而被掩蔽。也可以在测定前分离除去干扰的物质。如果有 As（V）、Sb（V）存在，应将 pH 调至 4，以免它们氧化 I^-。

三、主要仪器与试剂

仪器：分析天平、250 mL 锥形瓶、滴定管。

试剂：硫酸铜试样、KI（固）、0.1 mol·L^{-1} $Na_2S_2O_3$ 标准溶液、KSCN（固）、1 mol·L^{-1} H_2SO_4、0.5% 淀粉溶液等。

四、实验步骤

（一）硫酸铜试样溶液的配制

准确称取硫酸铜试样 0.5 ~ 0.6 g 两份，分别放于两个 250 mL 锥形瓶中。加 1 mol·L^{-1} H_2SO_4 5 mL 和 100 mL 蒸馏水溶解。

（二）碘量法测定硫酸铜中铜的含量

加 KI 1g 后，立即用 $Na_2S_2O_3$ 标准溶液滴定至溶液呈浅黄色。然后，加入 3 mL 0.5% 淀粉溶液，继续滴定到溶液呈浅蓝色。再加入 1 g KSCN，摇匀后，溶液蓝色转深。继续用 $Na_2S_2O_3$ 标准溶液滴定至蓝色刚好消失，此时溶液为米色 CuSCN 悬浮液。根据滴定结果，计算硫酸铜中铜的百分含量。

五、思考题

（1）硫酸铜易溶于水，为什么溶解时要加 H_2SO_4？

（2）用碘量法测定硫酸铜中铜的含量时，加入 KI 的作用是什么？

（3）用碘量法测定铜的含量时，加入 KSCN 的目的何在？为什么不能过早地加入？

（4）测定反应为什么一定要在弱酸性溶液中进行？能否用 HCl 代替 H_2SO_4？为什么？

（5）若试样中含有铁，则应该加入何种试剂以消除铁对测定铜的干扰并控制溶液 pH。

实验十三　自来水硬度的测定

一、实验目的

（1）了解水硬度的概念、表示方法以及络合（配位）滴定测定水硬度的原理和方法。

（2）掌握络合（配位）滴定的基本操作及相关仪器的使用方法。

（3）学会用络合滴定法测定水中钙、镁的总量、钙含量的原理和方法。

（4）掌握铬黑 T、钙指示剂的使用条件和终点变化。

（5）通过自来水硬度的测定实验，将"绿水青山就是金山银山"的可持续发展思想贯穿其中，促使学生养成节约资源的习惯，增强学生的大局意识。

二、实验原理

水的硬度是指水中 Ca^{2+}、Mg^{2+} 浓度的总量，是水质的重要指标之一。如果水中 Fe^{2+}、Fe^{3+}、Sr^{2+}、Mn^{2+}、Al^{3+} 等离子含量较高，也应计入硬度含量中，但它们在天然水中一般含量较低，而且用络合滴定法测定硬度，可不考虑它们对硬度的贡献。有时把含有硬度的水称为硬水（硬度 > 8 度），含有少量或完全不含硬度的水称为软水（硬度 < 8 度）。

一般硬水可以饮用，并且由于 Ca（HCO_3）$_2$ 的存在而有一种蒸馏水所没有的、醇厚的新鲜味道，但是长期饮用硬度过低的水，会使骨骼发育受影响；饮用硬度过高的水，有时会引起胃肠不适。通常高硬度的水不宜用于洗涤，因为肥皂中的可溶性脂肪酸遇 Ca^{2+}、Mg^{2+} 等离子，即生成不溶性沉淀，不仅造成浪费，而且污染衣物。近年来，由于合成洗涤剂的广泛应用，水的硬度的影响已大大减小了。但是，硬度大的水会使烧水水壶结垢，带来不便，尤其在化工生产中，在蒸汽动力工业、运输业、纺织洗染等部门，对硬度都有一定的要求，高压锅炉用水对硬度要求更为严格。因为蒸气锅炉若长期使用硬水，锅炉内壁会结有坚硬的锅垢，而锅垢传热不良，不仅造成燃料浪费，而且易引起锅炉爆炸。因此，为了保证锅炉安全运行和工业产品质量，对锅炉用水和一些工业用水必须进行软化处理之后，才能应用。去除硬度离子的软化处理是水处理尤其是工业用水处理的重要内容。通常对生活用水要求总硬度不得超过 4.45 $mmol \cdot L^{-1}$，低压锅炉用水硬度不超过 1.25 $mmol \cdot L^{-1}$，高压锅炉用水硬度不超过 0.0178 $mmol \cdot L^{-1}$。

水的硬度最初是指水中钙、镁离子沉淀肥皂水化液的能力，其中包括碳酸盐硬度。水的硬度的表示方法有多种，我国使用较多的表示方法有两种：一种是将所测得的钙、镁折算成 CaO 的质量，即每升水中含有 CaO 的毫克数，单位为 $mg \cdot L^{-1}$；另一种以度计，即 1 硬度单位表示 10 万份水中含 1 份 CaO（每升水中含 10 mg CaO），1° =10 ppm CaO。这种硬度的表示方法称作德国度（简称度，单位° dH），1 $mmol \cdot L^{-1}$（CaO）=56.1 ÷ 10=5.61° dH。这也是我国最普遍使用的一种水的硬度的表示方法。除此之外，美国度（$mg \cdot L^{-1}$）也是常见的一种表示方法，它是指 1L 水中含有相当于 1 mg 的 $CaCO_3$，其硬度即 1 个美国度。所以在很多不同版本的实验教材中，在测定水的硬度时就有用 CaO 表示的，也有用 $CaCO_3$ 表示的。国家《生活饮用水卫生标准》规定，总硬度（以 $CaCO_3$ 计）限值为 450 $mg \cdot L^{-1}$。因此，测定水的硬度对于生活健康十分重要。

本实验采用配位滴定法进行测定。配位滴定法是利用配合物反应进行滴定分析的容量分析方法。最常用的配合剂是乙二胺四乙酸二钠盐，简称 EDTA，通常用 Na_2H_2Y 来表示。EDTA 可以与多种金属离子形成 1∶1 的螯合物。测定水的硬度时，EDTA 与钙、镁的反应为

$$Ca^{2+}+ H_2Y^{2-}=CaY^{2-} +2H^+$$

$$Mg^{2+}+ H_2Y^{2-}=MgY^{2-} +2H^+$$

EDTA 与 Ca^{2+}、Mg^{2+} 反应达到终点时溶液无明显颜色变化，需要另加入指示剂。在

配合滴定中，通常利用一种能与金属离子生成有色配合物的显色剂来指示滴定过程中金属离子浓度的变化，称为金属离子指示剂。本实验在测定总硬度时选择铬黑 T 作指示剂。通常以 NaH_2In 表示，在 pH 为 9.0 ～ 10.5 的溶液中，以 HIn^{2-} 的形式存在，溶液呈蓝色。在含有 Ca^{2+}、Mg^{2+} 的水中加入铬黑 T 指示剂，与 Ca^{2+}、Mg^{2+} 配合，具体反应为

$$Ca^{2+}+ HIn^{2-}（蓝色）= CaIn^-（酒红色）+H^+$$

$$Mg^{2+}+ HIn^{2-}（蓝色）= MgIn^-（酒红色）+H^+$$

用 EDTA 滴定时，EDTA 首先与游离的 Ca^{2+}、Mg^{2+} 反应，接近滴定终点时，由于（CaIn）$^-$、（MgIn）$^-$ 没有（CaY）$^{2-}$、（MgY）$^{2-}$ 稳定，EDTA 会将 Ca^{2+}、Mg^{2+} 从指示剂配离子中夺取出来，即

$$CaIn^-（酒红色）+ H_2Y^{2-} = CaY^{2-}+ HIn^{2-}（亮蓝色）+H^+$$

$$Mg In^-（酒红色）+ H_2Y^{2-} = MgY^{2-}+ HIn^{2-}（亮蓝色）+H^+$$

当溶液由酒红色变为亮蓝色时，表示达到滴定终点。反应进行时生成 H^+，使溶液酸度增大，影响配合物稳定，也影响滴定终点的观察，因而需要加入缓冲溶液，保持溶液酸度在 pH=10 左右。在 pH=10 的（$NH_3 \cdot H_2O-NH_4Cl$）缓冲溶液中，铬黑 T 与水中 Ca^{2+}、Mg^{2+} 形成紫红色络合物，然后用 EDTA 标准溶液滴定至终点时，置换出铬黑 T 使溶液呈现亮蓝色。根据 EDTA 标准溶液的浓度和用量便可求出水样中的总硬度。

水的硬度的测定可分为水的总硬度和钙、镁硬度的测定两种。总硬度通常以每升水中含的碳酸钙或氧化钙毫克数，用 $mg \cdot L^{-1}$ 表示。钙硬度即每升水中含的钙离子的毫克数，用 $mg \cdot L^{-1}$ 表示；镁硬度即每升水中含的镁离子的毫克数，用 $mg \cdot L^{-1}$ 表示。测定钙硬度时，用 NaOH 调节溶液 pH 为 12 ～ 13，使溶液中的 Mg^{2+} 形成 $Mg(OH)_2$（白色沉淀），以钙指示剂作为指示剂，指示剂与钙离子形成红色的络合物，滴入 EDTA 时，钙离子逐步被络合，当接近化学计量点时，已与指示剂络合的钙离子被 EDTA 夺出，释放出指示剂，此时溶液为蓝色。

测定镁硬度时，用测定钙、镁总硬度时消耗的 EDTA 溶液的量减去单独测定钙硬度时消耗的 EDTA 溶液的量就是测定镁的硬度需要的 EDTA 的量，从而求出镁的硬度。

三、主要仪器与试剂

仪器：酸式滴定管、100 mL 移液管 2 支、250mL 锥形瓶 6 个。

试剂：0.01 $mol \cdot L^{-1}$ EDTA 标准溶液、三乙醇胺溶液（1 ： 2）、1 $mol \cdot L^{-1}$ NaOH 溶液、HCl 溶液（1 ： 1）、钙指示剂、pH≈10 氨性缓冲溶液（称取 20 g NH_4Cl，溶解后，

加 100 mL 浓氨水，用水稀至 1 L）、铬黑 T 指示剂（称取 0.5g 铬黑 T 与 100 gNaCl 充分研细混匀，盛放在棕色瓶中，塞紧）等。

四、实验步骤

（一）钙、镁总硬度的测定

用移液管吸取 100 mL 自来水样置于 250 mL 锥形瓶中，加 5 mL 氨性缓冲溶液（目的是调节 pH 为 10），再加 3 ~ 4 滴铬黑 T 指示剂，溶液呈红色。用 EDTA 标准溶液滴定，溶液由红色至纯蓝色即达到滴定终点。记下用量（V_1），平行测定三次。

有时在该步骤中会考虑 CO_2 或 CO_3^{2-} 存在对结果的影响。若有 CO_2 或 CO_3^{2-} 存在会和 Ca^{2+} 结合生成 $CaCO_3$ 沉淀，使滴定终点拖后，变色不明显，所以会在滴定前将溶液酸化并煮沸除去 CO_2。除了 CO_2 或 CO_3^{2-} 可能会影响结果，其他杂质也会影响，有时候会加入三乙醇胺、氰化钾或硫化钠等掩蔽剂。如果考虑上述的影响，则水中钙、镁总硬度的测定实验步骤应该如下：用移液管吸取 100 mL 自来水样置于 250 mL 锥形瓶中，加 HCl 溶液（1∶1）1 ~ 2 滴酸化水样（HCl 不宜多加，以免影响滴定时溶液的 pH），煮沸数分钟除去 CO_2，冷却后加入 5 mL 三乙醇胺溶液，摇动锥形瓶，加入 5 mL 氨性缓冲溶液，再加 3 ~ 4 滴铬黑 T 指示剂，溶液呈红色。用 EDTA 标准溶液滴定，溶液由红色至纯蓝色即达到滴定终点。记下用量（V_1），平行测定三次。

（二）钙硬度的测定

用移液管吸取 100 mL 自来水样置于 250 mL 锥形瓶中，加入 5 mL 1 mol·L^{-1} NaOH（目的是调节 pH 为 12 ~ 13）和少许钙指示剂，摇动锥形瓶，使指示剂溶解，溶液呈明显的红色。用标准 EDTA 溶液滴定到红色变为蓝色即达到滴定终点。记下用量（V_2），平行测定三次。

如果考虑 CO_2 或 CO_3^{2-} 和其他杂质的影响，则实验步骤如下：用移液管吸取 100 mL 自来水样置于 250 mL 锥形瓶中，加 HCl 溶液（1∶1）1 ~ 2 滴酸化水样，煮沸数分钟除去 CO_2，冷却后加入 5 mL 三乙醇胺溶液，摇动锥形瓶，加入 5 mL 1 mol·L^{-1} NaOH 和少许钙指示剂，摇动锥形瓶，使指示剂溶解，溶液呈明显的红色。用标准 EDTA 溶液滴定到溶液由红色变为蓝色即达到滴定终点。记下用量（V_2）。

为了减少测定钙硬度时的返红现象，测定钙硬度时采用沉淀掩蔽法排除 Mg^{2+} 对测定的干扰。沉淀会吸附被测 Ca^{2+} 和钙指示剂，从而影响测定的准确度和滴定终点的观察（变色不明显），因此测定时注意：①在水样中加入 NaOH 溶液后放置或稍加热，待看到 $Mg(OH)_2$ 沉淀后再加指示剂 [放置或稍加热使 $Mg(OH)_2$ 沉淀形成，而且颗粒稍大，以减少吸附]；②临近滴定终点时慢滴多搅，即滴一滴多搅动，待颜色稳定后再滴加。

五、实验数据记录与处理

（一）计算公式

（1）总硬度（mol·L^{-1}）$= \dfrac{c_{EDTA}V_1}{V_0}$

总硬度（CaCO$_3$ 计，mg·L^{-1}）$= \dfrac{c_{EDTA}V_1}{V_0} \times M_{CaCO_3}$

或总硬度（CaO 计，mg·L^{-1}）$= \dfrac{c_{EDTA}V_1}{V_0} \times M_{CaO}$

（2）钙硬度 $= \dfrac{c_{EDTA}V_2}{V_0} \times M_{Ca}$

镁硬度 $= \dfrac{c_{EDTA}(V_1 - V_2)}{V_0} \times M_{Mg}$

式中：C_{EDTA}——EDTA 标准溶液的浓度，mol·L^{-1}；

V_1，V_2——消耗 EDTA 溶液的体积，mL；

V_0——水样的体积，mL。

（二）填表

1. 总硬度的测定

表 2-13-1　总硬度的测定

项目	1	2	3
水样的体积（mL）			
滴定管终读数（mL）			
滴定管初读数（mL）			
EDTA 标液的体积（mL）			
总硬度（°　）			
平均总硬度（°　）			
相对偏差（%）			
相对平均偏差（%）			

注：1° 表示 1 L 水中含 10 mg CaO。

2. Ca、Mg 硬度的测定

表 12-13-2 Ca、Mg 硬度的测定

项目	1	2	3
水样的体积（mL）			
滴定管终读数（mL）			
滴定管初读数（mL）			
EDTA 标液的体积（mL）			
Ca^{2+} 含量（$mg \cdot L^{-1}$）			
Ca^{2+} 平均含量（$mg \cdot L^{-1}$）			
相对偏差			
相对平均偏差			
Mg^{2+} 含量（$mg \cdot L^{-1}$）			
Mg^{2+} 平均含量（$mg \cdot L^{-1}$）			
相对偏差（%）			
相对平均偏差（%）			

六、操作要点说明

（1）指示剂的用量不要过大，否则溶液发黑无法辨别滴定终点。

（2）滴定接近终点时改为慢滴，并用少量蒸馏水冲洗锥形瓶瓶壁，溶液变蓝立刻停止滴定。

（3）水样的体积要精确。

七、思考题

（1）我国通常情况下如何表示水的总硬度？如果以 $1 \times 10^{-3} g \cdot L^{-1}$ $CaCO_3$ 表示水的总硬度怎样换算成德国度？

（2）水硬度的测定包括哪些内容？如何测定？

（3）为什么测定钙、镁总量时，以铬黑 T 为指示剂要控制 pH=10？

（4）在测定自来水硬度的实验采用的方法中，测定总硬度时，溶液中发生了哪些反应？

（5）如果待测溶液中只含有 Ca^{2+}，使用直接滴定法能否用铬黑 T 为指示剂进行测定？

（6）测定钙硬度时，为什么加 NaOH 溶液使溶液的 pH 为 12～13？选用的什么指示剂？

（7）为什么钙指示剂能在 pH 为 12～13 的条件下指示终点？

（8）怎样减少测定钙硬度时的返红现象？

（9）如水样中含有 Al^{3+}、Fe^{3+}、Cu^{2+}，能否用铬黑 T 为指示剂进行测定？如果可以，实验应该如何做？

实验十四　EDTA 滴定法测定蛋壳中钙的含量（钙指示剂）

一、实验目的

（1）了解从蛋壳中得到 Ca^{2+} 的方法，学习使用配合掩蔽排除干扰离子影响的方法。

（2）熟悉滴定操作，进一步巩固掌握配合滴定分析的方法与原理。

（3）掌握 EDTA 溶液的标定方法和操作条件及其滴定 Ca^{2+} 的原理和方法。

（4）通过测定蛋壳中钙的含量的实验，了解蛋壳的应用价值，教育学生善于思考、学会分析，变废为宝，节约资源。

二、实验原理

随着人们生活水平的不断提高，对蛋类的消耗量与日俱增，因而产生了大量的蛋壳。蛋壳在生产生活中的应用非常广泛。比如，鸡蛋壳能制酸、止痛，研末外用可用于外伤止血、固涩收敛；蛋壳研末内服可用于胃溃疡反酸、胃炎疼痛的治疗，并对补钙（钙食品）有益。但是，多数情况下，蛋壳被当作废品丢弃，不仅浪费资源，而且还会污染环境。蛋壳在生活中来源广泛，易得，加强对鸡蛋壳的利用，不仅能得到很好的经济利益还能保护环境。蛋壳中含有大量的钙、镁、铁、钾等元素，主要以碳酸钙形式存在。比如，蛋壳的主要成分是 $CaCO_3$，其次是 $MgCO_3$，其中钙（$CaCO_3$）

含量高达 85%，蛋白质约占 15% ~ 17%。另外，还有少量微量元素如锌、铜、锰、铁、硒等。实验室测定蛋壳中钙、镁的含量的方法包括配位滴定法、酸碱滴定法、高锰酸钾滴定法、原子吸收法等。

乙二胺四乙酸是一种有机化合物，其化学式为 $C_{10}H_{16}N_2O_8$，常温常压下为白色粉末，微溶于冷水（图 2-14-1）。乙二胺四乙酸二钠又叫作 EDTA-2Na，为白色结晶颗粒或粉末，无臭、无味，能溶于水，极难溶于乙醇，是化学中一种良好的配合剂。它有六个配位原子，是一种能与 Mg^{2+}、Ca^{2+}、Mn^{2+}、Fe^{2+} 等二价金属离子结合的螯合剂，形成的配合物叫作螯合物。通常在滴定中用到的 EDTA 指的是由 EDTA-2Na 配制成的溶液。它是一种重要的螯合剂，能螯合溶液中的金属离子，测定金属离子的含量。

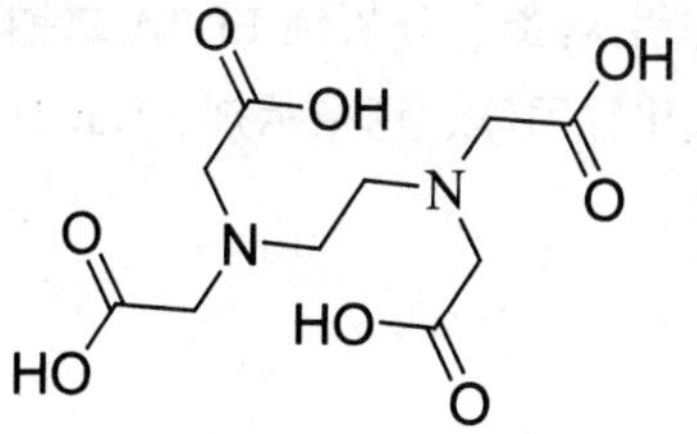

图 2-14-1　乙二胺四乙酸（EDTA）分子结构

实验室中我们常常采用配位滴定分析法测定蛋壳中的 Ca^{2+}、Mg^{2+} 的含量。铬黑 T 和钙指示剂都可以用于钙的 EDTA 滴定终点指示剂，但是，两者 pH 适用范围不同。铬黑 T 适用的 pH 范围是 9 ~ 10.5，在 pH<6.3 时溶液显示红色，在 pH>11.6 时溶液显示橙色，在正常适用的 pH 范围是 9 ~ 10.5 时溶液为蓝色，络合后溶液颜色为红色。钙指示剂适用的 pH 范围是 12 ~ 13，在 pH<10 溶液显示红色，pH 为 12 ~ 14 时溶液为蓝色，与钙离子络合后溶液为红色，与镁离子络合后溶液显示蓝色。钙指示剂指示钙离子滴定时，在 pH 为 12 ~ 13 时适用，与镁离子络合虽然溶液为蓝色，但是 pH>12 时镁离子已经沉淀，所以不指示镁离子。EDTA 络合滴定时应特别注意滴定的 pH 范围对指示剂自身颜色的影响，应该选择有明显色差的 pH 范围。铬黑 T 适合在 pH=10 左右的条件下滴定，此时钙、镁都能显色，都能准确滴定。钙指示剂适合在 pH 为 12 ~ 13 时使用，如果 pH 在 12.5 ~ 13 时使用，镁离子已经完成沉淀，可以消除镁离子对钙离子的滴定干扰。

本次实验我们采用配位（络合）滴定分析法测定蛋壳中的 $CaCO_3$ 含量，以 EDTA 为滴定剂，钙指示剂为指示剂，滴定终点颜色为蓝色。其反应式为

$$Y^{4-} + Ca^{2+} = CaY^{2-}$$

式中，Y 表示 EDTA 阴离子，Ca^{2+} 表示金属钙离子。钙指示剂指示钙离子滴定时，控制 pH 范围在 12.5 ~ 13，此时镁离子已经完成沉淀，可以消除镁离子对钙离子的滴定干扰。

三、主要仪器与试剂

仪器：电子天平、烘箱（或酒精灯、石棉网、铁架台、铁圈）、小烧杯、玻璃棒、250 mL 容量瓶、500mL 容量瓶、试剂瓶、碱式滴定管、滴管、250 mL 锥形瓶、500 mL 烧杯、250mL 烧杯、100 mL 烧杯、10 mL 量筒、100 mL 量筒、洗瓶、25 mL 移液管、10 mL 吸量管、洗耳球、表面皿。

试剂：6 mol·L^{-1} HCl、生鸡蛋、分析纯 EDTA 二钠盐、0.5% 二甲酚橙、20% 六亚甲基四胺溶液、分析纯氧化锌固体、钙指示剂、NaOH、95% 乙醇、pH 试纸、滤纸若干、蒸馏水等。

四、实验步骤

（一）鸡蛋壳的溶解

取一些鸡蛋壳洗净，加水煮沸 5 ~ 10 分钟，取出内膜，然后把蛋壳放在烧杯内小火烘干，研碎成粉末，称量其质量。再将蛋壳粉末放入小烧杯中，加入 10 mL 6 mol·L^{-1} 的 HCl 溶液，微火加热将其溶解，然后将小烧杯中的溶液转移到 250 mL 容量瓶中，定容，摇匀。如有泡沫，滴加 2 ~ 3 滴 95% 乙醇，泡沫消除后再加水，定容，摇匀。

（二）EDTA 标准溶液的标定

1. 浓度为 0.01 mol·L^{-1} 的 EDTA 标准溶液的配置

称取 EDTA 二钠盐 1.9 g，溶解于 150 ~ 200 mL 温热的去离子水中，冷却后加入 500 mL 容量瓶中，稀释到 500 mL，摇匀。

2. 锌标准溶液的配置

准确称取 0.2 g 的分析纯 ZnO 固体试剂，置于 100 mL 小烧杯中，先用少量去离子水润湿，然后加 2 mL 6 mol·L^{-1} 的 HCl 溶液，用玻璃棒轻轻搅拌使其溶解。将溶液定量转移到 250 mL 容量瓶中，用去离子水稀释到标线，摇匀。根据称取的 ZnO 质量计算出锌离子标准溶液的浓度。

3. EDTA 标准溶液的标定

用移液管吸取 25.00 mL 锌离子标准溶液，于 100 mL 小烧杯中，加入 1 ~ 2 滴

0.5% 的二甲酚橙指示剂，滴加 20% 六亚甲基四胺溶液至溶液呈稳定的紫红色后再加 2mL；然后用 0.01 mol·L⁻¹ EDTA 标准溶液滴定至溶液由紫红色变为亮黄色即达到滴定终点，并记录所消耗的 EDTA 溶液体积。按照以上方法重复滴定 3 次，要求极差小于 0.05 mL，根据标定时消耗的 EDTA 溶液的体积计算它的准确浓度。

（三）Ca²⁺ 的滴定

用移液管移取 25.00 mL 待测溶液于锥形瓶中，调节溶液 pH>12.5，充分摇匀，加入 5 滴钙指示剂，用 EDTA 标准溶液滴定至溶液由酒红色变为纯蓝色，即达到滴定终点。重复滴定 3 次，记录消耗 EDTA 溶液的体积。

五、思考题

（1）在测量蛋壳中钙的含量的滴定实验中，配制 EDTA 溶液为什么用乙二胺四乙酸二钠？

（2）用 6 mol·L⁻¹ 的 HCl 溶液溶解蛋壳时，如果有泡沫，如何转移容量瓶后定容？

（3）在测量蛋壳中钙的含量的滴定实验中，用钙指示剂时，为什么要调节溶液的 pH>12.5？

实验十五　高锰酸钾滴定法测定鸡蛋壳中钙的含量

一、实验目的

（1）能正确运用滴定法测定鸡蛋壳中钙的含量。

（2）进一步熟悉巩固高锰酸钾标准溶液的配制及标定。

（3）学习并掌握高锰酸钾法测定蛋壳中钙的含量的原理和方法。

（4）充分发挥学生的学习主动性，进一步培养学生的创新能力和独立解决实际问题的能力。

二、实验原理

鸡蛋壳中含有大量的钙、镁、铁、钾等元素，主要以碳酸钙的形式存在，其余还有少量镁、钾和微量铁。鸡蛋壳的主要成分是 $CaCO_3$，含量高达 95%。测定鸡蛋壳中钙的含量的方法很多种，实验室中常用的方法除了 EDTA 滴定法，还有高锰酸钾滴定法、酸碱滴定法、原子吸收法等。本次实验我们主要学习高锰酸钾滴定法。

高锰酸钾滴定法主要的实验原理：利用鸡蛋壳中的 Ca^{2+} 与草酸盐形成难溶的草酸盐沉淀，将沉淀经过滤洗涤分离后溶解，用高锰酸钾法测定 $C_2O_4^{2-}$ 含量，换算出 $CaCO_3$ 的含量。在该实验中，某些金属离子（Ba^{2+}，Sr^{2+}，Mg^{2+}，Pb^{2+}，Cd^{2+} 等）与 $C_2O_4^{2-}$ 能形成沉淀对测定 Ca^{2+} 有干扰。

三、主要仪器与试剂

仪器：天平、移液管、500 mL 烧杯、漏斗、棕色细口瓶（橡皮塞）、250 mL 锥形瓶、表面皿、酒精灯、石棉网、铁圈、铁架台等。

试剂：$KMnO_4$ 固体、$Na_2C_2O_4$ 固体、$H_2C_2O_4$ 溶液、5% 草酸胺溶液、浓盐酸，甲基橙指示剂、10% 氨水、$1\ mol \cdot L^{-1}\ H_2SO_4$ 溶液、滤纸、鸡蛋壳等。

四、实验步骤

（一）高锰酸钾标准溶液的配制及标定

1. 高锰酸钾标准溶液的配制

在天平上称量 1.0 g 固体 $KMnO_4$，置于大烧杯中，加水至 300 mL，盖上表面皿，加热煮沸约 1 小时。冷却静置后，在暗处放置一周左右的时间，然后用微孔玻璃漏斗或玻璃棉漏斗过滤，滤液装入棕色细口瓶中，加橡皮塞，贴上标签，待标定，保存备用。

2. 高锰酸钾标准溶液的标定

方法一：用 $Na_2C_2O_4$ 溶液标定 $KMnO_4$ 溶液

准确称取约 0.13 ~ 0.16 g 基准物质 $Na_2C_2O_4$ 三份，分别置于 250 mL 的锥形瓶中，分别加入约 25 mL $1\ mol \cdot L^{-1}\ H_2SO_4$ 溶液，盖上表面皿。在石棉铁丝网上慢慢加热到 70℃ ~ 80℃，趁热用上述制备的高锰酸钾溶液进行滴定。开始滴定时，反应速度慢，待溶液中产生了 Mn^{2+} 后，滴定速度可适当加快，直到溶液呈现微红色并持续半分钟不褪色即达到滴定终点。根据称量的 $Na_2C_2O_4$ 的质量和消耗 $KMnO_4$ 溶液的体积，计算 $KMnO_4$ 溶液的浓度。

方法二：用 $H_2C_2O_4$ 溶液标定 $KMnO_4$ 溶液

准确称取约 0.1 g $H_2C_2O_4$ 置于 250 mL 锥形瓶中，加入 25 mL $1\ mol \cdot L^{-1}$ 的 H_2SO_4 溶液，溶解后加热至 70℃ ~ 80℃（刚好冒出蒸气），用 $KMnO_4$ 溶液进行滴定，

开始滴定时要慢并摇动均匀，待红色褪去后再滴加。当滴定至溶液呈粉红并在 30 秒内不褪色即达到滴定终点。平行滴定三份，计算 KMnO₄ 溶液的浓度。

（二）鸡蛋壳的预处理及溶解

取一些鸡蛋壳洗净，加水煮沸 5 ~ 10 分钟，取出内膜，然后把鸡蛋壳放在烧杯内小火烘干，研碎成粉末。准确称取蛋壳粉末 0.2 ~ 0.3g 放入小烧杯中，加入 10 mL 6 mol·L⁻¹ 的 HCl 溶液，微火加热将其溶解。若有不溶解蛋白质，可过滤之。然后将小烧杯中的溶液转移到 250 mL 容量瓶中，定容，摇匀。如有泡沫，滴加 2 ~ 3 滴 95% 乙醇，泡沫消除后再加水定容摇匀。

（三）用高锰酸钾标准溶液滴定

用移液管量取 10 mL 上述溶液，加入 5% 草酸胺溶液 10 mL（若出现沉淀，再滴加浓盐酸使之溶解），然后加热至 70℃ ~ 80℃，加入 1 ~ 2 滴甲基橙，溶液呈红色，逐滴加入 10% 氨水，不断搅拌，直至溶液变黄并有氨味逸出为止。将溶液放置陈化（或在水浴上加热 30 分钟陈化），并将沉淀过滤洗涤。将滤纸和沉淀物一起转移到烧杯中，在烧杯中用 1 mol·L⁻¹ 的 H₂SO₄ 溶液将沉淀全部溶解，过滤（去除滤纸），洗涤，滤液收集在锥形瓶中。然后，稀释溶液至体积约为 100 mL，加热至 70℃ ~ 80℃，用 KMnO₄ 标准溶液滴定至溶液呈浅红色，且 30s 内不褪色即达到滴定终点。计算钙的质量分数。

五、思考题

（1）高锰酸钾滴定法测定鸡蛋壳中钙的含量的原理是什么？

（2）高锰酸钾滴定法测定鸡蛋壳中钙的含量，该实验中有没有金属离子可能干扰测定？

（3）高锰酸钾溶液能不能长期存放？为什么要装入棕色细口瓶中，加橡皮塞避光尽量低温保存？

实验十六　酸碱滴定法测定鸡蛋壳中钙的含量

一、实验目的

（1）学习用酸碱滴定方法测定鸡蛋壳中钙的含量的原理、方法及指示剂的选择。

（2）巩固盐酸和氢氧化钠标准溶液的配制方法。

（3）进一步熟悉酸碱滴定法的各项操作和注意事项。

（4）将酸碱滴定与测定鸡蛋壳成分结合起来，培养学生应用理论知识解决实际问题的能力。

二、实验原理

鸡蛋壳的主要成分为 $CaCO_3$，其次为 $MgCO_3$、蛋白质、色素及少量的 Fe、Al。蛋壳中的碳酸盐能与 HCl 发生反应（$CaCO_3 + 2HCl = CaCl_2 + CO_2 \uparrow + H_2O$），过量的盐酸可用标准 NaOH 回滴。根据实际与 $CaCO_3$ 反应的 HCl 标准溶液的体积求得蛋壳中钙的含量。

三、主要仪器与试剂

仪器：500 mL 烧杯、250 mL 锥形瓶、分析天平、酸式滴定管、碱式滴定管、吸量管、表面皿、玻璃棒、研钵、烘箱等。

试剂：鸡蛋壳、$H_2C_2O_4 \cdot 2H_2O$、盐酸、NaOH（固体）、邻苯二甲酸氢钾、甲基橙指示剂、酚酞指示剂等。

四、实验步骤

（一）蛋壳的预处理

取一些蛋壳洗净，加水煮沸 5 ～ 10 分钟，取出内膜，然后把蛋壳放在烧杯内小火烘干，研碎成粉末。

（二）0.2 mol·L⁻¹ NaOH 溶液的配制与标定

称取一定量（约 8.0 g）的 NaOH，溶于 100 mL 煮沸后的蒸馏水中（防止与 CO_2 作用），摇匀，密闭放置至溶液清亮。量取上层清液，用煮沸后的蒸馏水稀释至 1000 mL，定容，摇匀。

将基准试剂邻苯二甲酸氢钾于 105℃ ～ 110℃ 烘箱中干燥至恒重，用天平准确称取邻苯二甲酸氢钾 0.5 g，加煮沸后的蒸馏水溶解，滴加 2 滴酚酞指示液，用配制好的 NaOH 溶液滴定至溶液呈粉红色，并保持 30 秒不褪色，记录滴定前后滴定管示数 V_1 和 V_2。平行操作三次，取平均值。

（三）0.2 mol·L⁻¹ 盐酸溶液的配制与标定

市售浓盐酸的浓度约为 12 mol·L⁻¹。量取 16.7 mL 的浓硫酸放入小烧杯内，加

入少量蒸馏水，搅拌稀释。用玻璃棒引流，倒入 1000 mL 容量瓶内。第一次引流完后，要将小烧杯用蒸馏水淋洗，再将烧杯内的溶液转移到容量瓶中。淋洗三次后，用洗瓶小心淋洗引流用的玻璃棒，再把玻璃棒取出。加蒸馏水，定容，摇匀。

移取该盐酸溶液 10 mL 于 100 mL 锥形瓶中，滴加酚酞指示剂。用上述标定好的 0.2 mol·L⁻¹ NaOH 溶液滴定该盐酸溶液，从而计算盐酸的准确浓度。平行操作三次，求出平均值。

（四）CaO 含量的测定

用分析天平准确称取约 0.1 g 的蛋壳粉末于锥形瓶中，用酸式滴定管逐滴加入已标定好的 HCl 标准溶液 40.00 mL 左右（需精确读数）。小火微热使之溶解，并用蒸馏水将锥形瓶瓶壁上蒸发的盐酸冲回锥形瓶，之后冷却，滴加 1 ~ 2 滴甲基橙指示剂，用已标定好的 NaOH 溶液标定，直到溶液颜色由红色变为橙黄色且半分钟内不变色即达到终点，记录数据。平行操作三次。

五、实验数据的记录与处理

1. NaOH 溶液的标定

表 2-16-1　NaOH 溶液的标定

项目	1	2	3
邻苯二甲酸氢钾的质量（g）			
V_{NaOH}（mL）			
NaOH 的浓度（mol·L⁻¹）			
NaOH 的标准浓度（mol·L⁻¹）			

2. 盐酸溶液的标定

表 2-16-2　盐酸溶液的标定

项目	1	2	3
V_{NaOH}（mL）			
HCl 的浓度（mol·L⁻¹）			
HCl 的标准浓度（mol·L⁻¹）			

3. CaO 含量的测定

表 2-16-3　CaO 含量的测定

项目	1	2	3
鸡蛋壳粉末的质量（g）			
V_{NaOH}（mL）			
CaO 的含量（%）			
CaO 的平均含量（%）			

六、操作要点说明

（1）因为盐酸不仅能与鸡蛋壳中的 $CaCO_3$ 反应，还能与 $MgCO_3$ 等反应，所以用该方法测定蛋壳中的钙的含量有一定的误差。

（2）盐酸溶解鸡蛋壳时，试样中有不溶物，如蛋白质之类，但对测定影响不大，也可以过滤后再测。

（3）pH ≤ 4.4 时，Fe、Al 不干扰，色素不影响。

七、思考题

（1）鸡蛋壳称量质量依据什么估算？

（2）鸡蛋壳溶解应注意什么？

（3）酸碱滴定法测定鸡蛋壳中钙的含量的实验，为什么说最终表示的是钙和镁的总量？

实验十七　可溶性氯化物中氯含量的测定（莫尔法）

一、实验目的

（1）掌握莫尔法测定氯化物的基本原理及莫尔法测定的反应条件。

（2）掌握铬酸钾指示剂的正确使用和滴定终点的控制与判断。

（3）学习 $AgNO_3$ 标准溶液的配制和标定，以及氯化物中氯含量的计算。

（4）通过指示剂对莫尔法测定氯离子含量重要性的讲解，让学生的了解细节的重要性，培养学生做人、做事都要注重细节，从小事做起。

二、实验原理

莫尔（Mohr）法是沉淀滴定法中常用的银量法，又称摩尔法，是用铬酸钾为指示剂，在中性或弱碱性溶液中，用 $AgNO_3$ 标准溶液直接滴定氯离子（或溴离子）的方法。根据分步沉淀的原理，首先生成 AgCl 沉淀，随着硝酸银不断加入，溶液中氯离子越来越少，银离子则相应地增加，砖红色 $AgCrO_4$ 沉淀的出现指示达到滴定终点。

常见可溶性氯化物中氯含量的测定常采用莫尔法。主要反应式如下：

$$Ag^+ + Cl^- = AgCl \downarrow （白色） K_{sp} = 1.8 \times 10^{-10}$$

$$Ag^+ + CrO_4^{2-} = Ag_2CrO_4 \downarrow （砖红色） K_{sp} = 2.0 \times 10^{-12}$$

滴定必须在中性或在弱碱性溶液中进行，最适宜 pH 范围为 6.5 ~ 10.5，如有铵盐存在，溶液的 pH 范围最好控制在 6.5 ~ 7.2。

指示剂的浓度对滴定有影响，一般以 5.0×10^{-3} mol·L^{-1} 为宜。凡是能与 Ag^+ 成难溶化合物或配合物的阴离子都干扰测定，如 AsO_4^{3-}、AsO_3^{3-}、S^{2-}、CO_3^{2-}、$C_2O_4^{2-}$ 等，其中 H_2S 可加热煮沸除去。大量 Cu^{2+}、Ni^{2+}、Co^{2+} 等有色离子会影响终点的观察。凡是能与 CrO_4^{2-} 指示剂生成难溶化合物的阳离子也干扰测定，如 Ba^{2+}、Pb^{2+} 能与 CrO_4^{2-} 分别生成 $BaCrO_4$ 沉淀和 $PbCrO_4$ 沉淀。Ba^{2+} 的干扰可加入过量 $Na_2S_2O_4$ 消除。Al^{3+}、Fe^{3+}、Bi^{3+}、Sn^{4+} 等高价金属离子在中性或弱碱性溶液中易水解产生沉淀，也不应存在。另外，K_2CrO_4 指示剂浓度过大，会使滴定终点提前到达，且 CrO_4^{2-} 本身的黄色会影响滴定终点的观察，使测定结果偏低；若指示剂浓度太小，会使滴定终点滞后，使测定结果偏高。

三、主要仪器与试剂

仪器：分析天平、小烧杯、棕色试剂瓶、容量瓶、锥形瓶等。

试剂：$AgNO_3$、5% K_2CrO_4 的溶液、含氯试样（如 NaCl、KCl 等）、NaCl 基准试剂、蒸馏水等。

NaCl 基准试剂前处理：将 NaCl 在 500℃ ~ 600℃ 的环境中灼烧半小时后，放置干燥器中冷却，或将 NaCl 置于带盖的瓷坩锅中加热，并不断搅拌，待爆炸声停止后，将坩锅放入干燥器中冷却后使用。

四、实验步骤

（一）配制 0.10 mol·L⁻¹ AgNO₃ 溶液 500 mL

计算并用天平称取 AgNO₃ 晶体 8.5 g 于小烧杯中，用少量蒸馏水溶解后，转入棕色试剂瓶中，用蒸馏水稀释至 500 mL，摇匀置于暗处，备用。

（二）0.1 mol·L⁻¹ AgNO₃ 溶液的标定

准确称取 0.25 ~ 0.325 g 基准试剂 NaCl，置于小烧杯中，用蒸馏水溶解后，转入 250 mL 容量瓶中，加水稀释至标线，摇匀。

准确移取 25.00 mL NaCl 标准溶液注入锥形瓶中，加入 25 mL 蒸馏水，加入 1 mL 5%K₂CrO₄ 溶液，在不断摇动下，用 AgNO₃ 溶液滴定至溶液呈现砖红色即达到滴定终点。平行操作三次，计算 AgNO₃ 溶液的浓度。

（三）试样分析

准确称取约 1.5 g 含氯试样置于烧杯中，加蒸馏水溶解后，转入 250 mL 容量瓶中，用蒸馏水稀释至标线，摇匀。准确移取 25.00 mL 含氯试液注入锥形瓶中，加入 25 mL 蒸馏水，加入 1 mL 5%K₂CrO₄ 溶液，在不断摇动下，用 AgNO₃ 溶液滴定至溶液呈现砖红色即达到滴定终点。平行测定三份。

根据试样的质量和滴定中消耗 AgNO₃ 标准溶液的体积，计算试样中 Cl⁻ 的含量、平均偏差及相对平均偏差。为提高实验精确度和准确性，必要时可进行空白测定，即取 25.00 mL 蒸馏水按上述同样操作测定，计算时应扣除空白测定所耗 AgNO₃ 标准溶液的体积。

五、实验数据记录和处理

表 2-17-1　AgNO₃ 溶液的标定

项目	1	2	3
m_{NaCl}（g）			
V_{NaCl}（mL）			
AgNO₃ 溶液初始读数 V_1（mL）			
AgNO₃ 溶液终点读数 V_2（mL）			

续 表

项目	1	2	3
AgNO$_3$ 溶液的浓度 c（mol·L^{-1}）			
AgNO$_3$ 溶液的平均浓度 $\bar{c}$（mol·L^{-1}）			
相对偏差（%）			
平均偏差（%）			

表 2-17-2 氯化物中氯的测定

项目	1	2	3
样品的质量（g）			
试液的用量（mL）			
滴定剂的用量（mL）			
氯的含量（%）			
相对偏差（%）			
平均偏差（%）			

六、操作要点说明

（1）滴定时，最适宜的 pH 范围是 6.5 ~ 10.5。若有铵盐存在，为避免生成 Ag(NH$_3$)$_2^+$，溶液的 pH 范围应控制在 6.5 ~ 7.2 为宜。

（2）AgNO$_3$ 见光易分解，需保存在棕色瓶中；若与有机物接触，则起还原作用；加热颜色变黑，勿使 AgNO$_3$ 与皮肤接触。

（3）滴定过程中应控制滴定速度，滴定剂不能加入太快，同时锥形瓶要不停地摇动，避免体系中 Cr$_2$O$_7^{2-}$ 含量过高，形成 Ag$_2$Cr$_2$O$_7$ 沉淀被 AgCl 沉淀包夹，使测量结果偏低。

（4）实验结束后，盛装 AgNO$_3$ 的滴定管先用蒸馏水冲洗 2 ~ 3 次，以免产生 AgCl 沉淀，难以洗净。蒸馏水洗过后，再用自来水冲洗。含银废液不能随意倒入水槽，应予以回收。

七、思考题

（1）配制好的 $AgNO_3$ 溶液为什么要保存于棕色瓶中，并置于暗处？

（2）莫尔法测氯时，为什么溶液的 pH 须控制在 6.5 ~ 10.5？

（3）以 $K_2Cr_2O_7$ 作指示剂时，指示剂浓度过大或过小对测定结果有何影响？

（4）能否用莫尔法以 NaCl 标准溶液直接滴定 Ag^+？为什么？

（5）空白测定有何意义？

（6）如果用莫尔法测定酸性光亮镀铜液（主要成分为 $CuSO_4$ 和 H_2SO_4）中氯的含量时，试液应做哪些预处理？

实验十八　pH 法测定醋酸电离常数和电离度

一、实验目的

（1）测定醋酸的电离常数和电离度，加深对电离常数和电离度的理解。

（2）进一步巩固移液管、刻度吸管以及容量瓶的正确使用方法和精确配制溶液的基本操作。

（3）巩固酸度计（pH 计）的使用。

二、实验原理

pH 计是一种常见的分析仪器，有时又称为酸度计，是指用来测定溶液酸碱度值的仪器，广泛应用在农业、环保和工业等领域。该仪器是利用原电池的原理工作的。原电池的两个电极间的电动势依据能斯特定律，既与电极的自身属性有关，又与溶液里的 H^+ 浓度有关。因此，原电池的电动势和 H^+ 浓度之间存在对应关系，而 H^+ 浓度的负对数即 pH。

醋酸是弱电解质，在水溶液中存在以下电离平衡：

$$CH_3COOH \rightleftharpoons H^+ + CH_3COO^-$$

设醋酸的起始浓度为 c，$[H^+]$、$[CH_3COO^-]$、$[CH_3COOH]$ 分别为 H^+、CH_3COO^-、CH_3COOH 在电离平衡时的浓度，K_{HAc} 为电离常数，则在纯 CH_3COOH 溶液中，$[H^+]=[CH_3COO^-] = c \cdot \alpha$，$[CH_3COOH] = c \cdot (1-\alpha)$。

则，$\alpha = \dfrac{[H^+]}{c} \times 100\%$，

$$K_{HAc} = \frac{[H^+][CH_3COO^-]}{[CH_3COOH]} = \frac{[H^+]^2}{c - [H^+]}$$

当 $\alpha < 5\%$ 时，$c - [H^+] \approx c$，故 $K_{HAc} = \dfrac{[H^+]^2}{c}$

在一定温度下，用 pH 计测定一系列已知浓度的醋酸溶液的 pH，根据 pH $= -\lg$ $[H^+]$ 换算出 $[H^+]$，根据以上关系就可求出电离常数 K_{HAc} 和电离度 α。

三、主要仪器与试剂

仪器：pH 复合电极、容量瓶、移液管、吸量管、温度计、酸度计等。

试剂：醋酸标准溶液、蒸馏水等。

四、实验步骤

（一）实验操作前的准备

1. 检查容量瓶是否漏水

容量瓶使用前要检查是否漏水，方法是注入自来水至标线附近，盖好瓶塞，右手托住瓶底，使其倒立 2 分钟，观察瓶塞周围是否有水渗出。如果不漏，再把瓶塞旋转 180°，塞紧，倒立仍不漏水，则可使用。为避免调错瓶塞，应用橡皮筋把瓶塞系在瓶颈上。

2. 洗涤

移液管和刻度吸管（吸量管）洗涤时，除用洗涤液、自来水冲洗，还要用蒸馏水洗涤 2 ~ 3 次，最后还需用待装溶液润洗 3 次。容量瓶只需依次用洗涤液、自来水和蒸馏水冲洗。

（二）pH 复合电极的使用

1. 测试前的准备工作

（1）测试前取下电极装有浸泡液的保护浸泡瓶，将电极测量端浸在蒸馏水中清洗，然后取出用滤纸吸干残留蒸馏水。

（2）观察敏感球泡内部是否全部充满液体，如发现有气泡，则应将电极向下轻轻甩动，以清除敏感球泡内的气泡，否则会影响测试精度。

2. 电极与 pH 计配套校正及测试

（1）pH 电极接到 pH 仪器输入端，连接要准确。

（2）按 pH 计使用方法进行标定，标定结束后进行测量。

（3）电极在进行标定或测量前，均需用蒸馏水清洗干净，并用滤纸轻轻将蒸馏水吸干。

（三）pH 计的使用（以 PHS-3C 型为例）

1. 仪器的安装

连接好电源，电源为交流电。

2. 电极的安装

将电极夹子夹在电极杆上，将复合电极夹在电极上，同时将 pH 计上选择电极插口的保护帽去掉，将 pH 复合电极一端插口接入。

3. 功能调挡

将 pH 计的功能开关置 pH 挡。

4. 仪器标定

标定该仪器采用两种标定法：①定位标定；②斜率标定。标定过程如下：

（1）用温度计测试 pH 约为 7 和 pH 约为 4 的缓冲溶液的温度。

（2）定位标定：将斜率旋钮刻度置于 100% 处，而后将用蒸馏水清洗干净、滤纸吸干后的 pH 复合电极插入中性磷酸盐的缓冲溶液中（pH 约为 7），调节温度补偿旋钮，使其指示的温度与溶液温度相同。再调节定位旋钮，使仪器显示的 pH 与该缓冲溶液在此温度下的 pH 相同。

（3）斜率标定：把电极从 pH 约为 7 的缓冲溶液中取出，用蒸馏水清洗干净、滤纸吸干后插入 pH 约为 4 的缓冲溶液中。调节温度补偿旋钮，使其指示的温度与溶液温度相同。再调节斜率旋钮，使仪器显示的 pH 与该溶液在此温度下的 pH 相同，标定即结束。

（四）不同浓度 HAc 溶液的配制

用移液管和刻度吸管分别取 25.00 mL、10.00 mL、5.00 mL、2.50 mL 已测得准确浓度的 HAc 标准溶液，把它们分别加入 4 个 50mL 容量瓶中（用标签纸标明），再用蒸馏水稀释到标线，摇匀，并计算出这 4 个容量瓶中 HAc 溶液的准确浓度。

（五）测定醋酸溶液的 pH，计算醋酸的电离度和电离平衡常数

取以上四种不同浓度的 HAc 溶液约 20 mL 分别倒入四只洁净干燥的 50 mL（用标签纸标明）烧杯中，按由稀到浓的次序在 pH 计上分别测定它们的 pH，根据 pH 可以推算出不同浓度的 HAc 溶液中 H^+ 的浓度。

测定过程如下：首先用温度计测试待测溶液的温度，然后将经标定的酸度计的

pH 复合电极用蒸馏水清洗干净、滤纸吸干后插入待测溶液中。调节温度补偿旋钮，使其指示的温度与溶液温度相同，仪器显示的即待测溶液的 pH，记录下酸度计所显示的数据。

五、数据记录与处理

记录数据并经计算处理后求出电离度和电离平衡常数，并填入表 2-18-1。

表 2-18-1　实验数据

溶液编号	c_{HAc} (mol·L^{-1})	pH	[H$^+$] (mol·L^{-1})	α	电离平衡常数 K 测定值	平均值
1						
2						
3						
4						

六、操作要点说明

（1）电极使用间隙，请将电极用蒸馏水清洗干净。

（2）电极前端的敏感玻璃球泡不能与硬物接触，任何破损和擦毛都会使电极失效。

（3）电极在每次进行标定或测量前，均需用蒸馏水清洗干净，并用滤纸轻轻将蒸馏水吸干。

（4）测试不同浓度醋酸溶液的 pH 时，应按由稀到浓的顺序进行。

七、思考题

（1）测定醋酸电离常数时，烧杯是否必须烘干，为什么？还可以做怎样的处理？

（2）测定醋酸溶液的 pH 时，为什么要按从稀到浓的次序进行？

实验十九　化学反应速率和活化能的测定

一、实验目的

（1）测定 $(NH_4)_2S_2O_8$ 氧化 KI 的反应速率，求其反应级数、速率常数 k 和活化能。

（2）加深理解浓度、温度及催化剂对反应速率的影响。

（3）练习根据实验数据作图。

二、实验原理

（一）求速率方程

在 $(NH_4)_2SO_4$ 与 KI 的水溶液中存在如下反应：

$$S_2O_8^{2-} + 3I^- = 2SO_4^{2-} + 3I_3^- \qquad \text{①}$$

速率方程可表示为

$$v = k[S_2O_8^{2-}]^m[I^-]^n。$$

若 $[S_2O_8^{2-}]$ 和 $[I^-]$ 均为起始浓度，则 v 为起始速率，求出 k 及（$m+n$）即可求出此速率方程。但是，瞬时速率通过简单的实验不易测出，而实验中只能测得一段时间内的平均速率：

$$\bar{v} = \frac{-\Delta[S_2O_8^{2-}]}{\Delta t}$$

当 $\Delta[S_2O_8^{2-}] \to 0$ 时，$\bar{v} \to v$。

本实验中设计 Δt 时间内 $\Delta[S_2O_8^{2-}]$ 很小，可用 $\bar{v}$ 近似代替 v：

$$\bar{v} = -\frac{\Delta[S_2O_8^{2-}]}{\Delta t} = k[S_2O_8^{2-}]^m[I^-]^n$$

Δt 时间内 $\Delta[S_2O_8^{2-}]$ 是很难判断的。为了测出反应在 Δt 时间内 $S_2O_8^{2-}$ 浓度的改变量，在混合 $(NH_4)_2S_2O_8$ 溶液和 KI 溶液（反应开始）的同时加入一定体积的已知浓度的 $Na_2S_2O_3$ 溶液和淀粉溶液。这样在进行反应①的同时，还进行如下反应：

$$2S_2O_3^{2-} + I_3^- = S_4O_6^{2-} + 3I^- \qquad \text{②}$$

反应①为慢反应，反应②为快反应。反应①中生成的 I_3^- 会立刻被 $S_2O_3^{2-}$ 分解，所以有 $S_2O_3^{2-}$ 存在时，淀粉不会变蓝。一旦 $S_2O_3^{2-}$ 消耗完，I_3^- 使淀粉即刻变蓝，记录此

时间 Δt。从反应开始到最终溶液显示蓝色这段时间（Δt）内，$S_2O_3^{2-}$ 的浓度改变值为其起始的浓度。由反应①和反应②的化学计量关系可知，$S_2O_8^{2-}$ 的减少量为 $S_2O_3^{2-}$ 的一半，所以 $\Delta[S_2O_8^{2-}] = 1/2\,\Delta[S_2O_3^{2-}]$。

由此可见，在本实验中 $[S_2O_3^{2-}]$ 不变，$\Delta[S_2O_8^{2-}]$ 不变，只要准确记录反应开始时到溶液变蓝的时间，可求出反应速率 $\nu = -\dfrac{\Delta[S_2O_8^{2-}]}{\Delta t}$。

由于不同时刻反应速率 $\nu = -\dfrac{\Delta[S_2O_8^{2-}]}{\Delta t} = k[S_2O_8^{2-}]^m[I^-]^n$，固定 $[I^-]$ 不变，则 $[I^-]^n$ 为一常数，即 $\nu = k'[S_2O_8^{2-}]^m$。

$$\lg\nu = m\lg[S_2O_8^{2-}] + \lg k'$$

以 $\lg\nu \sim \lg[S_2O_8^{2-}]$ 作图，斜率为 m。

同理，固定 $[S_2O_8^{2-}]$ 不变，以 $\lg\nu \sim \lg[I^-]$ 作图，斜率为 n。

$$k = \frac{\nu}{[S_2O_8^{2-}]^m[I^-]^n}$$

（二）求活化能

已知 $\nu = k[S_2O_8^{2-}]^m[I^-]^n$，$m$、$n$ 已知，可求出 $\nu = -\dfrac{\Delta[S_2O_8^{2-}]}{\Delta t}$，根据得到的不同时间内的 ν，可求出不同温度的 k。

$$k = A\mathrm{e}^{-\frac{E_a}{RT}} \qquad \lg k = -\frac{E_a}{2.303RT} + \lg A$$

以 $\lg k$ 对 $1/T$ 作图，斜率为 $-\dfrac{E_a}{2.303RT}$，可求出 E_a。

三、主要仪器与试剂

仪器：烧杯、秒表、移液管等。

试剂：0.010 $\mathrm{mol \cdot L^{-1}}$ $Na_2S_2O_3$ 溶液、0.20 $\mathrm{mol \cdot L^{-1}}$ KI 溶液、0.20 $\mathrm{mol \cdot L^{-1}}$ $(NH_4)_2S_2O_8$ 溶液、0.2 $\mathrm{g \cdot L^{-1}}$ 淀粉溶液、0.20 $\mathrm{mol \cdot L^{-1}}$ KNO_3 溶液、0.20 $\mathrm{mol \cdot L^{-1}}$ $(NH_4)_2SO_4$ 溶液等。

四、实验步骤

（一）浓度对化学反应速率的影响

在室温条件下进行表 2-19-1 中编号 1 的实验。分别量取 20.0 mL 0.20 $\mathrm{mol \cdot L^{-1}}$ KI 溶液、8.0 mL 0.010 $\mathrm{mol \cdot L^{-1}}$ $Na_2S_2O_3$ 溶液和 4.0 mL 0.2 $\mathrm{g \cdot L^{-1}}$ 淀粉溶液，全部加

入烧杯中，混合均匀。然后再准确量取 20.0 mL 0.20 mol·L^{-1} (NH$_4$)$_2$S$_2$O$_8$ 溶液，迅速倒入上述混合液中，同时启动秒表，并不断搅动，仔细观察。当溶液刚出现蓝色时，立即按停秒表，记录反应时间和室温。

进行完编号 1 的实验后，再依次进行编号 2 ~ 5 的实验，同样记录反应时间和室温。

表 2-19-1　浓度对反应速率的影响实验数据

项目		1	2	3	4	5
试剂用量（mL）	0.20 mol·L^{-1}(NH$_4$)$_2$S$_2$O$_8$	20	10	5	20	20
	0.20 mol·L^{-1}KI	20	20	20	10	5
	0.010 mol·L^{-1}Na$_2$S$_2$O$_3$	8	8	8	8	8
	0.2 g·L^{-1} 淀粉溶液	4	4	4	4	4
	0.20 mol·L^{-1}KNO$_3$	0	0	0	10	15
	0.20 mol·L^{-1}(NH$_4$)$_2$SO$_4$	0	10	15	0	0
混合液中试剂起始浓度（mol·L^{-1}）	(NH$_4$)$_2$S$_2$O$_8$					
	KI					
	Na$_2$S$_2$O$_3$					
反应时间 Δt（s）						
S$_2$O$_8^{2-}$ 的浓度变化 $\Delta[S_2O_8^{2-}]$（mol·L^{-1}）						
反应速率 v（mol/(L·s)）						
lg（v）						
lg[S$_2$O$_8^{2-}$]						
lg [I$^-$]						
m						
n						
反应速率常数 k						
反应速率常数平均值 $k_{平}$						

（二）温度对化学反应速率的影响

根据表 2-19-1 中实验 4 的试剂用量，将 KI、Na$_2$S$_2$O$_3$、KNO$_3$ 和淀粉的混合溶液加到 150 mL 的小烧杯中，并把 (NH$_4$)$_2$S$_2$O$_8$ 溶液加在另一个小烧杯中，之后将它们放入水浴中加热，待它们温度加热到高于室温 10 K 时，将 (NH$_4$)$_2$S$_2$O$_8$ 溶液迅速加到 KI 的混合溶液中，同时计时并不断搅动，当溶液刚出现蓝色时，记录反应时间，填入表 2-19-2 的编号 6 中。

同样方法进行编号 7 实验，在热水浴中进行高于室温 20 K 的实验，将两次实验数据计入表 2-19-2。

表 2-19-2 温度对反应速率的影响实验数据

项目	4	6	7
反应温度 t（K）			
反应时间 Δt（s）			
反应速率 ν（mol/(L·s)）			
k			
lg$k$			
1/T（K^{-1}）			
E_a（kJ·mol^{-1}）			
$E_{a平}$（kJ·mol^{-1}）			

（三）催化剂对化学反应速率的影响

按表 2-19-1 中实验 4 的用量，把 KI、Na$_2$S$_2$O$_3$、KNO$_3$ 和淀粉的混合溶液加到 150 mL 烧杯中，再加入 2 滴 0.02 mol·L^{-1} Cu(NO$_3$)$_2$ 溶液，搅匀，然后迅速加入 (NH$_4$)$_2$S$_2$O$_8$ 溶液，搅动，计时。将此实验的反应速率与实验 4 的反应速率定性地进行比较从而得出催化剂对反应速率的影响。

总结以上实验结果，说明浓度、温度、催化剂对反应速率的影响。

（四）数据处理

（1）以 lgν ~ lg[S$_2$O$_8^{2-}$]，lgν ~ lg[I$^-$] 作图，求出 m、n、k。

（2）以 lg$k$ 对 1/T 作图，求出 E_a。

五、操作要点说明

（1）所取试剂的移液管应分开，最好专用。

（2）反应最后加入 $(NH_4)_2S_2O_8$ 溶液，加料要迅速。

（3）取室温、室温 +10K、室温 +20K 三个温度，将 KI、$Na_2S_2O_3$、KNO_3 和淀粉的混合溶液和 $(NH_4)_2S_2O_8$ 分别预热，恒温后在水浴锅中混合反应。

（4）催化剂对反应速率的影响只做定性判断。

六、思考题

（1）在测定化学反应速率的实验中向 KI、淀粉、$Na_2S_2O_3$ 的混合液中加入 $(NH_4)_2S_2O_8$ 溶液时，为什么要迅速？

（2）为什么可以根据反应出现蓝色的时间长短来计算反应速率？

（3）溶液出现蓝色后，反应是否终止了？

实验二十　标准加入法测定钢铁中的磷（磷钼蓝吸光光度法）

一、实验目的

（1）了解钢铁中磷的测定的意义，并掌握钢铁中磷的测定原理和方法。

（2）了解标准加入法和标准曲线法的区别，学习标准加入法进行样品测定的实际操作。

（3）掌握称量溶液的定量、转移、配制等基本操作。

（4）通过本实验让学生认识到钢铁在我国建设中的重要性，培养学生精益求精的大国工匠精神，激发学生科技报国的家国情怀。

二、实验原理

常用的工作曲线法，又称标准曲线法或校准曲线法，适用于标准曲线的基体和样品的基体大致相同的情况，优点是速度快。但是，当样品复杂、很难配置与样品溶液相似的标准溶液，或样品中含有固体物质而对吸收的影响难以保持一定时，常采用标准加入法。标准加入法的做法是分别在数份相同体积的样品液中加入已知浓度不等量的标准液，一定要有一份相同体积样品液中加入的标准液为零，按照绘制标准曲线的步骤测量吸光度（或峰高、面积），在坐标纸上以加入的标准液浓度为横坐标，以对应的吸光度为纵坐标，绘制标准曲线，用外推法（延长标准曲线和横坐标相交的数的绝对值）就可得到样品液浓度。但是，对测定的未知成分含量要粗略估计一下，加入的标准液要和样品液浓度接近。

　　磷是典型的非金属元素，它在钢铁及合金中主要以固熔体的磷化铁（Fe_2P、Fe_3P）的形式存在，有时呈磷酸盐夹杂形式存在。它一般从铁矿石带入。磷在钢中可以提高钢的抗拉强度和耐大气腐蚀能力，改善钢的切削加工性能。但是，磷在钢中又能降低高温性能和增加脆性，影响钢的塑性和韧性。一般钢中把磷含量控制在 0.05% 以下，高级的合金钢中磷的含量在 0.03% 以下，但易切削钢中磷的含量可达 0.4%，生铁和铸铁中磷的含量可高达 0.5%。因此，磷的测定是钢铁分析的一个必测指标。

　　工厂实用分析方法有重量分析法、酸碱滴定法和分光光度法。分光光度法有钒钼黄法和钼蓝法两类。钒钼黄法是磷酸与钒酸、钼酸作用，形成磷钒钼黄杂多酸，直接测定。钼蓝法是将磷钼杂多酸还原成钼蓝后进行测定，所用还原剂有氯化亚锡、抗坏血酸、硫酸联胺和亚硫酸盐等。

　　本实验我们采用磷钼蓝吸光光度法。首先，将磷转化为正磷酸，试料要完全溶解成清亮的溶液。某些合金钢用稀硝酸或王水溶解后仍有黑色碳化物，应加入高氯酸冒烟后再与钼酸铵反应。因此，试样可以先用王水溶解，高氯酸冒烟以氧化磷，加钼酸铵使磷转化为磷钼配合离子，用氟化物掩蔽铁离子，用氯化亚锡还原成钼蓝，其主要反应如下：

$$3Fe_3P + 41HNO_3 = 9Fe(NO_3)_3 + 3H_3PO_4 + 14NO\uparrow + 16H_2O$$
$$Fe_3P + 13HNO_3 = 3Fe(NO_3)_3 + H_3PO_3 + 4NO\uparrow + 5H_2O$$
$$4H_3PO_3 + HClO_4 = 4H_3PO_4 + HCl$$
$$H_3PO_4 + 4H_2MoO_4 + 8H^+ + 4Sn^{2+} = [Mo_4O_{10}(OH)_2]\cdot H_3PO_4 + 4Sn^{4+} + 4H_2O$$

　　生成的磷钼蓝络合物的蓝色深浅与磷的含量成正比，据此可比色测定磷的含量。在该实验中，在对样品消化过程中，必须使用氧化性的酸，不能单独使用盐酸或者硫酸，否则磷会生成气态的 PH_3 而挥发损失，造成测试结果偏低。实验温度会影响磷钼蓝的反应，也会影响测定吸光度，温度高会使测定的吸光度偏低。一般控制反应温度在 90℃ ~ 100℃。但是，温度太低，反应时间太长，会使磷钼杂多酸还原成钼蓝，也会影响结果的测定。为了消除这种影响，在操作时，应在显色反应完成后，冷却，自然降温放置 1 ~ 2 分钟，待反应发生完全后再用流水冷却，获得的磷钼蓝至少可以稳定 2 小时，这个温度下的纯蓝色钼蓝也不会向天蓝色钼蓝转变，吸光度值也不会下降，因而处理好的样品溶液在进行反应时要控制温度。

三、主要仪器与试剂

仪器：721 分光光度计、分析天平、移液管、洗耳球、100 mL 烧杯若干、250 mL 烧杯若干、100 mL 专用锥形瓶 4 个、50 mL 容量瓶 4 个、100 mL 容量瓶 2 个、玻璃棒、加热装置、量筒（10 mL 4 个，50 mL 1 个）、秒表、洗瓶等。

试剂：样品钢铁、王水、高氯酸（浓）、10% 亚硫酸钠溶液、5% 钼酸铵溶液、6% 的 H_2SO_4 溶液、氟化钠、氯化亚锡、3% $KMnO_4$、滤纸、0.01 mg·mL^{-1} 磷标准溶液等。

四、实验步骤

（一）氟化钠－氯化亚锡溶液（NaF－SnCl₂）的配制

准确称取 2.4 g 氟化钠于烧杯中，加入 100 mL 蒸馏水溶解，再加入 0.2 g 氯化亚锡，搅拌溶解。该溶液不要长期存放。

（二）样品的处理与消化

准确称取 0.5 g 样品（记录实际称量的质量）置于 100 mL 小烧杯，加入 8 mL 蒸馏水和 10 mL 王水搅拌使其完全溶解。为加快溶解速度，可以适当加热。再加 5 mL HClO₄ 溶液，加热至棕色气泡冒尽，停止加热，快速搅拌冷却。再用 6% H_2SO_4 溶液溶解并定量转移至 100 mL 容量瓶中，控制酸度在 1.6 ~ 2.7 mol·L^{-1}。

（三）样品的测定

平行移取 10 mL 样品液于 4 个锥形瓶中，分别加 0.01 mg·mL^{-1} 磷标准溶液 0.00mL、1.00mL、2.00mL、3.00 mL，加 1.5 mL 10% 的 Na_2SO_3 溶液加热至沸腾，立即加 5 mL 钼酸铵并摇匀。然后再加 20 mL NaF－SnCl₂ 摇匀，放置 1 ~ 2 分钟，流水冷却。用 6% 的 H_2SO_4 溶液定容至 50 mL 容量瓶。以试剂空白为参比，1 cm 比色皿，在波长为 680 nm 时测定溶液的吸光度，作标准曲线，求算样品中磷的含量。

注意：试剂空白参比溶液的制备：在剩余显色液中滴加 3%$KMnO_4$ 至呈红色，放置 1 min 以上，然后滴加 Na_2SO_3 溶液至红色消退。

五、数据记录与处理

表2-20-1　标准加入法测定钢铁中的磷的实验数据

项目	0	1	2	3
外加磷标液（mL）	0.00	1.00	2.00	3.00
吸光度				

六、操作要点说明

（1）测定磷所用的锥形瓶，必须专用且不接触磷酸。因磷酸在高温时（100℃～150℃）能侵蚀玻璃而形成 $SiO_2 \cdot P_2O_5$ 或是 $SiO(PO_3)_2$，用水及清洁剂不易洗净，并使测定磷的结果偏高。

（2）铁、钛、锆的干扰可通过加入氟化钠掩蔽；有高价铬、钒存在时，加入亚硫酸钠将铬、钒还原为低价以消除影响。

（3）消化条件的控制：①使用氧化性的酸，不得单独使用盐酸或硫酸，必须使用具有氧化性的硝酸或硝酸及其他酸的混合酸，否则会生成气态 PH_3 而挥发，造成损失；②必须将亚磷酸转化成正磷酸，因为亚磷酸不能和钼酸生成磷钼杂多酸混合物；③消化操作一定注意不能让溶液蒸干，要边加热边摇动溶液，使之变成淡黄色固状物，否则会变成不易溶解的黑褐色的多磷化物。

（4）反应条件的控制：①控制温度。温度对测定吸光度也有影响，温度高会使测定的吸光度偏低。实验温度会影响磷钼蓝的反应，一般控制在90℃～100℃，温度太低会使磷钼杂多酸还原成钼蓝，影响结果的测定。另外，温度对测定吸光度也有影响，温度高会使测定的吸光度偏低。为了消除这种影响，在操作时，应在显色反应完成后，冷却至室温，再进行测定。②控制酸度在 $1.6 \sim 2.7 \ mol \cdot L^{-1}$。

（5）该实验中首先要将磷转化为正磷酸，样品要完全溶解成透明溶液。

七、思考题

（1）在什么情况下用标准加入法进行样品测定？它和常用的工作曲线法有什么不同？

（2）测磷的钢铁样品在溶解时是否可以单独使用盐酸或硫酸？

（3）样品在酸溶解后为什么要用 6% 的硫酸转移定容而不用蒸馏水？

（4）处理好的样品溶液在进行反应时为什么要控制温度？

实验二十一　槐花米中芦丁的提取、纯化及鉴定

一、实验目的

（1）熟悉热过滤及重结晶提纯固体物质的原理和方法。

（2）学习从天然产物中提取芦丁的原理和方法，掌握芦丁的纸色谱检验操作。

（3）通过芦丁的提取与精制，培养学生从天然产物中提纯有机物的能力。

（4）通过芦丁的提取实验，教育学生学会思考、善于分析、节约资源、变废为宝。

二、实验原理

槐花米为豆科植物槐花的未开放花蕾，味苦性凉，具有清热、凉血、止血之功。其主要化学成分为芦丁，含量可达 12% ~ 16%。芦丁是糖苷类化合物，又称芸香苷、芸香苷、维生素 P、紫槲皮苷、路丁、路丁粉、路通、络通、紫皮苷等，是由槲皮素 3 位上的羟基与芸香糖（为葡萄糖与鼠李糖组成的双糖）脱水合成的苷，属于黄酮类物质，具有调节毛细血管壁渗透性的作用，可降低毛细管前壁的脆性和调节渗透性，有助于保持及恢复毛细血管的正常弹性，临床上用于毛细管脆性引起的出血症，并常用作防治高血压病的辅助治疗剂。芦丁常含 3 个分子的结晶水，呈淡黄色，针状结晶，熔点为 174℃ ~ 178℃，无水物的熔点为 188℃。芦丁在冷水中的溶解度为 1:10000，沸水中为 1:200，冷乙醇中为 1:650，沸乙醇中为 1:60；易溶于碱性水溶液，微溶于丙酮、乙酸乙酯，难溶于酸性水溶液，几乎不溶于苯、乙醚、氯仿等。

本实验主要是利用芦丁含有较多的酚羟基，易溶于碱性水溶液，加酸酸化后又可析出结晶的性质，采用碱溶酸沉法提取。然后，利用芦丁在不同温度水中的溶解度不同，进行重结晶提纯精制。芦丁是糖苷类化合物，其糖苷键在酸性条件下可水解，生成槲皮素及葡萄糖、李糖，可用纸色谱进行鉴定。常用乙酸乙酯∶甲酸∶水（6∶1∶3）或正丁醇∶冰醋酸∶水（4∶1∶5）做展开剂。

三、主要仪器与试剂

仪器：250 mL 烧杯、500 mL 烧杯、抽滤瓶、布氏漏斗、表面皿、毛细管、铅笔、直尺、色谱滤纸（中速、20 cm × 7 cm）、色谱缸、烘箱等。

试剂：槐花米、0.4% 硼砂溶液、石灰乳、浓盐酸、滤纸、pH 试纸、95% 乙醇、展开剂（乙酸乙酯：甲酸：水 =6：1：3）、显色剂（质量分数 2% 的三氯化铝喷雾）、槲皮素、饱和芦丁标准品乙醇溶液、饱和槲皮素标准品乙醇溶液、25% 氧氯化锆甲醇试剂、镁粉、2% 枸橼酸甲醇试剂等。

四、实验步骤

（一）粗芦丁的提取

称取 10 g 槐花米，置于 250 mL 烧杯中，加入 100 mL 0.4% 硼砂溶液中，煮沸，在搅拌下缓缓加入石灰乳调节至 pH 为 8 ~ 9，在该 pH 下保持微沸 20 ~ 30 分钟，趁热抽滤。残渣再加 50 mL 蒸馏水，同上法再煎一次，趁热抽滤。合并滤液，在 60℃ ~ 70℃下用浓盐酸调至 pH 为 4 ~ 5，使沉淀完全，抽滤。沉淀用少量蒸馏水洗涤，抽干。在 60℃ 环境下干燥，得粗芦丁，称量，计算产率。

（二）芦丁的精制

将粗芦丁置于 500 mL 烧杯中，加入适量蒸馏水，加热煮沸，煮沸至芦丁全部溶解，趁热抽滤。滤液静置，充分冷却，析出芦丁晶体，抽滤，产品用蒸馏水洗涤，于 70℃ ~ 80℃烘干，称重，得芦丁产品并计算产率。粗芦丁为土黄色粉末，精制后的芦丁产品一般为淡黄色粉末。

（三）芦丁的水解

取芦丁产品 1 g，研碎，加 2% 硫酸溶液 80 mL，小火加热，微沸回流 30 ~ 60 分钟，并及时补充蒸发掉的水分。在加热过程中，开始时溶液呈浑浊状态，约 10 分钟后，溶液由浑浊转为澄清，逐渐析出黄色小针状结晶，即水解产物槲皮素，继续加热至结晶物不再增加时为止。抽滤，保留滤液 20 mL，以检查滤液中的单糖。所滤得的槲皮素粗晶水洗至中性，加 95% 乙醇 80 mL 加热回流使之溶解，趁热抽滤，放置析晶。抽滤，得精制槲皮素。减压在 110℃ 环境中干燥，可得槲皮素无水化合物。

（四）芦丁的纸色谱检验

由于芦丁是糖苷类化合物，在酸性条件下可水解生成槲皮素及葡萄糖、李糖等，可用纸色谱进行鉴定。

样品：饱和芦丁自制品乙醇溶液。

对照品：饱和芦丁标准品乙醇溶液和饱和槲皮素标准品乙醇溶液。

支持剂：色谱滤纸（中速，20cm×7cm）。

展开剂：乙酸乙酯：甲酸：水（6：1：3）。

显色剂：质量分数2%的三氯化铝喷雾。

理论上在色谱检验中，对照品饱和槲皮素标准品乙醇溶液有明显显色现象，饱和芦丁标准品乙醇溶液显色不明显；样品饱和芦丁自制品乙醇溶液有显色，但其显色最高点和槲皮素显色点高度不一致。

（五）芦丁、槲皮素及糖的检识（颜色反应）

1. α-萘酚-浓硫酸实验

取芦丁少许置于试管中，加乙醇1 mL振摇，加α-萘酚试剂2～3滴振摇，倾斜试管，沿管壁徐徐加入0.5 mL浓硫酸，静置，观察两层溶液界面的变化。出现紫红色为阳性反应，表示试样的分子中含有糖的结构，糖和苷类均呈阳性反应，比较芦丁和槲皮素的不同。

2. 盐酸-镁粉实验

取芦丁少许置于试管中，加5%乙醇2 mL，在水浴中加热溶解，滴加浓盐酸2滴，再加镁粉约50 mg，即产生剧烈的反应。溶液逐渐由黄色变为红色。

3. 三氯化铁试验

取样品水或乙醇液，加入三氯化铁试剂数滴，观察颜色变化。

4. 三氯化铝实验

取芦丁少许置于试管中，加入甲醇1～2 mL，在水浴中加热溶解，加1%三氯化铝甲醇试剂2～3滴，溶液呈鲜黄色。以同样方法检验槲皮素。

5. 醋酸镁实验

取芦丁少许置于试管中，加入甲醇1～2 mL，在水浴中加热溶解，加1%醋酸镁甲醇试剂2～3滴，溶液呈黄色荧光反应。以同样方法实验槲皮素（反应也可在滤纸上进行，观察荧光）。

6. 氧氯化锆-枸橼酸实验

取芦丁少许置于试管中，加甲醇1～2 mL，在水浴上加热溶解，再加2%氧氯化锆甲醇试剂3～4滴，溶液呈鲜黄色。然后加2%枸橼酸甲醇试剂3～4滴，黄色变浅，加蒸馏水稀释变无色。以同样方法实验槲皮素进行对照。

7. 与氢氧化钠实验

取芦丁少许置于试管中，加水 2 mL 振摇，观察试管中有无变化。滴加 1% 氢氧化钠溶液数滴，振摇使之溶解，溶液呈黄色澄清。再加入 1% 盐酸溶液数滴使之呈酸性反应，溶液由澄清转为浑浊。

五、操作要点说明

（1）本实验采用碱溶酸沉法从槐花米中提取芦丁，操作简便。在提取前应注意将槐花米略捣碎，使芦丁易于被热水溶出。槐花中含有大量黏液物质，加入石灰乳使其生成钙盐沉淀除去。pH 应严格控制在 8 ~ 9，不得超过 10。因为在强碱条件下煮沸，时间稍长可促使芸香苷水解破坏，使提取率明显下降。酸沉一步 pH 最低为 2 ~ 3，不宜过低，否则会使芦丁形成盐溶于水，降低产率。

（2）提取过程中加入硼砂水溶液的作用：既能调节碱性水溶液的 pH，又能保护芸香苷分子中的邻二酚羟基不被氧化，亦能保护邻二酚羟基不与钙离子络合，使芸香苷不受损失。

（3）粗芦丁中会混有杂质，所以颜色较精制后芦丁深。

（4）实验所需槐花米粉碎太细会导致抽滤十分缓慢，因而本实验可以用纱布代替滤纸。

（5）纸色谱显色：制备标准溶液时，芦丁浓度太低或混有杂质都可能无法显色。

六、思考题

（1）提取芦丁的过程中在水中加入硼砂的作用是什么？

（2）在色谱检验中，样品饱和芦丁自制品乙醇溶液有显色，但其显色最高点为什么和槲皮素显色点高度不一致？

实验二十二　葡萄糖酸锌的制备与质量分析

一、实验目的

（1）了解葡萄糖酸锌的生物活性，掌握葡萄糖酸锌的制备原理和方法。

（2）掌握蒸发、浓缩、减压过滤、重结晶等操作。

（3）了解葡萄糖酸锌的质量分析方法。

（4）通过对微量元素重要性的学习，教育学生重视细微之处，深刻体会"不以恶小而为之不以善小而不为""细微之处见风范，毫厘之优定乾坤"的意义。

二、实验原理

葡萄糖又称为血糖、玉米葡糖、玉蜀黍糖，甚至简称为葡糖，分子式为 $C_6H_{12}O_6$，是自然界分布最广且最为重要的一种单糖，它是一种多羟基醛。纯净的葡萄糖为无色晶体，有甜味但甜味不如蔗糖，宜溶于水，微溶于乙醇，不溶于乙醚。水溶液旋光向右，故亦称"右旋糖"。葡萄糖在生物学领域具有重要地位，是活细胞的能量来源和新陈代谢的中间产物。根据结构组成可知，葡萄糖具有醛和醇的性质（有一个醛基，有多个羟基），与果糖互为同分异构体。葡萄糖是多羟基的醛，所以具有羟基和醛基的性质，具有还原性和氧化性。

锌是人体必需的微量元素之一，它具有多种生物作用，可参与核酸和蛋白质的合成，能增强人体免疫力，促进儿童生长发育。人体缺锌会造成生长停滞、自发性味觉减退和创伤愈合不良等严重问题，从而引发多种疾病。葡萄糖酸锌通常为白色结晶或颗粒性粉末，无臭，味微涩，易溶于水，不溶于无水乙醇、三氯甲烷或乙醚等有机溶剂。葡萄糖酸锌作为补锌药，具有见效快、吸收率高、副作用小、使用方便等优点。另外，葡萄糖酸锌作为添加剂，在儿童食品、糖果、乳制品中的应用也日益广泛。临床上，葡萄糖酸锌适用于小儿厌食症、各种皮肤痤疮、复发性阿弗口腔溃疡等缺锌性疾病的治疗。

合成葡糖糖酸锌的方法有多种，最常见的两种方法是：第一，以葡萄糖为原料，用曲霉菌发酵，经分离、提纯后与氧化锌或氢氧化锌中和即可，也可由葡萄糖经空气氧化，再与氢氧化钠溶液转化为葡萄糖酸钠，经强酸性阳离子交换树脂转化为高纯度的葡萄糖酸溶液，最后与氧化锌或氢氧化锌反应制得；第二，由葡萄糖与二价锌离子结合，经酸化、纯化、中和、结晶等过程制得。

本实验采用以葡萄糖酸钙、浓硫酸、氧化锌为主要原料制备葡萄糖酸锌的间接合成法，该方法工艺简单，条件易控制，产品产量高，质量也高。葡萄糖酸钙与硫酸锌可以直接反应如下：

$$Ca(C_6H_{11}O_7)_2 + ZnSO_4 = Zn(C_6H_{11}O_7)_2 + CaSO_4 \downarrow$$

过滤除去 $CaSO_4$ 沉淀，滤液经浓缩可得无色或白色的葡萄糖酸锌结晶。

采用配位滴定法，在 NH_3–NH_4Cl 缓冲液存在下用 EDTA 标准溶液滴定葡萄糖酸锌样品，根据消耗的 EDTA 的体积可计算葡萄糖酸锌的含量。

三、主要仪器与试剂

仪器：恒温水浴装置、抽滤装置、电子天平、蒸发皿、量筒（10 mL、100 mL）、烧杯（100 mL、250 mL）、酒精灯、温度计、100 mL 容量瓶、25 mL 移液管、50 mL 酸式滴定管、250 mL 锥形瓶、活性炭等。

试剂：葡萄糖酸钙、$ZnSO_4 \cdot 7H_2O$、95% 乙醇、EDTA、基准 ZnO、浓盐酸、浓氨水、NH_3-NH_4Cl 缓冲液（pH=10）、铬黑 T 指示剂等。

NH_3-NH_4Cl 缓冲液（pH=10）的配制：称取 34 g 氯化铵溶于 150 mL 蒸馏水中，加入 285 mL 浓氨水，用蒸馏水稀释至 500 mL。

四、实验步骤

（一）葡萄糖酸锌的制备

（1）量取 40 mL 蒸馏水于烧杯中，于水浴中加热至 80℃ ~ 90℃，加入 6.7 g $ZnSO_4 \cdot 7H_2O$，搅拌使其完全溶解，再在不断搅拌下逐渐加入葡萄糖酸钙 10 g。在 90℃水浴上静置保温 20 钟后，趁热抽滤。

（2）滤液转移至烧杯中，加热近沸，加入少量活性炭进行脱色，趁热减压过滤。

（3）滤液移至蒸发皿中并在沸水浴上浓缩至黏稠状。

（4）冷却至室温，加 95% 乙醇 20 mL 并不断搅拌，此时有大量的胶状葡萄糖酸锌析出。

（5）充分搅拌后用倾泻法去除乙醇溶液，再在胶状葡萄糖酸锌上加 95% 乙醇 20 mL，充分搅拌后，沉淀慢慢转变为晶体状。

（6）抽滤至干，即得粗品葡萄糖酸锌（滤液回收），称量粗品葡萄糖酸锌质量，计算产率。

（二）葡萄糖酸锌的提纯

粗品葡萄糖酸锌加蒸馏水 10 mL，溶解，水浴加热，趁热抽滤。滤液冷至室温后，加 95% 乙醇 20 mL 充分搅拌，结晶完成后，抽滤至干，于 50℃环境中烘干，称量精制后的葡萄糖酸锌质量并计算产率。

（三）葡萄糖酸锌含量的测定

1. 0.05 mol·L^{-1} EDTA 溶液的配制

称取 5.0 g EDTA 二钠盐溶于 250 mL 蒸馏水中，溶解后保存在试剂瓶中，摇匀。

2. 0.05 mol·L⁻¹ EDTA 溶液的标定

准确称取在 800℃灼烧至恒重的基准物质 ZnO 0.9 ~ 1.0 g，置于小烧杯中，用少量去离子水润湿，逐滴加入 6 mol·L⁻¹ 盐酸至 ZnO 完全溶解，定量转入 250 mL 容量瓶中定容。准确移取 25.00 mL 置于 250 mL 锥形瓶中，边滴加 3 mol·L⁻¹ NH₃·H₂O 边摇动锥形瓶至刚出现 Zn(OH)₂ 沉淀，再加 NH₃–NH₄Cl 缓冲溶液 10 mL 及铬黑 T 指示剂 2 ~ 3 滴，摇匀后用 EDTA 溶液滴定至溶液由紫红色变为纯蓝色，即达到滴定终点。记录消耗的 EDTA 溶液的体积。平行测定三次，按下式计算 EDTA 溶液的准确浓度：

$$c_{EDTA} = \frac{m_{ZnO} \times \dfrac{25.00}{250.00}}{M_{ZnO} \times \dfrac{V_{EDTA}}{1000}}$$

注：上述计算公式中 EDTA 溶液的体积单位为 mL。

3. 葡萄糖酸锌含量的测定

称取约 2.3 g 葡萄糖酸锌，加适量蒸馏水溶解后转移至 100 mL 容量瓶中定容，移取 25.00 mL 溶液于 250 mL 锥形瓶中，加 10 mL NH₃–NH₄Cl 缓冲液（pH=10.0）和铬黑 T 指示剂，用 EDTA 标准溶液（0.05 mol·L⁻¹）滴定至溶液自紫红色刚好转变为纯蓝色为止，记录所用 EDTA 标准溶液的体积（mL）。平行测定三次，计算葡萄糖酸锌的含量（参考下列公式）。

$$w_{葡萄糖酸锌} = \frac{c_{EDTA} \times V_{EDTA} \times M_{葡萄糖酸锌}}{\dfrac{1}{4} \times m \times 1000} \times 100\%$$

注：上述计算公式中 EDTA 溶液的体积单位为 mL。

五、实验数据记录与处理

（一）葡萄糖酸锌的制备

表 2-22-1 葡萄糖酸锌制备实验数据

项目	结果
理论产品的质量（g）	
粗产品的质量（g）	
精制产品的质量（g）	
精制产品的产率（%）	

（二）0.05 mol·L⁻¹ EDTA 溶液的标定

表 2-22-2　EDTA 溶液标定实验数据

项目	1	2	3
M_{ZnO}（g）			
V（mL）			
V（mL）			
C_{EDTA}			
$C_{平均}$（mol·L−1）			
$X = \dfrac{c}{m} \times 100\ \%$			

（三）葡萄糖酸锌含量的测定

表 2-22-3　葡萄糖酸锌含量测定实验数据

项目	1	2	3
称取葡萄糖酸锌的质量（g）			
V（mL）			
V（mL）			
ω（%）			
$X = \dfrac{c}{m} \times 100\ \%$			

六、思考题

（1）在葡萄糖酸锌的制备过程中，为什么要进行热过滤？

（2）在沉淀与结晶葡萄糖酸锌时，加入 95% 乙醇的作用是什么？

（3）葡萄糖酸锌的制备为什么必须在热水浴中进行？

第三部分　设计研究型实验

第三部分以研究型实验为主，共有23个实验。该部分实验主要包括物质的合成制备、某有效成分或有毒有害物质的定性或定量分析、物质的提取和纯化等。在能力培养方面，通过研究型实验，培养学生针对提出问题进行独立思考的能力，以及解决问题的能力和科学创新的能力。在价值引领方面，不仅培养学生的创新精神和刻苦专研精神，更是通过引入多个与日常生活息息相关的实验案例，将"绿水青山就是金山银山"的可持续发展思想贯穿其中，进一步促使学生养成节约资源、保护环境的习惯，增强学生的政治意识、大局意识、核心意识、看齐意识。

思政触点五：测定鸡蛋壳中钙镁的总含量（实验十三）——激发学生学习兴趣，引导学生深入思考，变废为宝，节约资源，绿色环保。

随着人们生活水平的不断提高，对蛋类的消耗量与日俱增，因此产生了大量的蛋壳。如果将蛋壳随意丢弃，会严重污染环境。因此，加强对鸡蛋壳的利用，不仅能得到很好的经济利益，还能保护环境。该实验将研究对象设置为学生熟悉的鸡蛋壳，有助于拉近学生与实验课的距离，激发学生的学习兴趣，引导学生深入思考。通过讲解大量丢弃的蛋壳污染环境，让学生了解乱扔垃圾的危害；通过让学生设计实验对鸡蛋壳中钙、镁含量的测定，锻炼学生的思考能力和对前面学习知识的综合应用能力。同时，学生通过对蛋壳的研究，了解蛋壳的应用价值，增强节约资源、保护环境的意识，树立"变废为宝"的绿色化学理念。

思政触点六：水样中化学耗氧量的测定（实验二十三）——树立和践行"绿水青山就是金山银山"的可持续发展理念。

在地球上，海洋总面积占地球表面积的70%以上，水更是人们日常生活必不可少的资源。水中的耗氧量是指每升水中在一定条件下被氧化剂氧化时消耗的氧化剂量，折算为氧的毫克数表示还原性物质。水中还原性物质虽然有多种，但最主要的是有机物，因此耗氧量能间接反映水受到有机物污染的程度，是评价水体受有机物污染总量的一项综合指标。该实验的设置使学生能够了解耗氧量与水污染程度的关系；通过对污染程度不同水样中化学耗氧量的测定，进一步引导学生树立和践行"绿水青山就是金山银山"的可持续发展理念，进一步促使学生养成保护环境的习惯，增强学生的大局意识。

一、开设设计研究型实验的目的

（1）通过设计方案和实验，巩固前面学习的实验知识与技能。

（2）锻炼查阅资料的能力，通过研究实验方案，培养学生阅读文献以及获取和处理信息的能力。

（3）加深对科学探究的认识，提高学生提出问题、做出假设、制订并实施探究计划、处理数据和分析探究结果的能力。

（4）培养学生灵活运用所学理论和实验知识解决实际问题的能力，为后续学习或研究奠定基础。

（5）让学生体验化学实验的乐趣，培养学生勤于思考、团结合作、勇于实践的科学精神。

二、设计研究型实验的基本要求

（1）实验方案要有科学的理论依据。学生在查阅参考资料的基础上设计实验方案。

（2）经教师审阅合格后方可进行实验。学生设计的实验方案是否合理，是否能在实验室条件下安全进行，指导教师要对学生的实验方案进行审阅，以保障学生的实验质量。

（3）依据实验方案进行实验。如果实际实验过程与实验方案不一致，应以实际实验过程为准书写实验报告。

（4）提交实验报告。实验报告应该包括以下几部分：实验题目、实验原理、所需主要仪器及试剂、实验步骤、数据记录和结果分析、注意事项、误差分析、心得体会、参考文献。

实验一　食醋总酸度的测定

一、目的要求

（1）综合应用滴定管、容量瓶、移液管的使用方法和滴定操作等基础实验知识。

（2）巩固氢氧化钠标准溶液的配制和标定方法。

（3）巩固强碱滴定弱酸的反应原理及指示剂的选择。

（4）锻炼学生应用基础实验知识解决实际问题的能力，以及举一反三的思考方式。

二、设计提示

（1）食醋的主要成分是什么？"食醋总酸度的测定"问题的实质仍然是测定食醋中醋酸的量。测定酸的量可以使用酸碱滴定法，也可以使用酸度计测定。设计目的中已经提出应用滴定操作，所以该实验中应该使用酸碱滴定的方法进行测定。

（2）常用的碱液氢氧化钠是否能通过氢氧化钠固体直接配制标准溶液呢？如果不能，应该如何标定？

（3）用氢氧化钠标准溶液滴定食醋的最终产物主要是什么？选用哪种指示剂比较好？

实验二　食品中粗脂肪的测定

一、目的要求

（1）了解脂肪的组成成分，巩固萃取实验操作。

（2）巩固样品预处理的方法以及烘干、恒重等操作。

（3）锻炼学生综合应用知识的能力以及不同实验方法间的比较和取舍的能力。

二、设计提示

脂肪俗称"油脂"，主要成分是脂类。根据有机化学知识我们知道，脂类化合物可以发生水解，也能够被其他有机溶剂溶解。食品中的脂肪既有游离态的又有结合态的，在食品分析中测定脂肪的方法有很多种，如索氏提取法、盖勒氏法、罗斯－哥特里法、巴布科克氏法、酸水解法等。不同的测试方法各有优缺点，结合实际测量的食物，选择合适的测量方法。

实验三　荧光黄和亚甲基蓝的分离

一、目的要求

（1）了解有机物分离的常用方法，掌握用色谱分析的方法分离有机物。

（2）掌握薄层分析和柱色谱分析的原理、方法和应用。

（3）掌握薄层分析和柱色谱分离的基本操作。

（4）在实验条件允许的前提下，可以使用液相色谱仪和气相色谱仪，以便熟悉色谱仪的使用。

（5）通过该实验进一步培养学生灵活运用知识的能力；大型仪器设备的应用有助于激发学生学习科学技术的兴趣，培养学生科技报国的家国情怀和使命担当。

二、设计提示

（1）荧光黄和亚甲基蓝都是常用的染料，可以用作化学分析的指示剂、生物染色剂等。查找荧光黄和亚甲基蓝的分子结构式、溶解性、分子的极性等物理、化学性质。根据荧光黄和亚甲基蓝的极性以及不同有机溶剂的极性，通过薄层色谱法点板展开后寻找合适的展开剂，之后再进行柱色谱分离。在用柱色谱分离有机物时，根据相似相溶原理，混合物中在固定相中溶解度大的物质后出柱，保留时间长，难被洗脱。

（2）色谱柱大小的选择。色谱柱的大小取决于被分离物的量和吸附性。一般的规格为：柱的直径为其长度的 1/10 ～ 1/4，实验室中常用的色谱柱，其直径在 0.5 ～ 10 cm。当吸附物的色层带占吸附剂高度的 1/10 ～ 1/4 时，此色谱柱已经可做色谱分离了。色谱柱或酸滴定管的活塞不宜涂润滑脂，以避洗脱时混入样品中。

（3）色谱柱填装紧密与否，对分离效果有很大影响。若柱中留有气泡或各部分松紧不匀，会影响渗滤速度和显色的均匀。但是，如果填装时过分敲击，又会因太紧密而流速太慢。

（4）若流速太慢，可将接收器改成小吸滤瓶，安装合适的塞子，接上水泵，用水泵减压保持适当的流速。也可在色谱柱上端安一导气管，后者与气袋或双链球相连，中间加一螺旋夹。利用气袋或双链球的气压对色谱柱施加压力。用螺旋夹调节气流的大小，这样可加快洗脱的速度。

（5）如果应用色谱仪，首先应该摸索合适的分离条件，设置合适的参数。

实验四　紫外－分光光度法测混合物中维生素 C 和维生素 E 的含量

一、目的要求：

（1）了解紫外－分光光度计的原理及应用，用紫外－分光光度法测混合物中维生素 C 和维生素 E 的含量。

（2）结合前面对紫外光谱测定单体系组分的实验，探究在紫外光谱区同时测定双组分体系。

（3）独立查找文献材料，了解维生素 C 和维生素 E 的性质及应用。

（4）通过对维生素含量的测定，让学生了解维生素的重要性，进而认识到人民群众健康和国民身体素质的重要性，引导学生正确认识劳动者素质和国家生产力发展的关系。

二、设计提示

（1）维生素是人和动物为维持正常的生理功能而必须从食物中获得的一类微量有机物质。它既不参与构成人体细胞，也不为人体提供能量，却是维持身体健康所必需的一类有机化合物，在人体生长、代谢、发育过程中发挥着重要的作用。

（2）维生素是个庞大的家族，现阶段所知的维生素就有几十种，大致可分为脂溶性和水溶性两大类。维生素 C 又叫 L－抗坏血酸，是一种水溶性维生素，能够治疗坏血病，并且具有酸性，在柠檬汁、绿色植物及番茄中含量很高。维生素 E 是所有具有 α－生育酚活性的生育酚和生育三烯酚及其衍生物的总称，又名生育酚，是一种脂溶性维生素，主要存在于蔬菜、豆类之中，在麦胚油中含量最丰富。通过结构分析维生素 C 是水溶性、维生素 E 是酯溶性的原因，从而寻找合适的溶剂。

（3）维生素 C 和维生素 E 具有还原性，易被氧化。

（4）配制标准溶液，绘制标准曲线。根据未知样品的吸光度，确定维生素 C 和维生素 E 的含量。

实验五　苯乙酮的制备

一、目的要求

（1）应用理论知识傅克酰基化制备苯乙酮。

（2）合理设计实验方案，熟练应用无水操作、吸收、搅拌、回流、滴加等基本操作。

（3）培养学生具备独立合成简单有机物的能力。

二、设计提示

（1）1877 年法国化学家 Friedel 和美国化学家 Craffs 发现了制备烷基苯和芳酮的反应，简称为傅克反应。制备烷基苯的反应叫傅克烷基化反应，制备芳酮的反应叫傅克酰基化反应。

（2）查找傅克酰基化制备芳酮的原理，了解反应的机理。

（3）查找傅克酰基化制备芳酮的合成方法，制定实验方案。

（4）在苯乙酮的制备中，水和潮气对实验有何影响？在仪器装置和操作中应注意哪些事项？实验前，应查找主要反应试剂和产物的物理常数以及主要步骤、注意事项，保证实验顺利进行。

实验六　乙酸正丁酯的制备

一、目的要求

（1）参考已学习的乙酸乙酯的制备实验，进一步巩固酯类化合物制备的原理和方法。

（2）学习分水器的使用方法。

（3）探究不同催化剂对乙酸正丁酯的合成催化效果。

二、设计提示

（1）乙酸正丁酯是一种重要的有机化工原料，也是染料、香料等的重要中间体，广泛应用于涂料、制革、香料、医药等工业。

（2）传统的酯化方法是浓硫酸作催化剂直接酯化，但存在硫酸用量大、反应选择性差、副反应多、设备腐蚀、废酸污染等问题。

（3）近年来，国内外开发了一系列新型催化剂，其中包括一水合硫酸氢钠、三氯化铝、十二水硫酸铁铵等。

（4）乙酸和正丁醇在有催化剂的条件下制备乙酸正丁酯，该反应是可逆反应，正向反应产物除乙酸正丁酯，还有水。

实验七　三草酸合铁（3）酸钾的制备

一、目的要求

（1）了解配合物制备的一般方法。

（2）巩固已学习的硫酸亚铁铵制备实验。

（3）培养学生应用所学知识合成简单配合物的能力。

二、设计提示

（1）$K_3[Fe(C_2O_4)_3] \cdot 3H_2O$（$M = 491$ g/mol）为翠绿色单斜晶体，溶于水，在 0℃下溶解度为 4.7g/100g，在 100℃下为 117.7g/100g，难溶于乙醇，在 110℃下失去结晶水，在 230℃时分解。该配合物对光敏感，遇光照射发生分解。

（2）三草酸合铁（3）酸钾是制备负载型活性铁催化剂的主要原料，也是一些有机反应的良好催化剂，在工业上具有一定的应用价值。它的合成工艺路线有多种。例如，可用三氯化铁或硫酸铁与草酸钾直接合成三草酸合铁（3）酸钾，也可以铁为原料制得硫酸亚铁铵，加草酸制得草酸亚铁后，在过量草酸根存在的情况下用过氧化氢制得三草酸合铁（3）酸钾。

实验八　三草酸合铁（3）酸钾的组成测定

一、目的要求

（1）掌握用 $KMnO_4$ 法测定 $C_2O_4^{2-}$ 与 Fe^{3+} 的原理和方法。

（2）采用化学分析法定性分析 $K_3[Fe(C_2O_4)_3] \cdot 3H_2O$ 的组成。

（3）通过定量分析确定 Fe^{3+} 与 $C_2O_4^{2-}$ 的配位比。

（4）通过三草酸合铁（3）酸钾组成的测定实验，培养学生应用化学方法定性和定量分析物质组成的能力。

二、设计提示

（1）$K_3[Fe(C_2O_4)_3] \cdot 3H_2O$ 溶于水，在 0℃下溶解度为 4.7 g/100g，在 100℃下为 117.7 g/100g，难溶于乙醇，在 110℃下失去结晶水，在 230℃时分解。

（2）K^+ 与（$Na_3[Co(NO_2)_6]$）在中性或稀醋酸介质中，生成亮黄色的 $K_2Na[Co(NO_2)_6]$ 沉淀。

（3）用 $KMnO_4$ 滴定法测定产品中的 Fe^{3+} 含量和 $C_2O_4^{2-}$ 的含量。

（4）锌粉能将 Fe^{3+} 还原为 Fe^{2+}。

实验九　离子选择电极法测定水中氟的含量

一、目的要求

（1）巩固酸度计的使用原理和方法。

（2）正确使用氟离子选择电极。

（3）用标准工作曲线法测定水中氟离子的含量。

二、设计提示

（1）自从氟离子选择电极问世以来，用该电极直接电位法测定各种水样中的氟便是一种普遍、方便和准确的方法。

（2）当溶液的离子强度为定值时，电池的电动势 E 与溶液 F^- 浓度有确定的关系：

$$E = K + \frac{2.303RT}{F} \lg c_{F^-}$$

E 与 $\lg c_{F^-}$ 成线性关系，因而可以用直接电位法测定 F^- 的浓度。

实验十　葡萄总酸度的测定

一、目的要求

（1）灵活运用酸碱滴定方法测定水果的酸度。

（2）进一步巩固标准溶液的配制和指示剂的选择。

二、设计提示

（1）选择合适的指示剂，运用酸碱滴定的原理判断滴定终点。

（2）葡萄预处理。

实验十一 从红辣椒中提取红色素

一、目的要求

（1）巩固萃取、蒸馏、升华等基础操作的运用。

（2）活学活用"相似相溶"原理，能将所学的萃取知识应用到具体实例中，选择合适的萃取剂。

（3）天然植物色素无毒副作用，应用前景广阔，探究天然植物色素的提取和应用。

二、设计提示

（1）色素作为一种着色剂，广泛应用于食品、化妆品等与日常生活密切相关的行业。天然植物色素与人工合成色素相比，因其原料来源充足，对人体无毒副作用，日益受到人们的重视，有着广阔的发展前景。

（2）萃取法的原理：利用物质在两种互不相溶（或微溶）的溶剂中溶解度或分配比的不同达到分离、提取或纯化目的。从固体中萃取有机物，通常是用长期浸出法，靠溶剂长期的浸润溶解而将固体物质中需要的成分浸出来。萃取溶剂的选择应根据被萃取化合物的溶解度而定，同时要易于和溶质分开，所以最好用低沸点溶剂。

实验十二 饮料中维生素 C 的测定

一、目标要求

（1）了解维生素 C 的还原性及其含量的测定方法。

（2）能将所学的测定维生素 C 的方法、原理和操作技能应用于具体食品中。

二、设计提示

（1）维生素 C 又称抗坏血酸，具有还原性，可被 I_2 定量氧化，因而可用 I_2 标准溶液直接测定。用淀粉溶液作指示剂，若溶液突变成蓝色，则滴定终点到达。

（2）I_2 标准溶液的标定一般用间接碘量法。

实验十三　测定鸡蛋壳中钙、镁的总含量

一、目的要求

（1）进一步复习巩固配合（络合）滴定分析的方法与原理。

（2）复习使用配合掩蔽排除干扰离子影响的方法。

（3）学习"变废为宝"的绿色化学理念。

（4）通过日常生活中的实物进行实验操作，全面提高学生分析、解决问题的能力。

二、设计提示

（1）蛋壳中含有大量的钙、镁、铁、钾等元素，主要以碳酸钙的形式存在，其余还有少量镁、钾和微量铁、铝等。

（2）在pH=10时，加入掩蔽剂三乙醇胺使之与 Fe^{3+}、Al^{3+} 等离子生成更稳定的配合物。

实验十四　阿司匹林片中乙酰水杨酸含量的测定

一、目的要求

（1）了解阿司匹林药片中乙酰水杨酸含量的测定原理和方法。

（2）探究利用滴定法分析药品的主要成分，巩固返滴定法的原理与操作。

二、设计提示

（1）阿司匹林常用的解热镇疼药之一，其主要成分是乙酰水杨酸。乙酰水杨酸是有机弱酸，酸解离常数为 $K_a=1 \times 10^{-3}$（即 $pK_a=3.0$）。

（2）由于药片中一般都添加一定量的赋形剂，如硬脂酸镁、淀粉等不溶物，在冷乙醇中不易溶解完全，不适合直接滴定。

实验十五　从海带中提取碘

一、目的要求

（1）了解海带的营养价值及从海带中提取碘的过程。

（2）掌握萃取、抽滤、过滤的操作及有关原理。

（3）了解氧化还原反应在实验中的应用。

（4）通过该设计实验，让学生认识到海洋资源的重要性，培养学生爱护环境、节约资源的意识。

二、设计提示

（1）海带又名纶布、昆布、江白菜，成本低廉，营养丰富，是一种重要的海生资源。在海带的功效中，预防和治疗甲状腺肿是不容忽视的，这与海带中含有丰富的碘是分不开的。人体缺碘会患甲状腺肿；幼儿缺碘，大脑和性器官不能充分发育，身体矮小，智力迟钝，即患所谓的"呆小症"。

（2）海带中的碘元素主要以化合态的形式存在，如 KI、NaI 等。

实验十六　卡拉胶的提取

一、目的要求

（1）查找卡拉胶的分布、组成及应用等资料。

（2）根据所学知识并查找文献资料，总结卡拉胶的提取的方法。

二、设计提示

（1）海洋中大部分藻类都含有一定的藻胶，有的含有褐藻胶，如褐藻类的海带等；有的含有琼胶，如红藻类的江蓠、伊谷草、沙菜、石花菜等；还有的含有卡拉胶等。

（2）卡拉胶又名鹿角菜胶、角叉菜胶，是一类从海洋红藻中提取的海藻多糖，是一种亲水性胶体，广泛存在于角叉菜、麒麟菜、杉藻、沙菜等海藻中，为白色或淡黄色粉末，可溶于水或温水，不溶于有机溶剂，无味、无臭。

（3）卡拉胶具有凝胶、增稠、乳化、保湿、成膜及稳定分散等特性，被广泛应用于食品、轻工、化工和医药等领域。

（4）氢氧化钾处理对海藻结构的破坏较轻，胶质流失少，产品产率高。

实验十七　吸光光度法测定废水中的总磷

一、目的要求

（1）了解氧化剂消解水样的方法，巩固吸光光度法的使用。

（2）探索用吸光光度法测定水中总磷的方法。

（3）了解磷在自然界中的作用，培养学生的环保意识。

二、设计提示

（1）在天然水和废水中，磷几乎都以各种磷酸盐的形式存在，如正磷酸盐、缩合磷酸盐（焦磷酸盐、偏磷酸盐和多磷酸盐）和有机结合的磷酸盐等，存在于溶液和悬浮物中。化肥、冶铁和合成洗涤剂等行业的工业废水及生活污水中常含有大量磷，因而磷污染成为治理环境污染的重要课题。

（2）磷是生物生长的必需的元素之一，但水体中磷含量过高（如超过 0.2 mg/L）可造成藻类的过度繁殖，直至数量上达到有害的程度（称为富营养化），造成湖泊、河流透明度降低，水质变坏。为了保护水质，控制危害，在环境监测中，总磷已被列入正式的监测项目。

（3）总磷分析方法一般由两个步骤组成：第一步，可用氧化剂过硫酸钾、硝酸－高氯酸或硝酸－硫酸等将水样中不同形态的磷转化为正磷酸盐；第二步，测定正磷酸盐（常用钼锑抗钼蓝光度法、氯化亚锡钼蓝光度法以及离子色谱法等），从而求得总磷含量。

实验十八　柑橘皮中果胶的提取及应用

一、目的要求

（1）了解柑橘皮中的天然产物的组分和果胶的性质。

（2）熟练应用萃取的原理提取自然界中的有机物质。

（3）结合食品专业知识，探讨果胶的检验方法和应用。

（4）通过该实验，深刻理解"取其精华去其糟粕"的道理。

二、设计提示

（1）天然果胶类物质以原果胶、果胶、果胶酸的形态广泛存在于植物的果实、根、茎、叶中，是细胞壁的一种组成成分，它们伴随纤维素而存在，构成相邻细胞中间层的黏结物，使植物组织细胞紧紧黏结在一起。在可食的植物中，许多蔬菜、水果含有果胶。柑橘、柠檬、柚子等果皮中约含有 30% 的果胶，是果胶最丰富的来源。

（2）原果胶是不溶于水的物质，但可在酸、碱、盐等化学试剂及酶的作用下，加水分解转变成水溶性果胶。水溶性果胶是一种组聚半乳糖醛酸，是由半乳糖醛酸组成的多糖混合物，含有许多甲基化的果胶酸。在适宜条件下其溶液能形成凝胶，部分发生甲基氧化。

（3）果胶的提取主要采用传统的无机酸提取法（酸萃取法）。

实验十九　橘皮中水溶性色素和脂溶性色素的提取

一、目的要求

（1）了解柑橘皮中的天然产物的组分和色素的性质。

（2）熟练应用萃取的原理提取自然界中的有机物质，深刻理解"相似相溶"原理。

（3）结合学习过的"绿叶色素的提取""从茶叶中提取咖啡因"等提取实验，合理设计实验步骤。

（4）结合所学专业知识，总结天然植物色素的提取方法，探讨色素的应用。

（5）通过对水溶性色素和脂溶性色素的提取，让学生学会对事物进行正确的认识和明确分类，增强学生善于解决实际问题的能力。

二、设计提示

（1）柑橘皮中的色素有两种：水溶性色素和脂溶性色素。水溶性色素可用水、乙醇、甘油等极性溶剂提取；脂溶性色素可用乙醇或多种其他有机溶剂（如石油醚）提取。

（2）通常采用乙醇作提取剂将两种色素同时从柑橘皮中提出，然后再用其他有机溶剂从中萃取分离出脂溶性色素。

实验二十　葡萄糖酸钙的合成

一、目的要求

（1）了解葡萄糖酸钙的合成原理和方法。

（2）了解铝元素的作用和危害，以及铝含量的测定方法。

（3）掌握以二甲酚橙作指示剂，应用EDTA测定溶液中铝的方法。

（4）通过对溶液中铝含量的测定，培养学生养成健康的生活习惯，普及健康生活方式，推动建设健康中国。

二、设计提示

（1）葡萄糖的分子式为$C_6H_{12}O_6$，其是自然界分布最广且最为重要的一种单糖，易溶于水，微溶于乙醇，不溶于乙醚。根据结构组成可知，葡萄糖具有醛和醇的性质，具有还原性和氧化性。

（2）葡萄糖酸钙纯品为白色结晶型或颗粒型粉末，是一种促进骨骼及牙齿钙化、维持神经和肌肉正常兴奋、降低毛细血管渗透性的营养品。在食品中，葡萄糖酸钙主要用作钙强化剂、营养剂、缓冲剂、固化剂、螯合剂。

（3）葡糖糖酸钙的生产工艺主要有两种：第一种是以葡萄糖和碳酸钙混匀后加

葡萄糖氧化酶和过氧化氢酶氧化直接得到葡萄糖酸钙；第二种是由葡萄糖酸与石灰或碳酸钙中和，经浓缩而制得葡萄糖酸钙。

实验二十一 由胆矾精制五水硫酸铜

一、目的要求

（1）复习巩固结晶与重结晶提纯物质的原理和方法。

（2）了解物质的提纯方法，应用固体加热溶解、蒸发浓缩、过滤、结晶与重结晶等基本操作。

（3）掌握重结晶等基本操作，以工业硫酸铜（俗名胆矾）为原料精制五水硫酸铜。

（4）通过从胆矾精制五水硫酸铜实验，弘扬精益求精的工匠精神。

二、设计提示

（1）工业硫酸铜，俗名胆矾，其中含有不溶性杂质及 Fe^{3+}、Fe^{2+}、Cl^- 等可溶性杂质。

（2）胆矾中可溶性杂质含量较少，在结晶和重结晶过程中可以留在母液中而除去。

（3）五水硫酸铜的溶解度随温度升高而增大。

实验二十二 EDTA 测定溶液中铝的含量

一、目的要求

（1）了解二甲酚橙指示剂的使用及滴定终点颜色的变化。

（2）了解铝的作用和危害，培养健康的生活习惯。

（3）了解铝含量的测定方法，以二甲酚橙作指示剂，应用 EDTA 测定溶液中的铝。

二、设计提示

（1）铝是一种常见的金属，在人体内可以慢慢积累起来，引起的毒性缓慢并且不易察觉。然而，一旦发生代谢紊乱的毒性反应，则后果非常严重。

（2）Al^{3+} 在水中极易水解生成一系列多核羟基配合物，这些羟基配合物与 EDTA 的配位反应非常缓慢。因此，Al^{3+} 与 EDTA 反应速度很慢，对指示剂有封闭作用。

实验二十三　水样中化学耗氧量的测定

一、目的要求

（1）了解环境分析的重要性及水样的采集和保存方法。

（2）了解水样中耗氧量与水体污染的关系，培养学生的环保意识。

（3）了解化学耗氧量的测定方法，应用高锰酸钾法测定水中耗氧量的原理及方法。

二、设计提示

（1）耗氧量为每升水中在一定条件下被氧化剂氧化时消耗的氧化剂的量，折算为氧的毫克数，表示还原性物质。水中还原性物质包括无机物和有机物，主要是有机物，因而耗氧量能间接反映水体受有机物污染的程度，是评价水体受有机物污染总量的一项综合指标。

（2）根据所用氧化剂的不同，化学耗氧量的测定分为高锰酸钾法、重铬酸钾法和碘酸钾法。

（3）耗氧量也称化学需氧量（锰法），以 COD 表示，又称高锰酸钾指数。它是指以高锰酸钾为氧化剂，在一定条件下氧化水中还原性物质，将消耗高锰酸钾的量用氧表示（O_2，$mg \cdot L^{-1}$）。

附　录

附录1　化学实验室常用玻璃仪器的名称、用途和使用注意事项

名称	主要用途	使用注意事项
烧杯	配制溶液、溶解样品等	加热时应置于石棉网上，使其受热均匀，一般不可烧干
圆（平）底烧瓶	加热及蒸馏液体	一般避免直火加热，隔石棉网或各种加热浴加热
圆底蒸馏烧瓶	蒸馏，也可做少量气体发生反应器	同上
凯氏烧瓶	消解有机物质	置石棉网上加热，瓶口方向勿对向自己及他人
洗瓶	装纯化水或洗涤液	贴明标签，避免混淆
量筒（杯）	粗略地量取一定体积的液体	不能加热，不能在其中配制溶液，不能在烘箱中烘烤，操作时要沿壁加入或倒出溶液
量瓶	配制准确体积的标准溶液或被测溶液	非标准的磨口塞要保持原配；漏水的不能用；不能在烘箱内烘烤，不能用直火加热，可水浴加热
滴定管	容量分析滴定操作，分酸式、碱式	活塞要原配，漏水的不能使用，不能加热，不能长期存放碱液，碱式管不能放与橡皮作用的滴定液
微量滴定管	微量或半微量分析滴定操作	只有活塞式，其余注意事项同上
自动滴定管	自动滴定，可用于滴定液需隔绝空气的操作	除有与一般的滴定管相同的要求外，注意成套保管；另外，要配打气用双连球

名称	主要用途	使用注意事项
移液管	准确地移取一定量的液体	不能加热，上端和尖端不可磕破
吸量管	准确地移取各种不同量的液体	同上
称量瓶	矮形用于测定干燥失重或在烘箱中烘干的基准物，高形用于称量基准物、样品	不可盖紧磨口塞烘烤，磨口塞要原配
试剂瓶	细口瓶用于存放液体试剂，广口瓶用于装固体试剂，棕色瓶用于存放见光易分解的试剂	不能加热；不能在瓶内配制在操作过程放出大量热量的溶液；磨口塞要保持原配；放碱液的瓶子应使用橡皮塞，以免日久打不开
滴瓶	装需滴加的试剂	同上
锥形瓶	加热处理试样和容量分析滴定	除有与上面相同的要求，磨口锥形瓶加热时还要打开瓶塞，非标准磨口要保持原配瓶塞
碘瓶	碘量法或其他生成挥发性物质的定量分析	同上
漏斗	长颈漏斗用于定量分析，过滤沉淀；短颈漏斗用作一般过滤	—
分液漏斗	分开两种互不相溶的液体，用于萃取分离和富集（多用梨形），制备反应中加液体（多用球形及滴液漏斗）	磨口旋塞必须原配，漏水的漏斗不能使用
砂芯漏斗	一种耐酸玻璃过滤仪器	使用时注意滤板两面的正负压差有一定要求；在使用时不宜过滤氢氟酸、热浓磷酸、热或冷的浓碱液；使用后滤板上附着沉淀物时，可用蒸馏水冲净，必要时可根据沉淀物性质选用适当的洗涤液先做处理，再以蒸馏水冲净，烘干
试管	定性分析检验离子，离心试管可在离心机中借离心作用分离溶液和沉淀	硬质玻璃制的试管可直接在火焰上加热，但不能骤冷，离心管只能水浴加热
比色管	比色、比浊分析	不可直火加热；非标准磨口塞必须原配；注意保持管壁透明，不可用去污粉刷洗

名称	主要用途	使用注意事项
冷凝管	直形用于冷却蒸馏出的液体，蛇形适用于冷凝低沸点液体蒸气，空气冷凝管用于冷凝沸点在150℃以上的液体蒸气	不可骤冷骤热；注意从下口进冷却水，上口出水
抽滤瓶	抽滤时接收滤液	属于厚壁容器，能耐负压，不可加热
表面皿	盖烧杯及漏斗等	不可直火加热，直径要略大于所盖容器
研钵	研磨固体试剂及试样等，不能研磨与玻璃作用的物质	不能撞击，不能烘烤
干燥器	保持烘干或灼烧过的物质的干燥，也可干燥少量制备的产品	底部放变色硅胶或其他干燥剂，干燥器盖磨口处涂适量凡士林；不可将红热的物体放入，放入热的物体后要时时开盖以免盖子跳起或冷却后打不开盖子
标准磨口组合仪器	有机化学及有机半微量分析中物质制备及分离	磨口处勿需涂润滑剂，安装时不可受歪斜压力，要按所需装置配齐购置

附录 2　实验室常用的酸碱指示剂

序号	名称	pH 变色范围	酸色	碱色	pKa	浓度
1	甲基紫（第一次变色）	0.13 ~ 0.5	黄	绿	0.8	0.1% 水溶液
2	甲酚红（第一次变色）	0.2 ~ 1.8	红	黄	—	0.04% 乙醇（50%）溶液
3	甲基紫（第二次变色）	1.0 ~ 1.5	绿	蓝	—	0.1% 水溶液
4	百里酚蓝（第一次变色）	1.2 ~ 2.8	红	黄	1.65	0.1% 乙醇（20%）溶液
5	茜素黄 R（第一次变色）	1.9 ~ 3.3	红	黄	—	0.1% 水溶液

序号	名称	pH 变色范围	酸色	碱色	pKa	浓度
6	甲基紫（第三次变色）	2.0 ~ 3.0	蓝	紫	—	0.1% 水溶液
7	甲基黄	2.9 ~ 4.0	红	黄	3.3	0.1% 乙醇（90%）溶液
8	溴酚蓝	3.0 ~ 4.6	黄	蓝	3.85	0.1% 乙醇（20%）溶液
9	甲基橙	3.1 ~ 4.4	红	黄	3.40	0.1% 水溶液
10	溴甲酚绿	3.8 ~ 5.4	黄	蓝	4.68	0.1% 乙醇（20%）溶液
11	甲基红	4.4 ~ 6.2	红	黄	4.95	0.1% 乙醇（60%）溶液
12	溴百里酚蓝	6.0 ~ 7.6	黄	蓝	7.1	0.1% 乙醇（20%）溶液
13	中性红	6.8 ~ 8.0	红	黄	7.4	0.1% 乙醇（60%）溶液
14	酚红	6.8 ~ 8.0	黄	红	7.9	0.1% 乙醇（20%）溶液
15	甲酚红（第二次变色）	7.2 ~ 8.8	黄	红	8.2	0.04% 乙醇（50%）溶液
16	百里酚蓝（第二次变色）	8.0 ~ 9.6	黄	蓝	8.9	0.1% 乙醇（20%）溶液
17	酚酞	8.2 ~ 10.0	无色	紫红	9.4	0.1% 乙醇（60%）溶液
18	百里酚酞	9.4 ~ 10.6	无色	蓝	10.0	0.1% 乙醇（90%）溶液
19	茜素黄 R（第二次变色）	10.1 ~ 12.1	黄	紫	11.16	0.1% 水溶液
20	靛胭脂红	11.6 ~ 14.0	蓝	黄	12.2	25% 乙醇（50%）溶液

附录 3　实验室常用的混合酸碱指示剂

序号	指示剂名称	浓度	组成	变色点 pH	酸色	碱色
1	甲基黄	0.1% 乙醇溶液	1 : 1	3.28	蓝紫	绿
	亚甲基蓝	0.1% 乙醇溶液				

续 表

序号	指示剂名称	浓度	组成	变色点 pH	酸色	碱色
2	甲基橙	0.1% 水溶液	1：1	4.3	紫	绿
	苯胺蓝	0.1% 水溶液				
3	溴甲酚绿	0.1% 乙醇溶液	3：1	5.1	酒红	绿
	甲基红	0.2% 乙醇溶液				
4	溴甲酚绿钠盐	0.1% 水溶液	1：1	6.1	黄绿	蓝紫
	氯酚红钠盐	0.1% 水溶液				
5	中性红	0.1% 乙醇溶液	1：1	7.0	蓝紫	绿
	亚甲基蓝	0.1% 乙醇溶液				
6	中性红	0.1% 乙醇溶液	1：1	7.2	玫瑰	绿
	溴百里酚蓝	0.1% 乙醇溶液				
7	甲酚红钠盐	0.1% 水溶液	1：3	8.3	黄	紫
	百里酚蓝钠盐	0.1% 水溶液				
8	酚酞	0.1% 乙醇溶液	1：2	8.9	绿	紫
	甲基绿	0.1% 乙醇溶液				
9	酚酞	0.1% 乙醇溶液	1：1	9.9	无色	紫
	百里酚酞	0.1% 乙醇溶液				
10	百里酚酞	0.1% 乙醇溶液	2：1	10.2	黄	绿
	茜素黄	0.1% 乙醇溶液				

注：混合酸碱指示剂要保存在深色瓶中。

附录 4 实验室常用的氧化还原指示剂

序号	指示剂名称	氧化型颜色	还原型颜色	Eind（V）	浓度
1	二苯胺	紫	无色	+0.76	1% 浓硫酸溶液

序号	指示剂名称	氧化型颜色	还原型颜色	Eind（V）	浓度
2	二苯胺磺酸钠	紫红	无色	+0.84	0.2% 水溶液
3	亚甲基蓝	蓝	无色	+0.532	0.1% 水溶液
4	中性红	红	无色	+0.24	0.1% 乙醇溶液
5	喹啉黄	无色	黄	—	0.1% 水溶液
6	淀粉	蓝	无色	+0.53	0.1% 水溶液
7	孔雀绿	棕	蓝	—	0.05% 水溶液
8	劳氏紫	紫	无色	+0.06	0.1% 水溶液
9	邻二氮菲－亚铁	浅蓝	红	+1.06	（1.485g 邻二氮菲 +0.695g 硫酸亚铁）溶于 100mL 水
10	酸性绿	橘红	黄绿	+0.96	0.1% 水溶液
11	专利蓝 V	红	黄	+0.95	0.1% 水溶液

附表5　实验室常用的络合指示剂

名称	In 本色	MIn 颜色	浓度	适用 pH	被滴定离子	干扰离子
铬黑T	蓝	葡萄红	与固体氯化钠混合物（1∶100）	6.0 ~ 11.0	Ca^{2+}，Cd^{2+}，Hg^{2+}，Mg^{2+}，Mn^{2+}，Pb^{2+}，Zn^{2+}	Al^{3+}，Co^{2+}，Cu^{2+}，Fe^{3+}，Ga^{3+}，In^{3+}，Ni^{2+}，Ti^{4+}
二甲酚橙	柠檬黄	红	0.5% 乙醇溶液	5.0 ~ 6.0	Cd^{2+}，Hg^{2+}，La^{3+}，Pb^{2+}，Zn^{2+}	—
				2.5	Bi^{3+}，Th^{4+}	
茜素	红	黄	—	2.8	Th^{4+}	—

名称	In 本色	MIn 颜色	浓度	适用 pH	被滴定离子	干扰离子
钙试剂	亮蓝	深红	与固体氯化钠混合物（1∶100）	>12.0	Ca^{2+}	—
酸性铬紫 B	橙	红	—	4.0	Fe^{3+}	—
甲基百里酚蓝	灰	蓝	1% 与固体硝酸钾混合物	10.5	Ba^{2+}，Ca^{2+}，Mg^{2+}，Mn^{2+}，Sr^{2+}	Bi^{3+}，Cd^{2+}，Co^{2+}，Hg^{2+}，Pb^{2+}，Sc^{3+}，Th^{4+}，Zn^{2+}
溴酚红	红	橙黄	—	2.0 ~ 3.0	Bi^{3+}	—
	蓝紫	红		7.0 ~ 8.0	Cd^{2+}，Co^{2+}，Mg^{2+}，Mn^{2+}，Ni^{3+}	
	蓝	红		4.0	Pb^{2+}	—
	浅蓝	红		4.0 ~ 6.0	Re^{3+}	—
铝试剂	酒红	黄	—	8.5 ~ 10.0	Ca^{2+}，Mg^{2+}	—
	红	蓝紫		4.4	Al^{3+}	
	紫	淡黄		1.0 ~ 2.0	Fe^{3+}	
偶氮胂 3	蓝	红		10.0	Ca^{2+}，Mg^{2+}	—

注：在络合滴定中，通常都是利用一种能与金属离子生成有色配合物的显色剂来指示滴定过程中金属离子浓度的变化，此种显色剂称为金属离子指示剂，简称金属指示剂，即络合指示剂。

附录 6　实验室常用的吸附指示剂

序号	名称	被滴定离子	滴定剂	起点颜色	终点颜色	浓度
1	荧光黄	Cl^-，Br^-，SCN^-	Ag^+	黄绿	玫瑰	0.1% 乙醇溶液
		I^-			橙	

序号	名称	被滴定离子	滴定剂	起点颜色	终点颜色	浓度
2	二氯荧光黄	Cl^-、Br^-	Ag^+	红紫	蓝紫	0.1% 乙醇（60% ~ 70%）溶液
		SCN^-		玫瑰	红紫	
		I^-		黄绿	橙	
3	曙红	Br^-、I^-、SCN^-	Ag^+	橙	深红	0.5% 水溶液
		Pb^{2+}	MoO_4^{2-}	红紫	橙	
4	溴酚蓝	Cl^-、Br^-、SCN^-	Ag^+	黄	蓝	0.1% 钠盐水溶液
		I^-		黄绿	蓝绿	
		TeO_3^{2-}		紫红	蓝	
5	溴甲酚绿	Cl^-	Ag^+	紫	浅蓝绿	0.1% 乙醇溶液（酸性）
6	二甲酚橙	Cl^-	Ag^+	玫瑰	灰蓝	0.2% 水溶液
		Br^-、I^-			灰绿	
7	罗丹明 6G	Cl^-、Br^-	Ag^+	红紫	橙	0.1% 水溶液
		Ag^+	Br^-	橙	红紫	
8	品红	Cl^-	Ag^+	红紫	玫瑰	0.1% 乙醇溶液
		Br^-、I^-		橙		
		SCN^-		浅蓝		
9	刚果红	Cl^-、Br^-、I^-	Ag^+	红	蓝	0.1% 水溶液
10	茜素红 S	SO_4^{2-}	Ba^{2+}	黄	玫瑰红	0.4% 水溶液
		$[Fe(CN)_6]^{4-}$	Pb^{2+}			
11	偶氮氯膦Ⅲ	SO_4^{2-}	Ba^{2+}	红	蓝绿	—
12	甲基红	F^-	Ce^{3+}	黄	玫瑰红	—
			$Y(NO_3)_3$			
13	二苯胺	Zn^{2+}	$[Fe(CN)_6]^{4-}$	蓝	黄绿	1% 的硫酸（96%）溶液

序号	名称	被滴定离子	滴定剂	起点颜色	终点颜色	浓度
14	邻二甲氧基联苯胺	Zn^{2+}, Pb^{2+}	$[Fe(CN)_6]^{4-}$	紫	无色	1% 的硫酸溶液
15	酸性玫瑰红	Ag^+	MoO_4^{2-}	无色	紫红	0.1% 水溶液

注：吸附指示剂是一类有机染料，用于沉淀法滴定。当它被吸附在胶粒表面后，可能由于形成了某种化合物而导致指示剂分子结构变化，从而引起颜色的变化。在沉淀滴定中，可以利用它的此种性质来指示滴定的终点。吸附指示剂可分为两大类：一类是酸性染料，如荧光黄及其衍生物，它们是有机弱酸，能解离出指示剂阴离子；另一类是碱性染料，如甲基紫等，它们是有机弱碱，能解离出指示剂阳离子。

附录7　实验室常用的荧光指示剂

序号	名称	pH 变色范围	酸色	碱色	浓度
1	曙红	0 ~ 3.0	无荧光	绿	1% 水溶液
2	水杨酸	2.5 ~ 4.0	无荧光	暗蓝	0.5% 水杨酸钠水溶液
3	2-萘胺	2.8 ~ 4.4	无荧光	紫	1% 乙醇溶液
4	1-萘胺	3.4 ~ 4.8	无荧光	蓝	1% 乙醇溶液
5	奎宁	3.0 ~ 5.0	蓝	浅紫	0.1% 乙醇溶液
		9.5 ~ 10.0	浅紫	无荧光	
6	2-羟基-3-萘甲酸	3.0 ~ 6.8	蓝	绿	0.1% 钠盐水溶液
7	喹啉	6.2 ~ 7.2	蓝	无荧光	饱和水溶液
8	2-萘酚	8.5 ~ 9.5	无荧光	蓝	0.1% 乙醇溶液
9	香豆素	9.5 ~ 10.5	无荧光	浅绿	—

注：滴定和确定浑浊液体和有色液体的 pH 可以使用荧光指示剂。在滴定过程中荧光色变不受液体颜色和其透明度的影响，因此常被选用。

附表 8 实验室常用溶剂的沸点、溶解性和毒性

溶剂名称	沸点（℃）	溶解性	毒性
石油醚	30 ~ 80	不溶于水，与丙酮、乙醚、乙酸乙酯、苯、氯仿及甲醇以上高级醇混溶	与低级烷相似
乙醚	34.6	微溶于水，易溶与盐酸。与醇、醚、石油醚、苯、氯仿等多数有机溶剂混溶	具有麻醉性
戊烷	36.1	与乙醇、乙醚等多数有机溶剂混溶	低毒
二氯甲烷	39.75	与醇、醚、氯仿、苯、二硫化碳等有机溶剂混溶	低毒，麻醉性强
丙酮	56.12	与水、醇、醚、烃混溶	低毒
氯仿	61.15	与乙醇、乙醚、石油醚、卤代烃、四氯化碳、二硫化碳等混溶	中等毒性，强麻醉性
甲醇	64.5	与水、乙醚、醇、酯、卤代烃、苯、酮混溶	中等毒性，具有麻醉性
四氢呋喃	66	优良溶剂，与水混溶，能很好地溶解乙醇、乙醚、脂肪烃、芳香烃、氯化烃	吸入微毒，经口低毒
己烷	68.7	甲醇部分溶解，与比乙醇高的醇、醚丙酮、氯仿混溶	低毒，具有麻醉性、刺激性
四氯化碳	76.75	与醇、醚、石油醚、石油脑、冰醋酸、二硫化碳、氯代烃混溶	氯代甲烷中，毒性最强
乙酸乙酯	77.112	与醇、醚、氯仿、丙酮、苯等大多数有机溶剂互溶，能溶解某些金属盐	低毒，具有麻醉性
乙醇	78.3	与水、乙醚、氯仿、酯、烃类衍生物等有机溶剂混溶	微毒，具有麻醉性
苯	80.10	难溶于水，与甘油、乙二醇、乙醇、氯仿、乙醚、四氯化碳、二硫化碳、丙酮、甲苯、二甲苯、冰醋酸、脂肪烃等大多有机物混溶	强烈毒性

溶剂名称	沸点 (℃)	溶解性	毒性
环己烷	80.72	与乙醇、高级醇、醚、丙酮、烃、氯代烃、高级脂肪酸、胺类混溶	低毒，对中枢有抑制作用
乙腈	81.60	与水、甲醇、乙酸甲酯、乙酸乙酯、丙酮、醚、氯仿、四氯化碳、氯乙烯及各种不饱和烃混溶，但不与饱和烃混溶	中等毒性；大量吸入蒸气，引起急性中毒
异丙醇	82.40	与乙醇、乙醚、氯仿、水混溶	微毒，类似乙醇
丁醇	117.7	与醇、醚、苯混溶	低毒，毒性大于乙醇3倍
乙酸	118.1	与水、乙醇、乙醚、四氯化碳混溶，不溶于二硫化碳及氯气以上高级脂肪烃	低毒，浓溶液毒性强
二甲亚砜	189.0	与水、甲醇、乙醇、乙二醇、甘油、乙醛、丙酮、乙酸乙酯、吡啶、芳烃混溶	微毒，对眼睛有刺激性
乙二醇	197.85	与水、乙醇、丙酮、乙酸、甘油、吡啶混溶，与氯仿、乙醚、苯、二硫化碳等难溶，对烃类、卤代烃不溶，溶解食盐、氯化锌等无机物	低毒，可经皮肤吸收中毒
苄醇	205.45	与乙醇、乙醚、氯仿混溶，20℃在水中溶解3.8%（wt）	低毒，对黏膜有刺激性
液氨	−33.35℃	特殊溶解性：能溶解碱金属和碱土金属	剧毒，有腐蚀性
液态二氧化硫	−10.08	溶解胺、醚、醇苯酚、有机酸、芳香烃、溴、二硫化碳，多数饱和烃不溶	剧毒
甲胺	−6.3	多数有机物和无机物的优良溶剂，液态甲胺与水、醚、苯、丙酮、低级醇混溶，其盐酸盐易溶于水，不溶于醇、醚、酮、氯仿、乙酸乙酯	中等毒性，易燃
二甲胺	7.4	有机物和无机物的优良溶剂，溶于水、低级醇、醚、低极性溶剂	具有强烈刺激性
三乙胺	89.6	室温下微溶于水，易溶于氯仿、丙酮，溶于乙醇、乙醚	易爆，对皮肤黏膜刺激性强
丙腈	97.35	溶解醇、醚、DMF、乙二胺等有机物，与多种金属盐形成加成有机物	高毒，与氢氰酸相似

溶剂名称	沸点 (℃)	溶解性	毒性
庚烷	98.4	与己烷类似	低毒，具有刺激性、麻醉性
硝基甲烷	101.2	与醇、醚、四氯化碳、DMF 等混溶	具有麻醉性、刺激性
1，4－二氧六环	101.32	能与水及多数有机溶剂混溶，溶解能力很强	微毒，毒性强于乙醚 2～3 倍
甲苯	110.63	不溶于水，与甲醇、乙醇、氯仿、丙酮、乙醚、冰醋酸、苯等有机溶剂混溶	低毒，具有麻醉性
硝基乙烷	114.0	与醇、醚、氯仿混溶，溶解多种树脂和纤维素衍生物	局部刺激性较强
吡啶	115.3	与水、醇、醚、石油醚、苯、油类混溶，能溶多种有机物和无机物	低毒，对皮肤黏膜有刺激性
4－甲基－2－戊酮	115.9	能与乙醇、乙醚、苯等大多数有机溶剂和动植物油混溶	毒性和局部刺激性较强
乙二胺	117.26	溶于水、乙醇、苯和乙醚，微溶于庚烷	刺激皮肤、眼睛
乙二醇一甲醚	124.6	与水、醛、醚、苯、乙二醇、丙酮、四氯化碳、DMF 等混溶	低毒
辛烷	125.67	几乎不溶于水，微溶于乙醇，与醚、丙酮、石油醚、苯、氯仿、汽油混溶	低毒，具有麻醉性
乙酸丁酯	126.11	优良的有机溶剂，广泛应用于医药行业，还可以用作萃取剂	一般条件毒性不大
吗啉	128.94	溶解能力强，超过二氧六环、苯和吡啶，与水混溶，溶解丙酮、苯、乙醚、甲醇、乙醇、乙二醇、2-己酮、蓖麻油、松节油、松脂等	腐蚀皮肤，刺激眼睛和结膜，蒸气能引起肝肾病变
氯苯	131.69	能与醇、醚、脂肪烃、芳香烃和有机氯化物等多种有机溶剂混溶	毒性低于苯，损害中枢系统
乙二醇一乙醚	135.6	与乙二醇一甲醚相似，但是极性小，与水、醇、醚、四氯化碳、丙酮混溶	低毒，二级易燃液体
对二甲苯	138.35	不溶于水，与醇、醚和其他有机溶剂混溶	一级易燃液体

溶剂名称	沸点 (℃)	溶解性	毒性
二甲苯	138.5 ~ 141.5	不溶于水，与乙醇、乙醚、苯、烃等有机溶剂混溶，乙二醇、甲醇、2-氯乙醇等极性溶剂部分溶解	一级易燃液体，低毒
间二甲苯	139.10	不溶于水，与醇、醚、氯仿混溶，室温下溶解乙腈、DMF 等	一级易燃液体
邻二甲苯	144.41	不溶于水，与乙醇、乙醚、氯仿等混溶	一级易燃液体
N，N-二甲基甲酰胺	153.0	与水、醇、醚、酮、不饱和烃、芳香烃烃等混溶，溶解能力强	低毒
环己酮	155.65	与甲醇、乙醇、苯、丙酮、己烷、乙醚、硝基苯、石油脑、二甲苯、乙二醇、乙酸异戊酯、二乙胺及其他多种有机溶剂混溶	低毒，具有麻醉性，中毒概率比较小
环己醇	161	与醇、醚、二硫化碳、丙酮、氯仿、苯、脂肪烃、芳香烃、卤代烃混溶	低毒，无血液毒性，具有刺激性
N，N-二甲基乙酰胺	166.1	溶解不饱和脂肪烃，与水、醚、酯、酮、芳香族化合物混溶	微毒
糠醛	161.8	与醇、醚、氯仿、丙酮、苯等混溶，部分溶解低沸点脂肪烃，无机物一般不溶	有毒性，刺激眼睛，催泪
N-甲基甲酰胺	180 ~ 185	与苯混溶，溶于水和醇，不溶于醚	一级易燃液体
苯酚（石炭酸）	181.2	溶于乙醇、乙醚、乙酸、甘油、氯仿、二硫化碳和苯等，难溶于烃类溶剂，65.3℃以上与水混溶，65.3℃以下分层	高毒，对皮肤、黏膜有强烈腐蚀性，可经皮肤吸收中毒
1，2-丙二醇	187.3	与水、乙醇、乙醚、氯仿、丙酮等多种有机溶剂混溶	低毒，吸湿，有溶血性，不宜用于静脉注射。因此，有些国家已禁止在食品工业中使用
丁酮	79.64	与丙酮相似，与醇、醚、苯等大多数有机溶剂混溶	低毒，毒性强于丙酮

溶剂名称	沸点（℃）	溶解性	毒性
二硫化碳	46.23	微溶与水，与多种有机溶剂混溶	具有麻醉性和强刺激性
溶剂石油脑		与乙醇、丙酮、戊醇混溶	毒性较其他石油系溶剂大
N，N-二甲基苯胺	193	微溶于水，能随水蒸气挥发，与醇、醚、氯仿、苯等混溶，能溶解多种有机物	抑制中枢神经和循环系统，可经皮肤吸收中毒
三氟乙酸	71.78	与水、乙醇、乙醚、丙酮、苯、四氯化碳、己烷混溶，能溶解多种脂肪族、芳香族化合物	有毒性，具强腐蚀性、强刺激性，可致人体灼伤，对眼睛、黏膜、呼吸道和皮肤有强烈刺激作用
1,1,1-三氯乙烷	74.0	与丙酮、甲醇、乙醚、苯、四氯化碳等有机溶剂混溶	低毒溶剂
N-甲基吡咯烷酮	202	与水混溶，除低级脂肪烃外可以溶解大多无机物、有机物，极性气体，高分子化合物	毒性低，不可内服
间甲酚	202.7	参照甲酚	与甲酚相似，参照甲酚
1,1-二氯乙烷	57.28	与醇、醚等大多数有机溶剂混溶	低毒，局部刺激性
甲酚	210	微溶于水，能与乙醇、乙醚、苯、氯仿、乙二醇、甘油等混溶	低毒，有腐蚀性，与苯酚相似
甲酰胺	210.5	与水、醇、乙二醇、丙酮、乙酸、二氧六环、甘油、苯酚混溶，几乎不溶于脂肪烃、芳香烃、醚、卤代烃、氯苯、硝基苯等	对皮肤、黏膜有刺激性，可经皮肤吸收
硝基苯	210.9	几乎不溶于水，与醇、醚、苯等有机物混溶，对有机物溶解能力强	剧毒，可经皮肤吸收
乙酰胺	221.15	溶于水、醇、吡啶、氯仿、甘油、热苯、丁酮、丁醇、苄醇，微溶于乙醚	毒性较低
六甲基磷酸三酰胺	233（HMTA）	与水混溶，与氯仿络合，溶于醇、醚、酯、苯、酮、烃、卤代烃等	较大毒性

溶剂名称	沸点 (℃)	溶解性	毒性
喹啉	237.10	溶于热水、稀酸、乙醇、乙醚、丙酮、苯、氯仿、二硫化碳等	中等毒性，刺激皮肤和眼睛
乙二醇碳酸酯	238	与热水、醇、苯、醚、乙酸乙酯、乙酸混溶，不溶于干燥醚、四氯化碳、石油醚、四氯化碳	毒性低
二甘醇	244.8	与水、乙醇、乙二醇、丙酮、氯仿、糠醛混溶，与乙醚、四氯化碳等不混溶	微毒，可经皮肤吸收，刺激性小
丁二睛	267	溶于水，易溶于乙醇和乙醚，微溶于二硫化碳、己烷	中等毒性
环丁砜	287.3	几乎能与所有有机溶剂混溶，除脂肪烃外能溶解大多数有机物	毒性较低，可燃，具有腐蚀性，可致人体灼伤
甘油	290.0	与水、乙醇混溶，不溶于乙醚、氯仿、二硫化碳、苯、四氯化碳、石油醚	食用对人体无毒

附录9 常见的市售酸碱的浓度

名称	分子式	分子量	浓度(mol·L^{-1})	密度(g·L^{-1})	比重
冰乙酸	CH_3COOH	60.05	17.40	1045	1.050
乙酸	CH_3COOH	60.05	6.27	376	1.045
甲酸	$HCOOH$	46.02	23.40	1080	1.200
盐酸	HCl	36.50	11.60	424	1.180
硝酸	HNO_3	63.02	15.99	1008	1.420
高氯酸	$HClO_3$	100.50	11.65	1172	1.670
磷酸	H_2PO_4	80.00	18.10	1445	1.700
硫酸	H_2SO_4	98.10	18.00	1776	1.840

名称	分子式	分子量	浓度（mol·L^{-1}）	密度（g·L^{-1}）	比重
氢氧化铵	NH$_4$OH	35.00	14.80	251	0.898
氢氧化钾	KOH	56.10	13.50	757	1.520
氢氧化钠	NaOH	40.00	19.10	763	1.530

附录 10　实验室常用的干燥剂及干燥的气体

（1）按干燥剂的酸碱性可分为酸性干燥剂、中性干燥剂和碱性干燥剂三类：

①酸性干燥剂包括浓硫酸、五氧化二磷、硅胶等。

②中性干燥剂有无水氯化钙等。

③碱性干燥剂包括碱石灰、氧化钙、固体氢氧化钠等。

（2）气体干燥剂的选择。

①被干燥气体和干燥剂的酸碱性应一致。

②被干燥气体和干燥剂之间不发生反应。

（3）常见干燥剂：浓硫酸、无水氯化钙、碱石灰。

①浓硫酸可干燥的气体：H$_2$、O$_2$、Cl$_2$、SO$_2$、CO$_2$、CO、CH$_4$、N$_2$等；不可干燥的气体：NH$_3$、H$_2$S、C$_2$H$_4$、HBr、HI 等。

②无水氯化钙可干燥的气体：H$_2$、O$_2$、Cl$_2$、SO$_2$、CO、CO$_2$、CH$_4$、HCl 等；不可干燥的气体：NH$_3$ 等。

③碱石灰可干燥的气体：H$_2$、O$_2$、CH$_4$、NH$_3$ 等；不可干燥的气体：Cl$_2$、HCl、H$_2$S、SO$_2$、CO$_2$、NO$_2$ 等。

（4）常见的干燥剂装置。

①液态干燥剂装置如下：

②固态干燥剂装置如下：

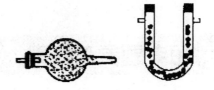

附录11　722型分光光度计使用方法

722型光度计是以碘钨灯为光源，以衍射光栅为色散元件，以端窗式光电管为光电转换器的单光束、数显式可见光分光光度计。波长范围在330 ~ 800nm，吸光度范围在0 ~ 1.999，试样架有4个吸收池，具有浓度直读功能。

操作使用方法和步骤：

（1）使用前开机预热30分钟。

（2）仪器只有4个键，分别为"A/T/C/F"转换键，用于选择测量功能；"SD"键，用于与计算机通信传输数据；"0%"键，用于调零点，只有在"T"状态下有效，打开样品室盖，按键后显示000.0；"100%"键，用于调参比，在"A""T"状态下有效，参比溶液置于光路中，关闭样品室盖，按键后显示"0.000"或"100.0"。

（3）待测溶液置于比色皿中，依次放入试样架的吸收池。

（4）打开样品室盖调零点，合上样品室盖调参比，反复2 ~ 3次。

（5）其他比色皿依次推入光路中，读取吸光度值。

比色皿使用注意事项：

（1）拿取比色皿时，手指不能接触其透光面。

（2）装溶液时，先用该溶液润洗比色皿内壁2 ~ 3次；测定系列溶液时，通常按由稀到浓的顺序测定。

（3）被测溶液以装至比色皿的3/4高度为宜。

（4）装好溶液后，先用滤纸轻轻吸去比色皿外部的液体，再用擦镜纸小心擦拭透光面，直到洁净透明。

（5）一般参比溶液的比色皿放在第一格，待测溶液放在后面三格。

（6）实验中勿将盛有溶液的比色皿放在仪器面板上，以免沾污和腐蚀仪器。实验完毕，及时把比色皿洗净、晾干，放回比色皿盒中。

思考题参考答案

第一部分 基础型实验

实验一 化学实验基础知识学习

（1）用湿抹布盖灭。

（2）水银温度计打碎后的处理：用硫黄粉洒在液体汞流过的地方，通过化学作用使其变成硫化汞。硫化汞不会通过吸入影响健康，液体汞也不会大量挥发到空气中对人体造成伤害。此外，还要注意室内通风。

（3）①计算：首先确定要配置稀硫酸的物质的量浓度或者质量百分比，确定所需硫酸的物质的量，以此计算出浓硫酸的用量；②量取：用量程合适的量筒量取浓硫酸；③稀释：将浓硫酸沿烧杯壁缓缓倒入水中，此过程中不断用玻璃棒进行搅拌来散热。

实验二 常用玻璃仪器的认领、洗涤、干燥与保存

（1）第一，试管底部刷不干净；第二，秃头就是钢丝，有可能用力过猛戳坏试管。

（2）铬酸会和毛刷中的铁丝发生反应。

（3）布或纸上的纤维会附着在玻璃仪器上，反而会影响清洗的效果。

（4）长时间不用防止塞子处黏住，旋转不动。

实验三 试剂的取用和存放

（1）氢氧化钠对玻璃制品有腐蚀性，氢氧化钠与玻璃两者会生成硅酸钠，使得玻璃仪器中的活塞黏在仪器上。因此，盛放氢氧化钠溶液不可以用玻璃瓶塞，否则可能会导致瓶盖无法打开。

（2）两个原因：一是见光分解的物质大多遇热也有变化，黑色更容易吸光和吸热；二是棕色瓶能看得到瓶内物质的量。

（3）怕砸碎试管底部。

实验四　称量瓶的使用和天平称量练习

（1）易受潮、易与空气中的物质发生反应的介质需要用称量瓶进行称量。称量瓶是一种常用的实验室玻璃器皿，一般用于准确称量一定量的固体。称量瓶带有盖子，因有磨口塞，可以防止瓶中的试样吸收空气中的水分和二氧化碳等，适用于称量易吸潮的试样。

（2）称量瓶不能直接用手拿，要用干净的纸条套在称量瓶上，因为电子分析天平是非常精确的，即使手上或空中的一点灰尘落在称量瓶上，也会使称量结果发生偏差。从称量瓶向外倒样品时，取出称量瓶，右手隔着一张小纸捏住盖顶，在烧杯的近上方轻轻打开瓶盖，慢慢地倾斜瓶身，使称量瓶的瓶底高度与瓶口相同或略低于瓶口。用瓶盖轻轻敲打瓶上方，使样品慢慢落入烧杯。当倒出的样品接近所需的量时，慢慢将瓶竖起，同时用瓶盖轻起敲击瓶口，使附着在瓶口的样品落入容器或称量瓶，然后盖上瓶盖。

（3）电子分析天平的灵敏度越高，并非称量的准确度就越高。因为太灵敏，则达到平衡较为困难，不便于称量。

（4）递减称量法称量过程中不能用小勺取样，因为称量物有部分要沾在小勺上，影响称量的准确度。

实验五　常见玻璃量器的使用和溶液的配制

（1）①取浓 H_2SO_4 的量器应保持干燥，否则会因为浓 H_2SO_4 溶于水放热而使量器炸裂；②稀释时应先加水后加浓 H_2SO_4，否则会引起爆沸；③稀释过程中应用玻璃棒不断搅拌散热。

（2）浓 H_2SO_4 的密度比水的密度大，将水倒入浓 H_2SO_4 中以后，水将漂浮在浓 H_2SO_4 上方，浓 H_2SO_4 吸水放出大量热，积聚在水与浓 H_2SO_4 接触的液面，不能及时释放，易造成硫酸溅出伤人。而将浓 H_2SO_4 慢慢倒入水中，可使浓 H_2SO_4 沉入水底，恰好在浓 H_2SO_4 沉降过程中可对浓 H_2SO_4 进行稀释，搅拌可使热量及时放出，有效防止 H_2SO_4 溅出。

（3）①不要，因配制的是水溶液；②不能用，容量瓶是精密容器，应采用移液管或刻度吸管取浓溶液；③如用 100 mL 水把固体溶解，再进行洗涤时，总溶液量会超过 100mL。

（4）这样做会使部分溶液附着在刻度线以上的瓶颈部分，易造成定容后实际浓度比所需配制的浓度低。

（5）①不用干燥；②不可以用量筒量取。

实验六　酒精灯的使用和橡皮塞钻孔

（1）不能。因为酒精易挥发，挥发后的酒精和空气的混合气体可以燃烧和爆炸。当用嘴吹灭酒精灯时，由于往灯壶内吹入了空气，灯壶内的酒精蒸汽和空气在灯壶内迅速燃烧，形成很大的气流往外猛冲，同时有闷响声，这时候就形成了"火雨"，造成危险。而且酒精灯中的酒精越少，留下的空间越大，在天气炎热的时候，也会在灯壶内形成酒精蒸汽和空气的混合物，会给下次点燃酒精灯带来不安全因素。因此，不能用嘴吹灭酒精灯。

（2）1/4 ～ 2/3，也有版本为 1/3 ～ 2/3。酒精体积少了会使酒精灯体受燃烧热而温度升高，引起灯内酒精蒸汽含量增加，受热过多使酒精蒸汽喷出，引燃蒸汽。酒精体积过多了会使酒精体积膨胀而溢出，引燃酒精。

（3）不对。距离外焰太远，加热效率低，加热慢。

实验七　铬酸洗液的配制

（1）铬酸具有强烈的腐蚀性，戴橡胶手套避免腐蚀皮肤。

（2）不能。

（3）避免见光分解。

实验八　高锰酸钾标准溶液的配制与标定

（1）因为 $KMnO_4$ 溶液具有氧化性，能使碱式滴定管下端橡皮管氧化，所以滴定时，$KMnO_4$ 溶液要放在酸式滴定管中。

（2）高锰酸钾是强氧化性物质，HCl 或 HNO_3 会被氧化。

（3）在室温条件下，$KMnO_4$ 与 $C_2O_4^-$ 之间的反应速度缓慢，故加热提高反应速度。但是，温度又不能太高，如温度超过 85℃则有部分 $H_2C_2O_4$ 分解。

（4）酸性 $KMnO_4$ 溶液作为氧化剂，被还原后得到 Mn^{2+}。因为 $KMnO_4$ 与 $Na_2C_2O_4$ 的反应速度较慢，第一滴 $KMnO_4$ 加入，由于溶液中没有 Mn^{2+}，反应速度慢，红色褪去很慢，随着滴定的进行，溶液中 Mn^{2+} 的浓度不断增大，由于 Mn^{2+} 的催化作用，反应速度越来越快，红色褪去也就越来越快。Mn^{2+} 对这个反应有催化作用，所以反应的速率先上升后下降。

（5）因为 Mn^{2+} 和 MnO_2 的存在能使 $KMnO_4$ 分解，见光分解更快，所以配制好的 $KMnO_4$ 溶液要盛放在棕色瓶中保存。如果没有棕色瓶，应放在避光处保存。

（6）棕色沉淀物为 MnO_2 和 $MnO(OH)_2$，此沉淀物可以用酸性草酸（$H_2C_2O_4$）和盐酸羟胺（$HONH_3Cl$）洗涤液洗涤。

实验九 EDTA 标准溶液的配制和标定

（1）乙二胺四乙酸难溶于水，本身不易得到纯品，所以不使用。乙二胺四乙酸二钠盐易溶于水，所以通常使用乙二胺四乙酸二钠盐配制 EDTA 标准溶液。

（2）①要盖上表面皿，并加少量水湿润；②加入 HCl 时不要过快，防止反应过于剧烈而产 CO_2 气泡，使 $CaCO_3$ 粉末飞溅；③要用水把溅到表面皿上的溶液淋入杯中；④加热近沸腾，把 CO_2 赶走后再冷却。

（3）镁离子与钙离子共存使其反应终点溶液颜色由红色变为纯蓝色，变色更为明显，若钙离子单独存在，则反应终点溶液由酒红色变为紫蓝色，不易判断，故加镁溶液。

（4）用 $CaCO_3$ 作为基准物质，以钙指示剂标定 EDTA 浓度时，因为钙指示剂与 Ca^{2+} 在 pH 为 12 ~ 13 时能形成酒红色络合物，而自身呈纯蓝色，当滴定到终点时溶液的颜色由红色变纯蓝色，所以用 NaOH 控制溶液的 pH 为 12 ~ 13。

（5）因为在络合滴定中 EDTA 与金属离子形成稳定络合物的酸度范围不同，如 Ca^{2+}、Mg^{2+} 要在碱性范围内，而 Zn^{2+}、Ni^{2+}、Cu^{2+} 等要在酸性范围内，所以要根据不同的酸度范围选择不同的金属离子指示剂，从而在标定 EDTA 时，使用相应的指示剂，可以消除基底效应，减小误差。

（6）在络合滴定过程中，随着络合物的生成，不断有 H^+ 释出。因此，溶液的酸度不断增大，酸度增大的结果不仅降低了络合物的条件稳定常数，使滴定突跃减小，而且破坏了指示剂变色的最适宜酸度范围，导致产生很大的误差。因此，在络合滴定中，通常需要加入缓冲溶液来控制溶液的 pH。

（7）在滴定反应过程中会有 H^+ 产生，而产生的 H^+ 不利于反应的进行。另外，在酸性条件下，不利于指示剂铬黑 T 的显色，不能很好地确定反应终点。加入氨水调节 pH 后，再加入 $NH_3 \cdot H_2O-NH_4Cl$ 缓冲液，使反应能维持在碱性条件下进行。

（8）两种结果均使标定的结果偏高，因为两种情况都使锌标准液的浓度降低，所以标定的时候所需的 EDTA 溶液的体积也将降低，从而导致计算的 EDTA 的浓度偏高。

（9）Zn²⁺标准溶液中酸过量，需先用1：1氨水中和将pH提高。若用缓冲溶液中和提高pH，因只用了缓冲对中的碱，同时浪费了NH_4Cl，又因为NH_4Cl的存在，溶液pH的上升将比单用1：1氨水中和来得慢。因此，先用1：1氨水中和至一定的pH值，再加缓冲溶液。

实验十　氢氧化钠标准溶液的配制与标定

（1）用橡皮塞。NaOH与玻璃成分中的SiO_2作用会使塞子与瓶口黏结而打不开。橡皮塞耐碱腐蚀，但易被酸侵蚀，它与有机液体、有机蒸汽接触容易发生溶胀，引起有机溶剂污染。橡皮塞在使用前可以用洗涤剂或去污粉刷洗，若仍洗不干净，则将塞子放在$6\ mol \cdot L^{-1}$ NaOH溶液中加热，小火煮沸一段时间后，再用自来水冲洗干净，纯水荡洗后备用。

塞子的大小要与瓶口大小相匹配。塞子伸入瓶颈部分不得短于塞子本身长度的1/3，也不能多于2/3。

（2）有影响。指示剂用量太多，变色不显明，而且指示剂本身也是弱酸或弱碱，会消耗一些滴定剂，带来误差。

（3）在放置的过程中，溶液吸收了空气中的CO_2，使pH降低，红色褪去。

（4）因乳胶管内有玻璃珠，两者结合起旋塞的作用，阻止溶液流出，因此取下乳胶管，可减少滴定管刷刷洗时的阻力。

（5）酚酞是有机物质，在水中的溶解度小，因此1%酚酞溶液是将1g酚酞溶于100 mL90%乙醇中配制成的（严格地讲酚酞的质量浓度应该称为$10g \cdot L^{-1}$）。当1滴酚酞乙醇溶液加到水溶液中后，酚酞由于溶解度降低而析出，局部出现白色浑浊，一经搅拌，酚酞又分散到溶液中溶解，白色浑浊消失。

（6）在滴定分析中，为了减少滴定管的读数误差，一般消耗标准溶液的体积应为20～25 mL，称取基准物的大约质量可根据待标溶液的浓度计算得到。

如果基准物称得太多，所配制的标准溶液较浓，则由一滴或半滴过量所造成的误差就较大。称取基准物的量也不能太少，因为每一份基准物质都要经过二次称量，如果每次有±0.1 mg的误差，则每份就可能有±0.2 mg的误差。因此，称取基准物的量不应少于0.2000 g，这样才能使称量的相对误差小于1‰。

（7）因为这时所加的水只是溶解基准物质，而不会影响基准物质的量，所以加入的水不需要非常准确，所以可以用量筒量取。

（8）如果基准物质未烘干，将使标准溶液浓度的标定结果偏高。

实验十一　盐酸标准溶液的配制与标定

（1）直接称取基准物的样品不均匀，但误差小，不考虑偶然误差，直接称量只有一次称量系统误差。而用基准物质配制标准溶液必然经过称量和定容两个过程，每个过程都存在系统误差，因而这一方法的系统误差是两个过程的系统误差的叠加，理论上其系统误差大于直接称量，但这种方法会使每份样品成分均匀。

（2）称量无水碳酸钠要十分准确，溶解时加水量不需要十分准确。标定盐酸溶液时，准确称量无水碳酸钠可以保证物质的量一定。当物质的量一定时，加水多少对结果影响不大。

（3）根据反应方程 $Na_2CO_3 + HCl = NaHCO_3 + NaCl$，由于碳酸氢钠的水解能力比碳酸钠弱，pH 逐步向酸性移动，但如果刚刚移到 pH=8，此时，酚酞变色了，但实际上反应没有结束。而这个滴定所需要的反应是 $Na_2CO_3 + 2HCl = 2NaCl + CO_2 \uparrow + H_2O$，滴定的最终溶液是呈酸性的，所以只能用在酸性条件下变色的指示剂即甲基橙。

（4）质量偏小。若吸湿，则称出质量为试剂与水的质量和，因此试剂质量偏小。

（5）为了使溶液更加均匀，反应更灵敏。有时候可能差一点点就到滴定终点了，不晃再继续滴加很容易就过了。

（6）不能。酚酞是一种弱有机酸，在 pH < 8.2 的溶液里为无色的内酯式结构。酚酞的变色范围是 8.2（浅红色）~ 10.0（红色）。如果用酚酞，需要要加过量的碱才能变色，标定的浓度就大了。

（7）碳酸钠、硼砂均可。硼砂略好一些，摩尔质量大，不易吸水。

（8）如果基准物质未烘干，将使标准溶液浓度的标定结果偏高。

（9）用氢氧化钠标准溶液标定盐酸溶液浓度时，以酚酞作为指示剂，用氢氧化钠滴定盐酸，若氢氧化钠溶液因贮存不当吸收了二氧化碳而形成碳酸纳，使氢氧化钠溶液浓度降低，在滴定过程中虽然其中的碳酸纳按一定的关系与盐酸定量反应，但滴定终点酚酞变色时还有一部分碳酸氢纳未反应，所以使测定结果偏高。

实验十二　硫代硫酸钠标准溶液的配制和标定

（1）为了减少溶解在水中的 CO_2 和杀死水中微生物，在配制 $Na_2S_2O_3$ 溶液时，所用的蒸馏水要先煮沸并冷却后才能使用。加入少量 Na_2CO_3 使溶液呈碱性，以抑制细菌生长。由于新配置的硫代硫酸钠溶液反应速度较慢，容易风化潮解，会发生分解反应，也会析出一些杂质。为了让溶液充分反应，不能直接标定，需放置一段时间后才能标定（一般放置一周后标定）。标定前可以先过滤杂质，长期使用的溶液应定期标定。

（2）因为光照能促进 $Na_2S_2O_3$ 的分解，所以 $Na_2S_2O_3$ 溶液应贮存于棕色试剂瓶中，放置于暗处。

（3）KIO_3 稳定，并且能与 $Na_2S_2O_3$ 反应。滴定时要避光，并且在酸性条件下进行。

（4）溶液被滴定至淡黄色说明 I_2 已被消耗掉一些，这时加入淀粉指示剂是因为氧化剂会因氧化指示剂而被消耗，造成误差。如果用 I_2 溶液滴定 $Na_2S_2O_3$ 溶液，当溶液至淡黄色振荡后消失时，可加入淀粉指示剂。

（5）碘量瓶瓶盖塞紧后以水封瓶口，可以防止氧化和挥发。

实验十三　滴定管的使用和滴定分析基本操作

（1）移液管和滴定管用欲装入的溶液润洗 2 ~ 3 次是为了避免改变待装液的浓度，使其浓度降低。锥形瓶不需用欲装液润洗，因其溶液中物质的总量不变。

（2）①滴定完成后，滴定管尖嘴外留有液滴会使滴定溶液的体积读数加大，从而使待测液的浓度测定值比实际值要大。

②滴定完成后，滴定管尖嘴内有气泡会使滴定溶液的体积读数减小，从而使待测液的浓度测定值比实际值要小。

（3）滴定完成后，滴定管内壁挂有液滴会使滴定溶液的体积读数加大，从而使待测液的浓度测定值比实际值要大。

（3）小数点后两位。

（4）①若不用被移取溶液润洗移液管，则移液管内壁挂的水珠会将被移取溶液稀释，即由移液管移到锥形瓶中的待测液浓度比原试剂瓶中的浓度小，滴定时出现负误差；②滴定根据的原理就是化学反应的计量关系，只要待测液的物质的量是准确的，滴定结果就是准确的，所以，由移液管准确移取一定体积的待测液，其物质的量必是准确的，因而锥形瓶无须用所装溶液润洗。

（5）因吸量管用于标准量取，需不同体积的量器，而 HCl 的浓度不定，后面还需要标定，所以可以用量筒量取。

实验十四　酸碱滴定法测定混合碱中各组分的含量

1. 可以。因为酚酞的变色范围为 8.2 ~ 10.0，在碱性范围，用酚酞作指示剂，

Na_2CO_3 被滴定成 $NaHCO_3$，即达到滴定终点。这时所消耗的盐酸的体积的 2 倍即 Na_2CO_3 全部被滴定消耗的盐酸的体积，根据盐酸标准溶液的浓度及其消耗的体积即可计算 Na_2CO_3 的含量。

（2）当 $V_1>V_2$ 时，组成为 $NaOH$（V_1-V_2），Na_2CO_3（$2V_2$）；

当 $V_1<V_2$ 时，组成为 Na_2CO_3（$2V_2$），$NaHCO_3$（V_2-V_1）；

当 $V_1=V_2$ 时，只有 Na_2CO_3；

当 $V_1=0$，$V_2>0$ 时，只有 $NaHCO_3$；

当 $V_2=0$，$V_1>0$ 时，只有 $NaOH$。

（3）①只有 Na_2CO_3；②只有 $NaHCO_3$；③只有 $NaOH$。

（4）不能用酚酞取代甲基红。氨水中和盐酸，产物 NH_4Cl 是强酸弱碱盐，呈弱酸性。而酚酞是碱性指示剂，故不能用酚酞作指示剂。而甲基红的变色范围是 4.4～6.2，可以用来作指示剂。

实验十五　熔点的测定

（1）不正确。证明 A、B 是否为同一物质的方法：先分别准确测定 A、B 的熔点。任何纯净物都有一定的熔点，如果它们的熔点不同，则它们不是同一物质。如果 A、B 的熔点相近或相同，则应将 A、B 等体积（或按其他比例）混合均匀后，再测其混合物的熔点。若测出的熔点与 A（或 B）的相同或熔程较窄，不超过 1℃，则 A、B 为同一物质。如果测出的熔点与 A（或 B）的熔点不同而且熔程较宽，熔点较低，则 A、B 为不同的物质。

（2）不可以。因为有些样品在其熔化温度附近会发生部分分解，有些会转变为具有不同熔点的其他晶形，如硬脂酸甘油酯就有三种熔点不同的晶形。同时，由于急速冷却，得到的晶体肯定更不整齐。如果用这样的固体试样再测熔点，误差会很大。

（3）不能用水洗。测定熔点时提勒管内一般装石蜡，石蜡与水互不相溶。

（4）根据拉乌尔定律，在一定压力下，在溶剂中增加溶质的量，溶剂的蒸汽压就会降低。因此该混合物的熔点必定比纯物质的熔点低。简言之，混入杂质，液相的蒸汽压降低。

（5）这是因为：①浴液与样品之间，以及样品内部的热量传递都需要时间；②观察者同时观察温度计的读数和样品的熔化也需要时间。如果慢慢加热升温，让热量有足够的时间从熔点管外部传递到熔点管内，而观察者又能同时观察温度计的读数和样品的熔化过程，这样测定的结果误差就小。

（6）①不能用水洗熔点管，否则，将混入水和其他杂质，影响测定结果，并且熔点管特别细，容易断；②在纸上碾碎固体试样，会带入纸毛等杂质，应该用干净的碾钵或表面皿和玻璃棒碾；③不能用单孔塞，应用开口塞子。

（7）测定熔点时，熔点管太厚会使得熔点升高，熔距增大。如果研磨不细，会使得熔点升高，熔距增大。装样不实也会使得熔点升高，熔距增大。加热时，接近熔点时升温过快也会使得熔点升高，熔距增大。样品不干燥或者有杂志均会使得测试熔点偏低。如果没有熔点管，可用烧杯和搅拌棒代替提勒管。最好在搅拌棒的下部烧制一个环形的玻璃搅拌器，便于上下搅动，使浴液温度均匀。

实验十六　萃取和分液漏斗的使用

（1）顶塞不能涂抹凡士林，旋塞可以涂抹凡士林。

（2）静置后上层从上口倒出，下层从下口流出。

（3）溶解在液体中的空气在振荡的过程中会从液体中溢出，使分液漏斗内部压强增大，影响液体分层效果，要将其及时排出，因此要放气。静置过程是为了使上层液体和下层液体分离开。

（4）可以长时间静置，也可以继续摇晃分液漏斗，或加入少量氯化钠等电解质。

实验十七　蒸馏及沸点的测定

（1）将液体加热，其蒸气压增大到和外界施于液面的总压力（通常是大气压力）相等时，液体沸腾，此时的温度即该液体的沸点。液体沸腾过程中由液相转化为气相其体积是变大的，所以沸点与气压成正比。气压越大，沸点越高；气压越低，沸点越低。因为沸点和气压有关系，所以文献里记载的某物质的沸点不一定是我们这里的沸点温度。

（2）加入沸石起助沸作用，防止暴沸，因为沸石表面有微孔，内有空气，所以可起助沸作用。不能将沸石加至将近沸腾的液体中，那样溶液猛烈暴沸，液体易冲出瓶口，若是易燃液体，还会引起火灾，要等沸腾的液体冷下来再加。

（3）在整个蒸馏过程中，应使温度计水银球上常有被冷凝的液滴，让水银球上液滴和蒸气温度达到平衡，所以要控制加热温度，调节蒸馏速度，通常以 1～2 滴/秒为宜，否则达不到平衡。蒸馏时加热的火焰不能太大，否则会在蒸馏瓶的颈部造成过热现象，使一部分液体的蒸气直接收到火焰的热量，这样由温度计读得的沸点会偏高；另外，蒸馏也不能进行得太慢，否则由于温度计的水银球不能为馏出液蒸气充分浸润而使温度计上所读得的沸点偏低或不规则。

因为加热太快，馏出速度太快，热量来不及交换（易挥发组分和难挥发组分），致使水银球周围液滴和蒸气未达到平衡，一部分难挥发组分也被汽化上升而冷凝，来不及分离就一起被蒸出，所以分离两种液体的能力会显著下降。

　　（4）不行。冷凝管的通水方向是由下而上的，这样会使得冷凝管内都充满水，冷凝效果好。如果反过来，则冷凝管内不能充满水，会影响冷凝效果，也浪费水。

　　（5）纯粹的液体有机化合物在一定的压力下具有一定的沸点，但具有固定沸点的液体不一定都是纯粹的化合物。因为一种有机化合物和其他组分的有机化合物形成二元或三元共沸混合物，它们也有一定的沸点。

　　（6）最后一个气泡刚欲缩回至内管的瞬间的温度即表示毛细管内液体的蒸汽压与大气压平衡时的温度，亦即该液体的沸点。

　　实验十八　分馏

　　（1）利用蒸馏和分馏来分离混合物的原理是一样的，实际上分馏就是多次的蒸馏。但是，它们的装置不同。装置上分馏比蒸馏多一个分馏柱。分馏就是蒸馏液体混合物，使气体在分馏柱内反复进行汽化、冷凝、回流等过程，从而使得沸点相近的混合物分开。分馏相当于多次的简单蒸馏，最终从分馏柱顶部出来的蒸气为高纯度的低沸点组分，这样能把沸点相差较小的混合组分有效地分离或提纯出来。因此，两种沸点很接近的液体组成的混合物能用分馏来提纯。

　　（2）因为加热太快，馏出速度太快，热量来不及交换（易挥发组分和难挥发组分），致使水银球周围液滴和蒸气未达到平衡，一部分难挥发组分也被汽化上升而冷凝，来不及分离就一起被蒸出，所以分离两种液体的能力会显著下降。

　　（3）保持回流液的目的在于让上升的蒸气和回流液体充分进行热交换，促使易挥发组分上升，难挥发组分下降，从而彻底分离它们。

　　（4）装有填料的分馏柱上升蒸气和下降液体（回流）之间的接触面加大，更有利于它们充分进行热交换，使易挥发的组分和难挥发组分更好地分开，所以效率比不装填料的要高。

　　（5）当某两种或三种液体以一定比例混合时，可组成具有固定沸点的混合物，即共沸混合物或恒沸混合物。将这种混合物加热至沸腾时，在气液平衡体系中，气相组成和液相组成一样，故不能使用分馏法将其分离出来，只能得到按一定比例组成的混合物。

　　（6）水浴或油浴加热可以使液体受热均匀，不易产生局部过热现象，这比直接用火加热要好得多。

实验十九　重结晶提纯法

（1）重结晶的一般过程为：选择合适的溶剂→溶解固体有机物制成热饱和溶液→脱色除去杂质→热过滤→冷却、析出晶体→抽滤、洗涤→干燥。

选择适宜的溶剂必须符合以下几个条件：①与被提纯的有机物不起化学反应；②被提纯的有机物在该溶剂中的溶解度随温度变化显著，在热溶剂中溶解度大，在冷溶剂中溶解度小；③杂质的溶解度很大（被提纯物成晶体析出时，杂质仍留在母液中）或很小（被提纯物溶解在溶剂中而杂质不溶，借热过滤除去）；④溶剂的沸点适中，沸点过低时，被提纯物在其中溶解度变化不大，沸点过高时，附着于晶体表面的溶剂难以经干燥除去；⑤价廉易得，毒性低，容易回收。

（2）重结晶溶剂太多对杂质溶解太好，重结晶效果不佳。重结晶溶剂太少可能会导致溶解杂质不好，杂质残留在产品中，重结晶效果不好。正确控制溶剂量在溶剂量的1.2%左右，具体根据溶解状态，如果溶解不了可以适当加些溶剂。

（3）热滤应尽可能快速进行，防止在过滤中由于溶剂挥发或温度下降引起晶体析出，析出的晶体与杂质混在一起，造成损失。为了加快热过滤的速度应采取以下措施：①选用颈短而粗的玻璃漏斗，避免析出晶体堵塞漏斗颈；②使用热水漏斗，保持溶液温度；③使用菊花形折叠滤纸，增大过滤面积，提高过滤速度。

实验二十　薄层色谱

（1）在条件完全一致的情况下，纯碎的化合物在薄层色谱中呈现一定的移动距离，称比移值（R_f值），所以利用薄层色谱法可以鉴定化合物的纯度或确定两种性质相似的化合物是否为同一物质。

（2）根据固定相对各组分的吸附作用或溶解度不同，吸附力弱或溶解度小的组分在固定相中一定移动得较快，即位置较高。根据极性强弱判断吸附作用大小，根据相似相溶原理判断溶解度。在混合物薄层色谱中，可以将混合物中各组分与混合物一起点板，展开显色后对照即可确定各组分在薄层上的位置。

（3）点样会被展开剂浸湿，溶解在展开剂中，不能展开。

实验二十一　柱层析

（1）装样过程中，如果吸附剂中有气泡，吸附剂表面或内部会不均匀，会使谱带前沿的一部分从谱带主体部分中向前伸出，形成沟流。沟流处的组分会先流出，容易与前面组分混合，导致分离不完全。

（2）洗脱过程中如果洗脱剂加得过快会使样品组分过早被解吸，容易造成相邻组分混合，不能清晰分开。一般情况下，洗脱速度慢比洗脱速度快的分辨率要好，但洗脱速度过慢会造成分离时间长、样品扩散、谱峰变宽、分辨率降低等副作用，所以要根据实际情况选择合适的洗脱速度。

（3）会使洗脱剂流速加快，使样品组分过早被解吸。

实验二十二　减压蒸馏

（1）减压蒸馏是分离和提纯有机化合物的一种重要方法，适用于在常压蒸馏时不能蒸除的有机物，特别是常用蒸馏未能达到沸点就已经受热分解、氧化或聚合的物质。

（2）玻璃仪器壁要厚，耐压，完好，气密性好，仪器接口要涂抹凡士林，仪器安装正确、规范。切记要安装安全瓶，先加压，再加热。不能直接加热，最好油浴或水浴等热浴加热。蒸馏完毕后，先停止加热，再慢慢放气。在安装水银压力计的实验中，若放气太快，水银柱很快上升，有冲破测压计的可能。为了防止水银冲破玻璃管，减压蒸馏应缓慢平稳进行。

（3）油浴加热可以使受热均匀。如果先加热后抽真空容易暴沸，使目标产物抽出。

（4）安装尾气吸收装置，防止污染空气；安装安全瓶保护装置，使仪器装置内不发生太突然的变化以及防止泵油的倒吸。

（5）当减压蒸馏完所需要的化合物后，先移去热源停止加热，然后慢慢放气（先慢慢旋开夹在毛细管上的橡皮管的螺旋夹，待蒸馏瓶稍冷后再慢慢开启安全瓶上的活塞），平衡内外压力，最后关闭真空水泵，冷却后再拆装置。如果不先停止加热、不慢慢放气可能会导致蒸馏瓶内残留液形成蒸气而冲入接收瓶中使整个蒸馏过程失败，测压计可能会被冲破。

实验二十三　酸度计的使用及水样 pH 测定

（1）以玻璃电极作指示电极，饱和甘汞电极作参比电极，用电位法测量溶液的 pH，常采用相对方法，即选用已经确定 pH 的标准缓冲溶液进行比较而得到欲测溶液的 pH。因此，pH 通常被定义为其溶液所测电动势与标准溶液电动势的差有关的函数。

（2）玻璃电极使用前应放在蒸馏水中浸泡一段时间，以便形成良好的水合层。

（3）使用前应检查饱和氯化钾溶液是否浸没内部电极小瓷管的下端，是否有氯化钾晶体存在，若氯化钾溶液少了或无氯化钾晶体，则应添加（保证氯化钾溶液浸没内部电极小瓷管的下端，保证氯化钾溶液饱和）；检查弯管内是否有气泡将溶液隔断，如有气泡，则除去（保证电路畅通）。

（4）减小误差。pH计工作原理并不是直接能测定pH，而是通过测定溶液带电离子的电压，进而间接反应溶液的H^+浓度而换算成pH，也就是不同氢离子浓度的溶液对应机器显示的不同的pH。只有用pH已知的三种标准缓冲液才能得到电压与实际pH的对应比值，两点决定一条直线，进而作为机器的换算标准，用于测量。

校准时要保证探头测不同溶液之前要用去离子水冲洗干净，并用擦镜纸擦干；探头放进去稳定读数后立即拿出，防止探头被损坏失准；测量时要保证溶液静止，避免由于溶液不均或者仪器本身的原因使结果产生误差；不同校准液操作尽量一致；如果仪器允许，可以尽量采用三点校准法。

实验二十四　邻二氮菲分光光度法测定水中微量的铁

（1）用分光光度法测定试样中的微量铁时，邻二氮菲（又称邻菲罗啉）在pH为2 ~ 9的溶液中，和Fe^{2+}结合生成橙红色络合物。邻二氮菲作为络合剂和显色剂。

（2）Fe^{3+}与邻二氮菲可以络合生成蓝色物质。加入盐酸羟胺是为了将Fe^{3+}还原为Fe^{2+}，使Fe^{2+}与邻二氮菲发生显色反应。

（3）参比溶液的作用是减小误差。不能用蒸馏水做参比。因为在在测定标准曲线和测定试液时，要尽量使标准曲线和测定试液的底液相同，以减少系统误差，使测定值能真正反映被测组分的吸光度。

（4）测定时控制溶液酸度在pH=5左右为宜。酸度高时，反应较慢；酸度太低，离子则容易水解，影响显色，故用醋酸缓冲溶液控制pH。

实验二十五　紫外－可见分光光度法测定芳香族化合物

（1）每改变一次测量波长都要进行一次基线校正，所以重新用参比溶液调整一次零点。

（2）可见分光光度计与紫外－可见分光光度计最大的区别是测定的波长范围不同。具体来说分为三点：第一，光源不同。可见分光光度计光源一般只用钨灯，紫外－可见分光光度计用钨灯和氘灯两个光源。钨灯的测量波长范围为320 ~ 1000

nm，氘灯的测量波长范围为 180 ~ 350 nm。第二，光学器件不同。玻璃能吸收紫外波长光线，对于近红外端有较好的透光性，所以可见分光光度计的一些光学部件可以用玻璃的，而紫外－可见分光光度计一般使用的都是石英的光学部件。两者使用的比色皿也是同样道理。第三，接收器不同。紫外－可见分光光度计的接收器多了对紫外波段灵敏的响应功能。

实验二十六　红外吸收光谱法测定固体有机化合物的结构

（1）当一束连续变化的红外光照射样品时，其中一部分光被吸收，吸收的这部分光能就转变为分子的振动能和转动能；另一部分光透射，若将其透过的光用单色器进行色散（或傅立叶变换），就可以得到一带暗条的谱带。若以波长或波数为横坐标，以百分吸收率为纵坐标，把这个谱带记录下来，就得到了该样品的红外吸收光谱图，又称分子振动光谱或振转光谱。

（2）红外光谱仪器中有几个作用较大且比较贵重的光镜是用溴化钾做的（如溴化钾分束器，容易受潮变形），样品也用溴化钾压片。溴化钾极易受潮，温度或湿度过高都会造成光镜的损坏，一般温度不能超过 25℃，湿度最好在 45% 以下。

（3）压片后制得的晶片应均匀，完整透明，无裂缝，局部无发白现象。

（4）颗粒细小容易压片时得到的晶片完整均匀，无裂缝。

（5）水有红外吸收峰，如果样品有水会在图谱中有水峰干扰。

实验二十七　荧光光谱法测定铝（以 8-羟基喹啉为络合剂）

（1）荧光分光光度计主要由光源、激发单色器、样品池、发射单色器、检测系统及信号显示系统六个部分组成。

（2）铝离子能与 8-羟基喹啉形成会发光的荧光络合物，该络合物能被氯仿萃取，萃取液在波长 365 nm 的紫外光照射下，会产生荧光，峰值波长在 530 nm 处，以此建立铝的荧光测定方法。

（3）使用标准硫酸奎宁溶液作为荧光强度的基准。

实验二十八　气相色谱定性、定量测定混合烃含量

（1）同一检测器测定相同质量的不同组分时，由于不同组分性质不同，检测器对不同物质的响应值不同，产生的峰面积也不同。因此，不能直接应用峰面积计算组分含量。为此，引入定量校正因子来校正峰面积。

（2）气相色谱仪的检测器有多种，常用检测器有氢焰离子化检测器（FID）、热导检测器（TCD）、电子捕获检测器（ECD）、火焰光度检测器（FPD）、热离子化检测器（TID）。检测器不同，对应的检测范围也不同。

（3）热导检测器是一种通用的非破坏性浓度型检测器，是应用较多的气相色谱检测器之一，特别适用于气体混合物的分析。电子捕获检测器是一种离子化检测器，它只对具有电负性的物质，如含卤素、硫、磷、氮的物质有信号。

实验二十九　高效液相色谱法对芳烃的分离与测定

（1）高效液相色谱仪主要由流动相储液瓶、输液泵、进样器、色谱柱、检测器和记录仪组成。

（2）气相色谱仪的分析对象是能汽化、热稳定性好和沸点较低的样品。高沸点、挥发性差、热稳定性差、离子型及高聚物样品不能检测，仅 15% ~ 20% 的有机物可以测。高效液相色谱仪的分析对象是溶解后能制成溶液的样品，不受样品挥发性和热稳定性的限制。分子量大、难汽化、热稳定性差、高分子和离子型样品均可检测，80% ~ 85% 的有机物都可以检测。

（3）常用的脱气方法有四种：氦气脱气、真空脱气、超声波脱气、加热脱气。

实验三十　原子吸收分光光度法测定饮用水中的钙

（1）不能代替。原子吸收光谱的原理就是待测样品中的金属原子吸收了特定波长的光，导致光度变化，由此来定量。这个特定波长指的就是这种金属原子的特征 X 射线，对每种金属元素都是唯一的。不是待测元素的空心阴极灯发射的特征 X 射线不会被吸收。

（2）助燃比的改变会影响火焰的性质和火焰温度，直接影响测定结果的灵敏度和干扰情况。

第二部分　综合型实验

实验一　粗盐的提纯和产品纯度的检验

（1）依据是 NaCl 在水中的溶解度。室温下，NaCl 在水中的溶解度是 36 g/100 mL，8 g 纯 NaCl 大约需要水 22.2 mL。加水过多会使重结晶用时较长，加水过少则粗食盐不能完全溶解。

（2）过量沉淀剂 $BaCl_2$ 可以用 NaOH 和 Na_2CO_3 除去，过量的 NaOH 和 Na_2CO_3 可以用盐酸除去。

（3）提纯后的食盐溶液浓缩时如果蒸干，余热会使食盐迸溅。

（4）避免 OH^-、CO_3^{2-} 的干扰。

（5）不能。加入 Na_2CO_3 后会有少量的 $BaSO_4$ 转化为 $BaCO_3$，从而又有 SO_4^{2-} 释放出来。

实验二　硫酸亚铁铵的制备和产品等级的确定

（1）铁屑表面一般不干净，预处理是为了去除表面油污等物质。

（2）pH 过大会使得亚铁离子水解。在制备过程中，应不断地用 pH 试纸测试溶液 pH。如果 pH 大于 1，就加盐酸。

（3）频繁搅动会使生成的晶体较细，抽滤过程中容易透过滤纸造成产品损失。

（4）在产品检验 Fe^{3+} 的限量分析中，Fe^{3+} 的含量高，说明产品质量差，Fe^{2+} 被氧化的比例高。

（5）在该实验中可能导致产率降低的操作（因素）有很多，主要有：铁屑预处理时，部分铁屑会倾去；硫酸亚铁制备过程中部分铁屑没有完全溶解，热过滤时产品黏在滤纸上和漏斗茎上；硫酸亚铁铵制备过程中，结晶时所剩溶液较多，部分产物会溶解在溶液中不能析出；抽滤时，部分产品较细或温度降低导致抽滤瓶内有部分产品。

称量的结果有可能比实际值偏高，这是因为产品可能没有干燥好，含水分比较多，所以称量的质量较大。

实验三　乙酸乙酯的合成及纯化

（1）该反应是放热反应，如果酸滴加得太快会使反应温度瞬间升高，这样反应温度就会超过 120℃，如果到了 130℃ 该反应就会生成乙醚而非乙酸乙酯。

（2）不能。乙酸乙酯在浓的氢氧化钠溶液中会水解，生成乙酸钠和乙醇，所以不能用浓氢氧化钠替代。常温下乙酸乙酯在饱和碳酸钠中不水解。碳酸钠不仅吸收了乙酸、乙醇，而且降低了乙酸乙酯在水中的溶解度，减少损失。

（3）静置，将液体从上层滤入另一漏斗。

（4）乙酸可以过量。工业生产上用乙酸过量是为了使乙醇转化完全，防止乙醇与水、乙酸乙酯形成二元、三元恒沸物，给分离带来困难，成本更高。

实验四　正溴丁烷的合成

（1）硫酸的作用是反应物和催化剂。硫酸的浓度过大会产生大量的溴化氢，并且容易将溴离子氧化成溴单质；硫酸的浓度过小时，则反应不完全。

（2）①降低浓硫酸的氧化性防止副反应的产生；②减少副产物醚、烯的生成；③反应有溴化氢产生，溴化氢易挥发，若溴化氢挥发则既浪费原料又污染环境。加水，可以使生成的溴化氢气体充分溶解于水中变成氢溴酸与正丁醇充分反应。

　　加水的量不宜过多。因为正丁醇与氢溴酸反应制正溴丁烷是可逆反应，副产物是水，增加水的量不利于可逆反应的平衡向生成正溴丁烷的方向进行。

（3）反应后，除了主产物正溴丁烷还可能含有未反应的正丁醇以及副产物正丁醚等，还有无机物硫酸氢钠等。如果直接用分液漏斗不易去除这些副产物及未反应物。通过蒸馏，一方面可以使正溴丁烷分离出来，另一方面也可以使醇与氢溴酸反应更加完全。

（4）用硫酸洗涤的目的是除去未反应的正丁醇及副产物 1- 丁烯和正丁醚。振荡摇匀后，倒入干燥的分液漏斗中。静置后仔细分出下层硫酸，分别用 10% 碳酸钠溶液和水洗涤有机层。碱洗的目的是中和残余的硫酸。第二次水洗的目的是除去残留的碱、硫酸盐及水溶性杂质。

（5）因为浓硫酸加水稀释时会产生大量的热，若不经冷却就加正丁醇和溴化钠则在加料时正反应和逆反应会立即发生，不利于操作甚至造成危险。若先使溴化钠与浓硫酸混合则立即产生大量的溴化氢，同时有大量泡沫产生而冲出来，不利于操作也不利于反应。

实验五　环己烯的制备

（1）破坏环己烯和水形成的共沸物，把环己烯游离出来。

（2）白雾是后期硫酸的分解产物二氧化硫与水形成的酸雾。环己烯制备的过程中，采用硫酸作催化剂，虽然反应速度较快，但由于硫酸的氧化性比磷酸强，反应时部分原料会被氧化，甚至炭化，使溶液颜色加深，产率有所降低。此外，反应时会有少量二氧化硫气化放出。在纯化时，需要碱洗，增加了纯化步骤。

实验六　乙醚的实验室制法

（1）若反应温度过高（大于 140℃），则分子内脱水成乙烯的副反应加快，从而减少了乙醚的得率。同时，浓硫酸氧化乙醇的副反应也加剧，对乙醚的生成不利。温度过低，乙醚难以形成，而部分乙醇因受热而被蒸出，也将减少乙醚的产量。同时，乙醚中的乙醇量过多，给后处理将带来麻烦。正确控制温度的方法是迅速使反应液温度上升至140℃，控制滴加乙醇的速度与乙醚蒸馏出的速度大致相等，以维持反应温度在140℃左右。

（2）滴液漏斗的下端应浸入反应液的液面以下，若在液面上面，则滴入的乙醇易受热被蒸出，无法参与反应，使产率低、杂质多。如果滴液漏斗下端较短而不能浸入反应液的液面以下，应在其下端用一小段橡皮管接一段玻璃管上去，但要注意，橡皮管不要接触到反应液，以免反应液中的浓硫酸腐蚀橡皮管。

（3）因为此时乙醇已与浓硫酸作用形成了盐，该盐是离子型化合物，沸点较高，不易被蒸出。

（4）制乙醚时，反应液加热到130℃～140℃时产生乙醚。此时再滴加乙醇，乙醇将继续与硫酸氢乙酯作用生成乙醚。若此时滴加乙醇的速度过快，不仅会降低反应液的温度，而且滴加的部分乙醇因来不及作用就会被蒸出。若滴加乙醇的速度过慢，则反应时间会太长，瓶内的乙醇易被热的浓硫酸氧化或炭化。因此，滴加乙醇的速度应控制到能保持与馏出乙醚的速度相等为宜（1滴/秒）。

（5）不同。在制备乙醚时，温度计的水银球必须插入反应液的液面以下。因为此时温度计的作用是测量反应温度；而蒸馏时，温度计的位置是在液面上，即水银球的上部与蒸馏烧瓶的支管下沿平齐，因为此时温度计的作用是测量乙醚蒸气的温度。

（6）在粗制乙醚中含有水、醋酸、亚硫酸以及未反应的乙醇。实验中用氢氧化钠溶液除去酸性物质，用饱和氯化钙除去乙醇，用无水氯化钙干燥除去所剩的少量水和乙醇。

（7）因为在用氢氧化钠水溶液洗涤粗产物之后，必然有少量碱残留在产品乙醚里，若此时直接用饱和氯化钙水溶液洗涤，则将有氢氧化钙沉淀产生，影响洗涤和分离。因此，用氢氧化钠水溶液洗涤产品之后应用饱和氯化钠水溶液洗涤。这样，既可以洗去残留在乙醚中的碱，又可以减少乙醚在水中的溶解度。

（8）若精制后的乙醚沸程仍较长，则说明此乙醚中还含有较少量的乙醇和水未除干净。它们能与乙醚形成共沸物。为了得到纯净的乙醇，可将此乙醚先用无水氯化钙干燥处理，然后用金属钠干燥。

实验七　乙酰水杨酸（阿司匹林）的制备和纯度检验

（1）防止乙酸酐水解转化成乙酸。

（2）浓硫酸作为催化剂。水杨酸形成分子内氢键，阻碍酚羟基酰化作用。水杨酸与酸酐直接作用必须加热至150℃～160℃才能生成乙酰水杨酸，如果加入浓硫酸（或磷酸），氢键被破坏，酰化作用可在较低温度下进行，同时副产物大大减少。

（3）不可以。由于酚存在共轭体系，氧原子上的电子云向苯环移动，使羟基氧上的电子云密度降低，导致酚羟基亲核能力较弱，进攻乙酸羰基碳的能力较弱，所以反应很难发生。

（4）本实验的副产物包括水杨酰水杨酸酯、乙酰水杨酰水杨酸酯、乙酰水杨酸酐和聚合物。用 NaHCO$_3$ 溶液除去副产物。副产物聚合物不溶于 NaHCO$_3$ 溶液，而乙酰水杨酸中含羧基，能与 NaHCO$_3$ 溶液反应生成可溶性盐。

（5）利用水杨酸属酚类物质可与三氯化铁发生颜色反应的特点，用几粒 FeCl$_3$ 结晶加入盛有水的试管中，加入 1～2 滴 1% FeCl$_3$ 溶液，观察有无颜色反应（紫色）。

实验八　从茶叶中提取咖啡因和咖啡因的鉴定

（1）滤纸筒的直径要略小于抽提筒的内径，其高度一般要超过虹吸管，但样品不得高于虹吸管。如果滤纸筒的直径大于抽提筒的内径，则滤纸筒不能放入提取筒内。样品高度比虹吸管高，高出虹吸管的部分不能被溶剂浸没。

（2）提取过程中，生石灰起中和及吸水的作用。

（3）蒸馏是为了去除多余的溶剂。

实验九　邻硝基苯胺与对硝基苯胺的分离

（1）在特定的展开剂中，R_f 值可以认为是物质的特性之一。取标准品和样品，如果在两个以上的展开剂系统中，样品都有和标准品相同 R_f 值，基本可以确定样品中含有标准品。

（2）点样点会被展开剂溶解。

（3）对混合物及各组分对照品分别点样，再用适当的展开剂展开，喷以适当的显色剂，然后对照斑点的位置，如果混合物中有位置高度和组分对照品相同，则可以判断该混合物中含有该对照品组分，也可以通过计算 R_f 值来判断。

实验十　测维生素 C 片剂中维生素的 C 含量（直接碘量法）

（1）查得碘在水中的溶解度为 0.02 g/100 g，碘在水中的溶解度很低，加入过量的 KI，可增加 I$_2$ 在水中的溶解度，反应式为：I$_2$+I$^-$ $\rightleftharpoons$ I$_3^-$。

（2）维生素 C 有强还原性，为防止水中溶解的氧氧化维生素 C，要将蒸馏水煮沸,以除去水中溶解的氧;为防止维生素 C 的结构被破坏,要将煮沸的蒸馏水冷却。

(3)①读数误差,由于碘标准溶液颜色较深,溶液凹液面难以分辨,但液面最高点较清楚,所以常读数液面最高点,读时应调节眼睛的位置,使之与液面最高点在同一水平位置上。②反应物容易被空气中的氧氧化,滴定过程中用碘量瓶,而不用锥形瓶,避免剧烈地摇动。

实验十一 食品中维生素 C 的含量测定(2,4- 二硝基苯肼比色法)

(1)维生素 C 见光易分解。

(2)浓硫酸遇水稀释会放出大量的热。如果浓硫酸加入过快会发生碳化,所以变黑。

(3)扣除样品管的影响和干扰,让结果更准确。

实验十二 硫酸铜中铜含量的测定(碘量法)

(1)铜离子会水解,加入硫酸,会抑制铜离子水解。

(2)I^- 不仅是 Cu^{2+} 的还原剂,还是 Cu^+ 的沉淀剂和络合剂。

(3)因 CuI 沉淀表面吸附 I_2,这部分 I_2 不能被滴定,会造成结果偏低。加入 KSCN 溶液,使 CuI 转化为溶解度更小的 CuSCN,而 CuSCN 不吸附 I_2 从而使被吸附的那部分 I_2 释放出来,提高了测定的准确度。但是,为了防止 I_2 对 SCN^- 的氧化,KSCN 应在临近滴定终点时加入,否则 SCN^- 也会还原 I_2,使结果偏低。

(4)间接碘法测铜($2\,Cu^{2+} + 4I^- = 2CuI + I_2$)的反应是可逆的,为了使反应能趋于完全必须加入 KSCN,使 CuI 转化为溶解度更小的 CuSCN 沉淀:CuI + KSCN= CuSCN↓ + KI。反应产生的 KI 与未作用的 Cu^{2+} 作用。在这种情况下,用较少的 KI 就能使反应进行得很完全。同时,CuSCN 沉淀吸附 I_2 的倾向较小,因而可以提高测定结果的准确度。为了防止铜盐水解,反应必须在酸性溶液中进行。又因 Cl^- 能与 Cu^{2+} 生成络盐,因而不能用 HCl,而应使用 H_2SO_4。

(5)若试样中含有铁,可加入 NH_4HF_2 以掩蔽 Fe^{3+}。同时利用 $HF-F^-$ 的缓冲作用控制溶液的酸度在 pH 为 3 ~ 4。

实验十三 自来水硬度的测定

(1)我国使用较多的表示方法有两种:一种是将所测得的钙、镁折算成 CaO 的质量,即每升水中含有 CaO 的毫克数,单位为 $mg \cdot L^{-1}$;另一种以度计,即 1 硬度单位表示 10 万份水中含 1 份 CaO（每升水中含 10 mg CaO），1° =10 ppm CaO。这种硬度的表示方法称作德国度。我国通常以 $1 \times 10^{-3} g \cdot L^{-1}$ $CaCO_3$ 表示水的总硬度，德国以 $10 \times 10^{-3} g \cdot L^{-1}$ CaO 表示水的硬度。因此，如以 $1 \times 10^{-3} g \cdot L^{-1}$ $CaCO_3$ 表示的总硬度换算成德国度时，需乘以系数 0.056。德国度 °dH（$10 \times 10^{-3} g \cdot L^{-1}$ CaO）= 总硬度（$g \cdot L^{-1}$ $CaCO_3$）× 56.08/（100.09×10）= 总硬度（$g \cdot L^{-1}$ $CaCO_3$）× 0.056。

（2）①水硬度的测定包括总硬度与钙硬度的测定，镁硬度则根据实验结果计算得到。

②可在一份溶液中进行，也可平行取两份溶液进行：

a. 在一份溶液中进行：先在 pH=12 时滴定 Ca^{2+}，再将溶液调至 pH=10[先调至 pH=3，再调至 pH=10，以防止 $Mg(OH)_2$ 或 $MgCO_3$ 等形式存在而溶解不完全]，滴定 Mg^{2+}。

b. 平行取两份溶液进行：一份试液在 pH=10 时测定 Ca、Mg 总量，另一份在 pH=12 时测定 Ca，由两者所用 EDTA 体积之差求出 Mg 的含量。本实验采用第二种方法。

（3）因稳定常数 $CaY^{2-}> MgY^{2-}$，滴定 Ca^{2+} 的最低 pH=8，滴定 Mg^{2+} 的最低酸碱度 pH=10，指示剂铬黑 T 使用的最适宜 pH 范围为 9 ~ 10.5，因此测定时 pH=10。

（4）在 pH=10 的缓冲溶液中，加入铬黑 T 指示剂后，指示剂先与 Mg^{2+} 配位形成 $MgIn^-$，当滴加 EDTA 后，EDTA 先与游离的 Ca^{2+}、Mg^{2+} 配位，最后夺取 $MgIn^-$ 中的 Mg^{2+}：

$$MgIn^- + H_2Y^{2-} = MgY^{2-} + HIn^{2-} + H^+$$

溶液的颜色由酒红色变为纯蓝色。

（5）若按本实验条件用直接滴定法测定总硬度，则不能。经计算可知，在 pH=10 的氨性溶液中，以铬黑 T 为指示剂，用 $0.02 mol \cdot L^{-1}$ EDTA 滴定 $0.02 mol \cdot L^{-1}$ Ca^{2+} 溶液，滴定终点误差为 −1.5%；若滴定的是 $0.02 mol \cdot L^{-1}$ Mg^{2+} 溶液，滴定终点误差为 0.11%。此结果表明，采用铬黑 T 为指示剂时，尽管 CaY 比 MgY 稳定，但测定钙的滴定终点误差较大，这是由于铬黑 T 与 Ca^{2+} 显色不灵敏所致。

（6）在 pH 为 12 ~ 13 的条件下，Mg^{2+} 形成 Mg（OH）$_2$ 沉淀，不干扰钙的测定；钙硬度的测定条件是 pH 为 12 ~ 13，以钙指示剂为指示剂。

（7）在溶液中，钙指示剂存在下列平衡：

	pKa$_2$=7.4		pKa$_3$=13.5	
H_2In^-		HIn^{2-}		In^{3-}
酒红色		蓝色		酒红色

由于 MIn 溶液为酒红色，要使滴定终点的变色敏锐，从平衡式看 7.4<pH<13.5 就能满足。为了排除 Mg^{2+} 的干扰，在 pH 为 12 ~ 13 的条件下，滴定钙，滴定终点溶液呈蓝色。

（8）测定钙硬度时，采用沉淀掩蔽法排除 Mg^{2+} 对测定的干扰。由于沉淀会吸附被测 Ca^{2+} 和钙指示剂，变色不明显，从而影响测定的准确度和滴定终点的观察。因此，测定时应该注意：在水样中加入 NaOH 溶液后可以放置或稍加热，待看到 $Mg(OH)_2$ 沉淀后再加指示剂。这是因为放置或稍加热使 $Mg(OH)_2$ 沉淀形成，以减少吸附。另外，在临近滴定终点时，应慢慢滴加，并且多搅动，滴加一滴溶液后，待颜色稳定后再滴加下一滴。

（9）由于 Al^{3+}、Fe^{3+}、Cu^{2+} 等对指示剂有封闭作用，如用铬黑 T 为指示剂测定此水样，应加掩蔽剂将它们掩蔽：Al^{3+}、Fe^{3+} 用三乙醇胺掩蔽，Cu^{2+} 用乙二胺或硫化钠掩蔽。例如，取适量体积的水样，加入 3 mL 三乙醇胺（200 g·L^{-1} 水溶液），5 mL 氨性缓冲溶液，1 mL 20g·L^{-1}Na$_2$S 溶液，2 ~ 3 滴铬黑 T 指示剂，用 EDTA 标准溶液滴定至溶液由紫红色变为纯蓝色即达到终点。

实验十四　EDTA 滴定法测定蛋壳中钙的含量（钙指示剂）

（1）乙二胺四乙酸是一种有机化合物，常温常压下微溶于冷水。乙二胺四乙酸二钠能溶于水，是化学中一种良好的配合剂，是一种能与 Mg^{2+}、Ca^{2+}、Mn^{2+}、Fe^{2+} 等二价金属离子结合的螯合剂。

（2）如有泡沫，滴加 2 ~ 3 滴乙醇，泡沫消失后再定容。

（3）钙指示剂适合在 pH 为 12 ~ 13 时使用，如果 pH>12.5，镁离子已经完成沉淀，可以消除镁离子对钙离子的滴定干扰。

实验十五　高锰酸钾滴定法测定鸡蛋壳中钙的含量

（1）高锰酸钾滴定法主要的实验原理是利用鸡蛋壳中的 Ca^{2+} 与草酸盐形成难溶的草酸盐沉淀，将沉淀经过滤洗涤分离后溶解，用高锰酸钾法测定 $C_2O_4^{2-}$ 含量，换算出 $CaCO_3$ 的含量。

（2）在该实验中，某些金属离子（Ba^{2+}，Sr^{2+}，Mg^{2+}，Pb^{2+}，Cd^{2+} 等）与 $C_2O_4^{2-}$ 能形成沉淀对测定 Ca^{2+} 有干扰。

（3）高锰酸钾溶液不能长期存放，因为高锰酸钾能够自发，缓慢地氧化水生成 O_2，且存放时间越长反应越快。高锰酸钾溶液具有强氧化性，能与玻璃的主要成分发生反应，黏住玻璃塞。因为高锰酸钾见光分解，所以要放在棕色试剂瓶中，避光保存。高温会使反应速率加快，所以要尽量低温保存。

实验十六　酸碱滴定法测定鸡蛋壳中钙的含量

（1）鸡蛋壳称量的依据是使得滴定剂用量在 20 ~ 30mL，来确定样品的称量范围。

（2）鸡蛋壳要足够碎，溶解时间要足够长。

（3）因为样品里也含有 $MgCO_3$，也会消耗 HCl。

实验十七　可溶性氯化物中氯含量的测定（莫尔法）

（1）因为 $AgNO_3$ 见光易分解。

（2）若有铵盐存在，为避免生成 $Ag(NH_3)_2^+$，溶液的 pH 范围应控制在 6.5 ~ 7.2 为宜。

（3）莫尔法沉淀滴定用 $AgNO_3$ 溶液滴定 Cl^-。指示剂浓度过大，提前指示滴定终点，CrO_4^{2-} 本身的黄色会影响滴定终点的观察，使结果偏小；指示剂浓度过小，延迟指示滴定终点，使结果偏大。

（4）不能。莫尔法不适用于以 NaCl 标准溶液直接滴定 Ag^+。因为在含 Ag^+ 的试液中加入指示剂 K_2CrO_4 后，就会立即析出 Ag_2CrO_4 沉淀。用 NaCl 标准溶液滴定时，Ag_2CrO_4 再转化成 AgCl 的速度极慢，使滴定终点推迟到达。

（5）空白实验可校正由于 $AgNO_3$ 使用过量而引入的误差。做空白测定主要是扣除蒸馏水中的 Cl^- 所消耗 $AgNO_3$ 标准溶液的体积，使测定结果更准确。

（6）应调节溶液 pH，排除可能存在的干扰离子。

实验十八　pH 法测定醋酸电离常数和电离度

（1）烧杯必须烘干。醋酸是弱酸，会在水中电离。烧杯除了烘干还可以用其他方法使烧杯干燥，如用吹风机吹干。

（2）测定醋酸溶液的 pH 时，按从稀到浓的次序进行目的是降低相对误差。测同一种溶质的溶液时，两组测量之间是不会洗 PH 计的电极的，所以会把前一种溶液的残留带入后一种。残留的体积大体是一定的，所以残留溶液的浓度决定了引起的误差，如果前一种溶液的浓度小，引起的误差就小。

实验十九　化学反应速率和活化能的测定

（1）测化学反应速率就要记录反应时间和起始反应浓度。从加入溶液开始计时，两种溶液一旦混合即发生反应，如果慢慢加入 $(NH_4)_2S_2O_8$，那反应体系各物质浓度就不是反应所规定的浓度，所以要迅速倒入，以减少误差。

（2）过硫酸根与 I^- 发生反应，生成单质 I_2，硫代硫酸钠又可以将单质 I_2 氧化成 I^-。当硫代硫酸钠反应完时，过硫酸根和 I^- 反应生成的 I_2 就能使得淀粉溶液变蓝。由此判断反应时间以及过硫酸根的浓度。

（3）溶液出现蓝色后，过硫酸根与 I^- 的反应不一定终止，出现蓝色仅说明硫代硫酸根反应完了。

实验二十　标准加入法测定钢铁中的磷（磷钼蓝吸光光度法）

（1）当很难配置与样品溶液相似的标准溶液，或样品基体成分很高且变化不定，或样品中含有固体物质而对吸收的影响难以保持一定时，采用标准加入法。

常用的工作曲线法又称标准曲线法或校准曲线法，适用于标准曲线的基体和样品的基体大致相同的情况，优点是速度快，缺点是当样品基体复杂时不正确。正确的做法是将贮备标准液稀释为所需要的标准系列，用零浓度调仪器零点后，依次由低到高浓度测量标准液的吸光度（或峰高、面积），同时测定样品和样品空白的吸光度（或峰高、面积），在坐标纸上以标准液浓度为横坐标，以对应的吸光度为纵坐标，绘制标准曲线。

标准加入法是分别在数份相同体积的样品液中加入已知浓度不等量的标准液，一定要有一份相同体积样品液中加入的标准液为零，按照上面绘制标准曲线的步骤测量吸光度（或峰高、面积），在坐标纸上以加入的标准液浓度为横坐标，以对应的吸光度为纵坐标，绘制标准曲线，用外推法（延长标准曲线和横坐标相交的数的绝对值）就可得到样品液浓度。

（2）可以使用氧化性的酸，不得单独使用盐酸或硫酸，必须使用具有氧化性的硝酸或硝酸及其他酸的混合酸，否则会生成气态 PH_3 而挥发，造成损失。

（3）酸度要控制在 $1.6 \sim 2.7\ mol \cdot L^{-1}$，蒸馏水中有磷会使实验结果偏高。

（4）实验温度会影响磷钼蓝的反应，一般大多在 90℃ ~ 100℃，温度太低反应时间太长，也会使磷钼杂多酸还原成钼蓝，影响结果的测定。

实验二十一　槐花米中芦丁的提取、纯化及鉴定

（1）加入硼砂既能调节碱性水溶液的 pH，又能保护芸香苷分子中的邻二酚羟基不被氧化，亦能保护邻二酚羟基不与钙离子络合，使芸香苷不受损失。

（2）芦丁是糖苷类化合物，在酸性条件下可水解生成槲皮素及葡萄糖、李糖等，不是单纯的槲皮素，所以显色点高度不一致。

实验二十二　葡萄糖酸锌的制备与质量分析

（1）热过滤是为了除去 $CaSO_4$ 沉淀。另外，由于葡萄糖酸锌在热水中的溶解度大，温度降低会导致其析出，整个体系的黏度会非常大，过滤困难。

（2）加入 95% 乙醇是为了降低葡萄糖酸锌在水中的溶解度，使析出更多的葡萄糖酸锌。另外，也易于过滤后葡萄糖酸锌的干燥。

（3）温度降低会导致葡萄糖酸锌析出，整个体系的黏度会非常大。使用其他方式加热温度不容易控制，容易局部过热。

第三部分　设计研究型实验

实验一　食醋总酸度的测定

一、目的要求

（1）综合应用滴定管、容量瓶、移液管的使用方法和滴定操作等基础实验知识。

（2）巩固氢氧化钠标准溶液的配制和标定方法。

（3）巩固强碱滴定弱酸的反应原理及指示剂的选择。

二、实验原理

NaOH 易吸收水分及空气中的 CO_2，因而不能用直接法配制标准溶液，需要先配成近似浓度的溶液，然后用基准物标定。邻苯二甲酸氢钾常用作标定碱的基准物。邻苯二甲酸氢钾易制得纯品，在空气中不吸水，容易保存，摩尔质量大，是一种较好的基准物。标定 NaOH 反应式为 $KHC_8H_4O_4+NaOH=KNaC_8H_4O_4+H_2O$。反应产物是二元弱碱，在水溶液中显碱性，可用酚酞作指示剂。

食醋的主要成分是醋酸，此外还含有少量的其他有机弱酸如乳酸等，用 NaOH 标准溶液滴定，在化学计量点时呈弱碱性，选用酚酞作指示剂，测得的是总酸反应：

$$CH_3COOH+NaOH=CH_3COONa+H_2O$$

化学计量点为 pH≈8.7，计量关系为 $n(CH_3COOH)=n(NaOH)$。

三、主要仪器与试剂

仪器：100 mL 烧杯、250 mL 锥形瓶、试剂瓶、100 mL 容量瓶、碱式滴定管、5 mL 移液管、20 mL 移液管、分析天平、托盘天平、电炉等。

试剂：邻苯二甲酸氢钾、NaOH 固体、0.2% 酚酞指示剂、食醋等。

四、实验步骤

1. 0.05 mol·L⁻¹ NaOH 溶液的配制与标定

在天平上用小烧杯快速称取 2.0 g 氢氧化钠固体，加 100 mL 蒸馏水，使之全部溶解。转移到干净的试剂瓶中，用蒸馏水稀释至 1000 mL，用橡皮塞塞住瓶口，充分摇匀，贴上标签。

准确称取 0.45 g 邻苯二甲酸氢钾三份，分别置于 250 mL 锥形瓶中，加 50 mL 蒸馏水溶解后，滴加酚酞指示剂 1 ~ 2 滴，用 NaOH 溶液滴定至溶液呈微红色，30 秒内不褪色，即达到滴定终点。平行测定三份，计算出 NaOH 溶液的浓度。

2. 食醋中醋酸含量的测定

准确移取 2.50 mL 食醋于 50 mL 容量瓶中，以蒸馏水稀释至标线，摇匀。用移液管吸取上述试液 20.00 mL 于锥形瓶中，加入 25 mL 水，滴加 1 ~ 2 滴酚酞指示剂，摇匀，用已标定的 NaOH 标准溶液滴定至溶液呈微红色，30 秒内不褪色，即达到滴定终点。平行测定三份，计算食醋中醋酸含量（g/100 mL）。

3. 实验数据记录与处理

表 3-1-1　0.05 mol·L⁻¹ 氢氧化钠溶液浓度的标定

项目	1	2	3
邻苯二甲酸的质量（g）			
V_{NaOH} 终读数（mL）			
V_{NaOH} 始读数（mL）			
V_{NaOH}（mL）			
c_{NaOH}（mol·L⁻¹）			
平均 c_{NaOH}（mol·L⁻¹）			
偏差（%）			
相对平均偏差（%）			

表 3-1-2　食醋中乙酸含量测定

项目	1	2	3
V_{NaOH} 终读数（mL）			
V_{NaOH} 始读数（mL）			
V_{NaOH}（mL）			
c_{HAc}（mol·L^{-1}）			
平均 c_{HAc}（mol·L^{-1}）			
偏差（%）			
相对平均偏差（%）			
c_{HAc}（g/100mL）			

五、实验中可能遇到的问题及对策

（1）由于强碱溶液侵蚀玻璃，长期保存最好用塑料瓶贮存。一般情况下，可用玻璃瓶贮存，但必须用橡皮塞。

（2）氢氧化钠固体易吸收空气中的二氧化碳和水，不能直接配制碱标准溶液，必须用标定法。

（3）注意食醋取后应立即将试剂瓶盖盖好，防止挥发。

（4）蒸馏水中溶有二氧化碳，所以在配制氢氧化钠溶液时应该将蒸馏水煮沸冷却后使用。

实验二　食品中粗脂肪的测定

方法一：索氏提取法

一、目的要求

（1）掌握索氏提取法测定粗脂肪的原理。

（2）巩固索氏抽提法测定脂肪的原理与方法，总结索氏提取法基本操作要点及影响因素。

二、实验原理

脂肪俗称油脂，由碳、氢和氧元素组成。它既是人体组织的重要构成部分，又是提供热量的主要物质之一。索氏提取法是测定食品中脂肪含量的经典方法，其原理是利用脂肪能溶于有机溶剂的性质，在索氏提取器中将样品用无水乙醚或石油醚等溶剂反复萃取，提取样品中的脂肪后，蒸去脂肪瓶中的溶剂，所得的物质即脂肪（或称粗脂肪）。采用这种方法测出游离态脂肪，此外还含有磷脂、色素、蜡状物、挥发油、糖脂等物质，所以用索氏提取法测得的脂肪为粗脂肪。

索氏提取法适用于脂类含量较高，结合态的脂类含量较少，能烘干磨细、不宜吸湿结块的样品的测定。此法只能测定游离态脂肪，而结合态脂肪无法测出，要想测出结合态脂肪需在一定条件下水解后变成游离态的脂肪才能测出。此法是经典方法，对大多数样品结果比较可靠，但周期长，溶剂用量较大。

三、主要仪器与试剂

仪器：电热恒温鼓风干燥箱、干燥器、恒温水浴箱、具塞量筒、锥形瓶、试管、玻璃棒、索氏提取器等。

试剂：乙醇（95% 体积分数）、无水乙醚（不含过氧化物）、石油醚（30℃ ~ 600℃沸腾）、盐酸、鲜肉、滤纸、饮料等。

四、实验步骤

1. 样品处理

准确称取均匀实验样品 2 g 左右并记录（精确至 0.01 mg），装入滤纸筒内。

2. 索氏提取器的清洗

将索氏提取器各部分充分洗涤并用蒸馏水清洗后烘干。脂肪烧瓶在 103℃ ±2℃ 的烘箱内干燥至恒重（前后两次称量差不超过 2 mg）。

3. 样品测定

（1）将滤纸筒放入索氏提取器的抽提筒内，连接已干燥至恒重的脂肪烧瓶，从抽提器冷凝管上端加入乙醚或石油醚至瓶内容积的 2/3 处，接通冷凝水，将烧瓶浸没在水浴中加热，用一小团脱脂棉轻轻塞入冷凝管上口，回流。

（2）抽提温度的控制。水浴温度应控制在使提取液每 6 ~ 8 分钟回流一次为宜。

（3）抽提时间的控制。抽提时间视试样中粗脂肪含量而定，一般样品提取 6 ~ 12 小时，坚果样品提取约 16 小时。提取结束时，用毛玻璃板接取一滴提取液，如无油斑则表明提取完毕。

（4）提取完毕，取下脂肪烧瓶，回收乙醚或石油醚。待烧瓶内乙醚仅剩下 1 ~ 2 mL 时，在水浴上赶尽残留的溶剂，于 95℃ ~ 105℃环境下干燥 2 小时后，置于干燥器中冷却至室温，称量。继续干燥 30 分钟后冷却称量，反复干燥至恒重（前后两次称量差不超过 2 mg）。

4. 实验结果及分析

实验数据见表 3-2-1。

表 3-2-1　数据记录表

样品的质量 m (g)	干燥脂肪烧瓶的质量 m_0 (g)	抽提后脂肪和烧瓶的质量 m_1 (g)			
		1	2	3	恒重值

计算公式：

$$\omega = \frac{m_2 - m_1}{m} \times 100\%$$

式中：w ——样品中粗脂肪的质量分数，%。

　　　　m——样品的质量，g。

　　　　m_0——干燥的脂肪烧瓶的重量，g。

　　　　m_1——抽提后脂肪和烧瓶的总重量，g。

五、实验中可能遇到的问题及对策

（1）乙醚和石油醚是易燃、易爆物质，应注意通风并且不能有火源。另外，乙醚若放置时间过长，会产生过氧化物。过氧化物不稳定，当蒸馏或干燥时会发生爆炸，故使用前应严格检查，并除去过氧化物。检查方法：取 5 mL 乙醚于试管中，加 KI（100 $g \cdot L^{-1}$）溶液 1 mL，充分振摇 1 分钟，静置分层。若有过氧化物则放出游离碘，水层是黄色（或加 4 滴 5 $g \cdot L^{-1}$ 淀粉，指示剂显蓝色）。去除过氧化物的方法：将乙醚倒入蒸馏瓶中加一段无锈铁丝或铝丝，收集重蒸馏后的乙醚。

（2）索氏提取时，样品滤纸的高度不能超过虹吸管，否则上部脂肪不能提尽而造成误差。

（3）样品和乙醚浸出物干燥时，时间不能过长，以防止极不饱和的脂肪酸受热氧化而增加质量。

（4）脂肪烧瓶在烘箱中干燥时，瓶口侧放，以利于空气流通。而且先不要关上烘箱门，于 90℃以下鼓风干燥 10～20 分钟，驱尽残余溶剂后再将烘箱门关紧，升至所需温度。

（5）反复加热可能会因脂类氧化而增重，质量增加时，以增重前的质量为恒重。

方法二：酸水解法

一、目的要求

（1）掌握酸水解法测定粗脂肪的原理。

（2）熟悉和掌握酸水解法中重量分析的基本操作，包括样品的处理、烘干、恒重等。

二、实验原理

酸水解法测出的脂肪为游离态脂和结合脂全部脂类。酸水解法的原理是利用强酸在加热的条件下将试样成分水解，使结合或包藏在组织内的脂肪游离出来，再用有机溶剂（乙醚和石油醚）提取，经回收溶剂并干燥后，称量提取物的质量，即试样中所含脂类的质量，从而计算出含量。

酸水解法适用范围与特点：适用于各类食品中脂肪的测定，对固体、半固体、黏稠液体或液体食品，特别是加工后的混合食品，容易吸湿、结块、不易烘干的食品，不能采用索氏提取法时，用此法效果较好。

三、主要仪器与试剂

仪器：电热恒温鼓风干燥箱、干燥器、恒温水浴箱、具塞量筒、锥形瓶、试管、玻璃棒、索氏提取器等。

试剂：乙醇（95% 体积分数）、无水乙醚（不含过氧化物）、石油醚（30℃ ~ 600℃沸腾）、盐酸、鲜肉、滤纸、饮料等。

四、实验步骤

1. 水解

准确称取固体样品 2 g 于 50 mL 大试管中，加入 8 mL 蒸馏水，用玻璃棒充分混合，加 10 mL 盐酸；或称取液体样品 10 g 于 50 mL 大试管中，加 10 mL 盐酸。混匀后置于 70℃ ~ 80℃的水浴中，每隔 5 ~ 10 分钟用玻璃棒搅拌一次至脂肪游离为止，大约需要 40 ~ 50 分钟，取出静置，冷却。

2. 提取

取出试管加入 10 mL 乙醇，混合。冷却后将混合物移入 100 mL 具塞量筒中，用 25 mL 乙醚分次冲洗试管，洗液一并倒入具塞量筒内。加塞振摇 1 分钟，将塞子慢慢转动放出气体，再塞好，静置 15 分钟，小心开塞，用石油醚 - 乙醚等量混合液冲洗塞及筒口附着的脂肪。静置 10 ~ 20 分钟，待上部液体清晰，吸出上层清液于已恒重的锥形瓶内，再加入 5 mL 乙醚于具塞量筒内振摇，静置后仍将上层乙醚吸出，放入原锥形瓶内。

3. 干燥、称重

将锥形瓶于水浴上蒸干，置于 95℃ ~ 105℃烘箱中干燥 2 小时，取出放入干燥器中冷却 30 分钟后称量。

4. 结果计算

$$\omega = \frac{m_2 - m_1}{m} \times 100\%$$

式中：ω——脂类的质量分数，%；

m——试样的质量，g；

m_1——空锥形瓶的质量，g；

m_2——锥形瓶与样品脂类的质量，g。

五、实验中可能遇到的问题及对策

（1）乙醇、乙醚和石油醚均是易燃易爆的溶液，应注意通风并且不能有火源。

（2）乙醚若放置时间过长，会产生过氧化物。过氧化物在蒸馏或干燥时会发生爆炸，故使用乙醚前应严格检查，并除去过氧化物。

检查乙醚中过氧化物的方法：取 5 mL 乙醚于试管中，加 KI（100g·L⁻¹）溶液 1 mL，充分振摇 1 min，静置分层。若有过氧化物则放出游离碘，水层是黄色（或加 4 滴 5 g·L⁻¹ 淀粉指示剂显蓝色），则该乙醚需处理后使用。

去除过氧化物的方法：将乙醚倒入蒸馏瓶中加一段无锈铁丝或铝丝，收集重蒸馏乙醚。

（3）提取液在锥形瓶中水浴蒸干，注意反应条件为水浴。如果直接在烘箱中干燥，可能会因受热不均匀或温度过高等因素造成极不饱和的脂肪酸受热氧化而增加质量，产生较大误差。

（4）提取液蒸干后不要反复加热，且不可加热时间过长，防止脂类氧化而增重。如果出现质量增加时，以增重前的质量为恒重。

实验三　荧光黄和亚甲基蓝的分离

一、目的要求

1. 熟悉有机物分离的常用方法，学会用色谱分析的方法分离有机物。

2. 熟悉薄层分析和柱色谱分析的原理、方法和应用。

3. 熟练薄层分析和柱色谱分离的基本操作。

4. 应用薄层分析和柱色谱分离方法分离荧光黄和亚甲基蓝。

5. 在实验条件允许的前提下，可以使用液相色谱仪和气相色谱仪，以便熟悉色谱仪的使用。

二、实验原理

柱色谱法又称层析法，是一种以分配平衡为机理的分配方法。色谱体系包含两个相，一是固定相，二是流动相。当两相相对运动时，反复多次地利用混合物中所含各组分分配平衡性质的差异，最后达到彼此分离的目的。它是纯化和分离有机物或无机物的一种常用方法。根据相似相溶原理，混合物在固定相中溶解度大的物质后出柱，保留时间长，难被洗脱。

荧光黄和亚甲基蓝在化学分析中常常用作试剂和指示剂。荧光黄为橙红色，商品一般是二钠盐，稀的水溶液带有荧光黄色。亚甲基蓝又称为碱性湖蓝 BB，是深绿色的有铜光的结晶体，其稀的水溶液为蓝色。它们的结构式如下：

荧光黄   碱性湖蓝BB

三、主要仪器与试剂

仪器：柱色谱装置、点样毛细管（0.5 mm×100 mm）、展缸等。

试剂：固定相（300 目硅胶粉或中性氧化铝），待分离的荧光黄和亚甲基蓝混合物等。

四、实验步骤

1. 安装柱色谱装置

根据待分离的混合物的量，选取一根合适的色谱柱，固定在铁架台上，以 25 mL 锥形瓶作为洗脱液的接收器。

对于底部带有砂芯板的色谱柱，操作时，一般将 95% 乙醇与固定相先调成糊状，再徐徐倒入柱中。用木棒或带橡胶塞的玻璃棒轻轻敲打柱身下部，使填装紧密，当装柱至 3/4 时，再在上面小心添加一层 0.5 cm 厚的石英砂。

对于底部没有砂芯板的色谱柱，操作时，首先用镊子取少许脱脂棉（或玻璃棉）放于干净的色谱柱底部，轻轻塞紧，再在脱脂棉上盖一层厚 0.5 cm 的石英砂，关闭旋塞，再装柱。

2. 选择展开剂

把待分离的荧光黄和亚甲基蓝混合物溶于少量 95% 乙醇溶液中，点板，以不同的有机溶剂作为展开剂展开，确定最合适的展开剂。该展开剂即柱色谱洗脱剂。

3. 上样

装好色谱柱后，打开旋塞，控制流出速度为 1 滴 / 秒。操作时一直保持该流速，注意不能使液面低于砂子的上层，目的是保持色谱柱的均一性，使整个吸附剂浸泡在溶剂或溶液中，否则当色谱柱中的溶剂或溶液流干时，就会使柱身干裂，影响渗滤和显色的均一性。

当溶剂液面刚好流至石英砂表面时，关闭旋塞，立即沿柱壁缓慢加入待分离的混合物液体。装完待分离的混合物液体后，打开旋塞，使继续液体流出。当液面至接近石英砂表面时，立即用展开剂洗下管壁的有色物质，如此连续 2～3 次，直至洗净为止。然后，在色谱柱上安装滴液漏斗，用展开剂进行洗脱，控制流出速度。

4. 分离

理论上蓝色的亚甲基蓝因极性小，首先向色谱柱下方移动，极性较大的荧光黄则留在色谱柱的上端。当蓝色的色带快洗出时，更换另一接收器，继续洗脱，至滴出液接近无色为止，再换一接收器。改用水作洗脱剂至黄绿色的荧光黄开始滴出，用另一接收器收集至绿色全部洗出为止，分别得到两种染料的溶液。

5. 旋蒸

将两种染料的溶液分别在旋转蒸发仪上蒸干溶剂，从而得到固体产物。

五、实验中可能遇到的问题及对策

（1）色谱柱填装不要有气泡，松紧度合适。

（2）加料前在硅胶上加入石英砂，防止在加料时把吸附剂冲起，影响分离效果。若无细砂也可用玻璃棉或剪成比色谱柱内径略小的滤纸压在吸附剂上面。

（3）为了保持色谱柱的均一性，整个吸附剂要浸泡在溶剂或溶液中，否则当色谱柱中的溶剂或溶液流干时，就会使柱身干裂，影响渗滤和显色的均一性。

实验四　紫外—分光光度法测混合物中维生素 C 和维生素 E 的含量

一、目的要求

（1）进一步学习紫外日分光光度计的原理及应用。

（2）学习在紫外光谱区同时测定双组分体系：维生素 C 和维生素 E。

（3）结合前面对紫外光谱测定单体系组分的学习，培养探索实验的能力。

二、实验原理

维生素又称维他命，是维持身体健康所必需的一类有机化合物。这类物质在体内既不是构成身体组织的原料，也不是能量的来源，而是一类调节物质，在物质代谢中发挥着重要的作用。这类物质由于体内不能合成或合成量不足，所以虽然需要量很少，但必须经常由食物供给。因此，测定维生素的含量对于食品分析、生物制药等都有重要作用。

维生素的种类非常多，按照是否与水互溶大致可分为脂溶性和水溶性两大类。维生素 C 又叫 L-抗坏血酸，是一种水溶性维生素，能够治疗坏血病，并且具有酸性，在柠檬汁、绿色植物及番茄中含量很高。维生素 C 的结构类似葡萄糖，是一种多羟基化合物，其分子中两个相邻的烯醇式羟基极易解离而释出 H^+，故具有酸性。维生素 C 具有很强的还原性，容易被氧化成脱氢维生素 C。维生素 C 晶体是无色无臭的片状固体，易溶于水，不溶于有机溶剂，在酸性环境中稳定，但是遇热或光照，以及空气中的氧气，特别是有氧化酶及痕量铜、铁等金属离子存在时，可促进其氧化破坏。维生素 E 是一种脂溶性维生素，其水解产物为生育酚，是最主要的抗氧化剂之一，主要存在于蔬菜、豆类之中，在麦胚油中含量最丰富，易溶于脂肪和乙醇等有机溶剂中，不溶于水，对热和酸稳定，对碱不稳定，对氧敏感。维生素 C 和维生素 E（α-生育酚）均具有抗氧剂作用，它们在抗氧剂性能方面是协同的，两者结合在一起比单独使用的效果更佳。因此，它们作为一种有用的组合试剂应用于各种食品中。

维生素 C 是水溶性的物质，维生素 E 是酯溶性物质，但它们都能溶于无水乙醇，因而能用在同一溶液中测定双组分的原理来测定它们。

三、主要仪器与试剂

仪器：紫外-可见分光光度计、石英比色皿 2 个、50 mL 容量瓶 9 支、10 mL 吸量管 2 支。

试剂：1000 mL 7.50×10^{-5} mol·L⁻¹ 维生素 C 乙醇溶液、1000mL 1.13×10^{-4} mol·L⁻¹ 维生素 E 溶液、待测物、无水乙醇。

（1）配制 7.50×10^{-5} mol·L⁻¹ 维生素 C 乙醇溶液

称 0.0132 g 抗坏血酸溶于无水乙醇中，并用无水乙醇定容于 1000 mL。

（2）配制 1.13×10^{-4} mol·L⁻¹ 维生素 E 乙醇溶液

称 0.0488g 维生素 E 溶于无水乙醇中，并用无水乙醇定容于 1000 mL。

四、实验步骤

1. 配制标准溶液

（1）分别取维生素 C 贮备液 4.00 mL、6.00 mL、8.00 mL、10.00 mL 于 4 支 50 mL 容量瓶中，用无水乙醇稀释至刻度，摇匀。

（2）分别取维生素 E 贮备液 4.00 mL、6.00 mL、8.00 mL、10.00 mL 于 4 支 50 mL 容量瓶中，用无水乙醇稀释至标线，摇匀。

2. 绘制吸收光谱

以无水乙醇为参比，在 320 ~ 220 nm 范围测绘出维生素 C 和维生素 E 的吸收光谱，并确定 λ_1 和 λ_2。

3. 绘制标准曲线

以无水乙醇为参比，在波长 λ_1 和 λ_2 时分别测定步骤1配制的8个标准溶液的吸光度。

4. 未知液的测定

取未知液 5.00 mL 于 50mL 容量瓶中，用无水乙醇稀释至标线，摇匀。在波长 λ_1 和 λ_2 时分别测其吸光度。

5. 数据处理

（1）绘制维生素 C 和维生素 E 的吸收光谱，确定 λ_1 和 λ_2。

（2）分别绘制维生素 C 和维生素 E 在 λ_1 和 λ_2 时的 4 条标准曲线，求出 4 条直线的斜率，即 $\varepsilon_{\lambda_1}^C$、$\varepsilon_{\lambda_2}^C$、$\varepsilon_{\lambda_1}^E$ 和 $\varepsilon_{\lambda_2}^E$。

（3）计算未知液中维生素 C 和维生素 E 的浓度。

注意：抗坏血酸会缓慢地被氧化成脱氢抗坏血酸，所以必须每次实验时配制新鲜溶液。

五、实验中可能遇到的问题及对策

（1）维生素 C 和维生素 E 都容易被氧化，实验过程中注意密闭保存溶液，尽可能减少摇动，空气中的 O_2 将维生素 C 和维生素 E 氧化，使结果偏低。

（2）维生素 C 和维生素 E 都容易被氧化，实验过程中注意密闭保存溶液，尽可能减少摇动。空气中的 O_2 能将维生素 C 和维生素 E 氧化，使结果偏低。

实验五　苯乙酮的制备

一、目的要求

（1）应用理论知识傅克酰基化制备苯乙酮。

（2）合理设计实验方案，熟练应用无水操作、吸收、搅拌、回流、滴加等基本操作。

二、实验原理

制备芳酮的反应叫傅克酰基化反应。许多 Lewis 酸可作为傅克反应的催化剂，如无水 $AlCl_3$、无水 $ZnCl_2$、$FeCl_3$、$SbCl_3$、$SnCl_4$、BF_3 等。因为酸是一种非质子酸，在反应中是电子对的接受者，形成碳正离子，便于向苯环进攻。酰基不发生异构化，也不发生多元取代，所以该方法制备得到的产物比较纯，产量较高。

由傅克酰基化反应制苯乙酮的方程式为

$$\text{C}_6\text{H}_6 + (CH_3CO)_2O \xrightarrow{AlCl_3} \text{C}_6\text{H}_5-COCH_3 + CH_3COOH$$

由反应历程可以推出：

（1）酰基化反应：苯乙酮与当量的氯化铝形成络合物，副产物乙酸也与当量氯化铝形成盐，反应中一分子酸酐消耗两分子以上的氯化铝。

（2）反应中形成的苯乙酮/氯化铝络合物在无水介质中稳定。如果遇水会发生水解，络合物被破坏，析出苯乙酮。氯化铝与苯乙酮形成络合物后，不再参与反应，因而氯化铝在生成络合物后，剩余的氯化铝作为催化剂。

（3）氯化铝可以与含羰基的物质形成络合物，所以原料乙酸酐也与氯化铝形成分子络合物。另外，氯化铝的用量多时，可使醋酸盐转变为乙酰氯，作为酰化试剂，参与反应。因此，在傅克酰基化反应中，无水 $AlCl_3$ 不仅作催化剂，还能与酰基苯中的羰基氧结合成盐，所以为了反应顺利进行，需要多加一些 Lewis 酸，即 $AlCl_3$。

（4）苯用量是过量的，苯不但是反应试剂，而且也是溶剂，所以乙酸酐才是产率的基准试剂。

在苯乙酮的制备中，水和潮气会破坏试剂，影响产率，导致失败。因三个试剂都属无水，在仪器安装和操作过程中应注意采取措施：药品仪器均需干燥，回流冷凝管上装一个干燥管，整个装置密合不漏气。

三、主要实验仪器及试剂

仪器：圆底烧瓶、冷凝管、滴液漏斗、蒸馏装置、干燥管、搅拌装置。

试剂：乙酸酐、苯、硫酸镁、盐酸、氯化铝（无水三氯化铝的质量是本实验成败的关键，以白色粉末打开盖冒大量的烟，无结块现象为好。若大部分变黄则表明已水解，不可用。）、氢氧化钠等。

主要反应试剂及产物的物理常数见表 3-5-1

表 3-5-1　主要反应试剂及产物的物理常数

试剂名称	分子质量	熔点℃	沸点℃	密度 /g/cm³	溶解度		
					H_2O	乙醇	乙醚
乙酸酐	102	−73	140	1.082	溶	sdh	∞
苯	78	5.5	80.5	0.879	不溶	abs	∞
氯化铝	133.34	194	181	2.44	易溶	abs	s
苯乙酮	120.15	20.5	202	1.0281	微溶	溶	溶

四、实验步骤

1. 安装装置

取 250 mL 三颈烧瓶，分别装有恒压滴液漏斗、机械搅拌装置和回流冷凝管。回流冷凝管上端通过一氯化钙干燥管与氯化氢气体吸收装置相连。吸收装置为一烧杯内装有约 20% 氢氧化钠溶液 200 mL，上面倒扣一普通漏斗。

2. 装料

迅速加入 13 g（0.1 mol）粉状无水三氯化铝和 16 mL（约 14g, 0.18 mol）无水苯，将 4 mL（约 4.3g, 0.04mol）乙酸酐加入到恒压滴液漏斗中，检查装置气密性。装置安装完毕后，在搅拌下，将乙酸酐自滴液漏斗慢慢滴加到三颈烧瓶中。开始滴加时应该缓慢，可以先加几滴，待反应发生后再继续滴加，控制乙酸酐的滴加速度不要使三颈烧瓶过热。如果滴得太快，温度不易控制。加完后，待反应稍和缓后在沸水浴中搅拌回流，直到不再有氯化氢气体逸出为止。

3. 析出并提纯产物

为了破坏酰基氧与 $AlCl_3$ 形成络合物，析出产物苯乙酮，同时为了防止碱性铝盐产生沉淀析出而影响产品质量，反应后的混合物应该进行酸处理。因为分解络合物的反应是放热的，所以要用冰水降温。具体操作如下：先将反应混合物冷却至室温，在搅拌下倒入装有 18 mL 浓盐酸（1∶1）和 30 g 碎冰的烧杯中。若仍有固体不溶物，可补加适量浓盐酸使之完全溶解。然后将混合物转入分液漏斗中，分出有机层，水层用苯萃取三次。最后合并有机层，依次用 15 mL 10% 氢氧化钠、15 mL 水洗涤，再用无水硫酸镁干燥。

干燥后的溶液在水浴上蒸馏回收苯，蒸去残留的苯后，冷却，改用空气冷凝管蒸馏收集 195℃～202℃馏分。馏分收集完毕后，称重，计算产率。

五、实验中可能遇到的问题及对策

（1）注意尾气吸收装置，防止倒吸。

（2）加料时，苯和无水三氯化铝均过量且干燥。

（3）乙酸酐的滴加速度要慢。

实验六　乙酸正丁酯的制备

一、目的要求

（1）进一步巩固酯类化合物制备的一般原理和方法。

（2）掌握带分水器的回流冷凝操作。

（3）探究不同催化剂对乙酸正丁酯的合成催化效果。

二、实验原理

乙酸正丁酯的制备主要反应为

$$C_4H_9OH+CH_3COOH \xrightarrow{\text{催化剂}} CH_3COOC_4H_9+H_2O$$

三、主要仪器与试剂

仪器：斜三颈烧瓶、圆底烧瓶、直形冷凝管、球形冷凝管、分水器、蒸馏头、接引管、锥形瓶、分液漏斗、水银球温度计、加热装置等。

试剂：乙酸、正丁醇、浓硫酸、一水合硫酸氢钠、三氯化铝、十二水硫酸铁铵、饱和食盐水、10%碳酸钠溶液、沸石等。

主要反应物和产物的物理常数见表3-6-1。

表3-6-1　主要反应物和产物的物理常数

化合物	分子量	密度（g·cm⁻³）	熔点（℃）	沸点（℃）	溶解度
乙酸	60.15	1.0492	16.6	117.9	任意混溶
正丁醇	74.12	0.8098	89.53	117.25	7.920
乙酸正丁酯	116.16	0.8825	−77.9	126.5	0.7
正丁醚	130.23	0.7725	−97.9	142.2	不溶于水

正丁醇、乙酸正丁酯和水形成的几种恒沸化合物的沸点及组成见表3-6-2。

表3-6-2　正丁醇、乙酸正丁酯和水形成的几种恒沸化合物

恒沸化合物	沸点（℃）	乙酸正丁酯（%）	正丁醇（%）	水（%）
乙酸正丁酯－水	90.7	72.9	—	27.1
正丁醇－水	93.0	—	55.5	44.5
乙酸正丁酯－正丁醇	117.6	32.8	67.2	—
乙酸正丁酯－正丁醇－水	90.7	63.0	8.0	29.0

四、实验步骤

（一）浓硫酸催化合成乙酸正丁酯

1. 合成过程

在干燥的三颈烧瓶中加入11.5 mL（9.3 g，0.125 mol）正丁醇和冰醋酸7.9 mL（8.3

g，0.1375 mol)，摇动下慢慢加入浓流酸，混合均匀后加入 2 粒沸石。在烧瓶三个口上分别装上温度计套管和温度计、分水器、塞子。在分水器中加入水至下支管口处，再在分水器上方接上冷凝管。

安装好装置后，在石棉网上小火加热回流 40 分钟，控制反应温度和回流速度，回流过程中产生的水会逐渐积累到分水器中，要保持分水器中水层液面在原来的高度，多余的水放出，并记录分出的水量，直至分水器中的水不再增加时（可事先计算出理论水产量，根据理论值判断是否反应完全），即可认为反应基本完成。

2. 产物纯化

（1）洗涤

停止加热，待反应冷却至室温，将分水器中的液体和反应液全部转入分液漏斗，用 10 mL 饱和食盐水洗涤烧瓶，并将涮洗液合并于分液漏斗中，摇振后静置，分去下层水溶液，然后将酯层依次小心用 10 mL 蒸馏水、10 mL 10% 碳酸钠溶液、10 mL 蒸馏水洗涤，洗涤过程注意振摇漏斗并放气，静置后分去水溶液。

（2）干燥

称量 1 ~ 2 g 无水硫酸镁放入锥形瓶中，把酯层转入锥瓶中干燥至澄清。

（3）蒸馏

将干燥的酯转入干燥的圆底烧瓶中，加 2 粒沸石，安装好蒸馏装置，在石棉网加热蒸馏，收集 122℃ ~ 126℃馏分于一个预先称量的干燥锥瓶中，称量产物并计算产率，测产物的折光率。

（二）十二水合硫酸铁铵催化合成乙酸正丁酯

实验装置同浓硫酸催化合成乙酸正丁酯。在圆底烧瓶中加 9.3 g（11.5 mL）正丁醇、8.0 mL 乙酸和 1.5 g 十二水合硫酸铁铵，按上述步骤反应，停止加热，将分水器中的酯层和反应液一并倒入分液漏斗中，然后同上述方法处理。

（三）一水合硫酸氢钠催化合成乙酸正丁酯

实验装置同浓硫酸催化合成乙酸正丁酯。在圆底烧瓶中加 9.3 g（11.5 mL）正丁醇、7.2 mL 乙酸和 1.0 g 一水合硫酸氢钠，接上回流冷凝管和分水器，在分水器中预先加入少量饱和食盐水至略低于支管口，反应一段时间后，把水分出，并保持分水器中水层液面在原来的高度。反应结束后停止加热，将分水器中的酯层和反应液一并倒入分液漏斗中，然后同上述方法处理。

（四）三氯化铝催化合成乙酸乙酯

实验装置同浓硫酸催化合成乙酸正丁酯。在干燥的三颈烧瓶中加入 9.3 g（11.5

mL）正丁醇、4.5 mL 冰乙酸、3.5 g 结晶三氯化铝和几粒沸石，依次安装好温度计、分水器、回流冷凝管等，通水冷却。加热，记录好反应时间和温度。反应结束后将分水器中的酯层与烧瓶中的反应液混合，依上述方法处理。

五、实验中可能遇到的问题及对策

（1）正确使用分水器，并正确判断反应终点，即分水器中无油珠下沉，分出水量已达到或超过计算值。

（2）影响产品产率的主要因素：C_4H_9OH 是否全部反应完、粗品的干燥程度。

实验七　三草酸合铁（3）酸钾的制备

一、目的要求

（1）了解配合物制备的一般方法。

（2）掌握用 $KMnO_4$ 法测定 $C_2O_4^{2-}$ 与 Fe^{3+} 的原理和方法。

（3）培养综合应用基础知识的能力。

（4）了解表征配合物结构的方法。

二、实验原理

$K_3[Fe(C_2O_4)_3] \cdot 3H_2O$（$M = 491$ g·mol^{-1}）为翠绿色单斜晶体，溶于水，在 0℃下溶解度为 4.7g/100g，在 100℃下为 117.7g/100g，难溶于乙醇，在 110℃下失去结晶水，于 230℃分解。该配合物对光敏感，遇光照射发生分解反应：

$$2K_3[Fe(C_2O_4)_3] \rightarrow 3K_2C_2O_4 + FeC_2O_4 \downarrow（黄色）+2CO_2 \uparrow$$

三草酸合铁（3）酸钾是制备负载型活性铁催化剂的主要原料，也是一些有机反应的良好催化剂，在工业上具有一定的应用价值，其合成工艺路线有多种，如可用三氯化铁或硫酸铁与草酸钾直接合成三草酸合铁（3）酸钾，也可以铁为原料制得硫酸亚铁铵，加草酸制得草酸亚铁后，在过量草酸根存在的条件下用过氧化氢制得三草酸合铁（3）酸钾。

本实验按照要求以硫酸亚铁铵为原料，采用后一种方法制产品，其反应方程式如下：

$(NH_4)_2Fe(SO_4)_2 \cdot 6H_2O + H_2C_2O_4 = FeC_2O_4 \cdot 2H_2O \downarrow（黄色）+(NH_4)_2SO_4 + H_2SO_4 + 4H_2O$

$6FeC_2O_4 \cdot 2H_2O + 3H_2O_2 + 6K_2C_2O_4 = 4K_3[Fe(C_2O_4)_3] \cdot 3H_2O + 2Fe(OH)_3 \downarrow$

加入适量草酸可使 $Fe(OH)_3$ 转化为三草酸合铁（3）酸钾：

$$2Fe(OH)_3 + 3H_2C_2O_4 + 3K_2C_2O_4 = 2K_3[Fe(C_2O_4)_3] \cdot 3H_2O$$

加入乙醇，放置即可析出产物的结晶。

三、主要仪器与试剂

仪器：真空泵、分析天平、称量瓶、烧杯、玻璃棒、量筒、表面皿、布氏漏斗、吸滤瓶、长颈漏斗、干燥器、烘箱等。

试剂：铁粉、2 mol·L^{-1} H$_2$SO$_4$ 溶液、硫酸铵、饱和 K$_2$C$_2$O$_4$ 溶液、1 mol·L^{-1} H$_2$C$_2$O$_4$ 溶液、30%H$_2$O$_2$ 等。

四、实验步骤

1. 硫酸亚铁铵的制备

（1）FeSO$_4$ 的制备

称 2 g 铁粉于小烧杯中，加入 3 mol·L^{-1} H$_2$SO$_4$ 溶液 10 mL，盖上表面皿，放在水浴中进行加热。加热过程中，要控制铁屑与 H$_2$SO$_4$ 的反应不要过于剧烈，有大量气泡冒出时，可以适当搅拌，以免气泡混合着铁屑、H$_2$SO$_4$ 溶液、FeSO$_4$ 溶液等物质从容器中溢出。还应注意补充蒸发掉的少量水，以防止 FeSO$_4$ 结晶。同时，要控制溶液的 pH 不大于 1，防止水解。待反应速度明显减慢，至无明显气泡冒出时，用普通漏斗趁热过滤。如果滤纸上有淡绿色的 FeSO$_4$·7H$_2$O 晶体析出，可用加热后的去离子水将晶体溶解。用少量 3 mol·L^{-1}H$_2$SO$_4$ 溶液洗涤未反应的铁屑和残渣，洗涤液合并至反应液中。过滤完后将滤液转移至干净的蒸发皿中，未反应的铁屑用滤纸吸干后称重，计算已参加反应的铁的质量。

（2）FeSO$_4$·(NH$_4$)$_2$SO$_4$·6H$_2$O 的制备

根据反应消耗 Fe 的质量或生成 FeSO$_4$ 的理论产量，计算制备硫酸亚铁铵所需 (NH$_4$)$_2$SO$_4$ 的量。注意：考虑 FeSO$_4$ 在过滤等操作中的损失，(NH$_4$)$_2$SO$_4$ 的用量大致可按 FeSO$_4$ 理论产量的 80% 计算。按计算量称取 (NH$_4$)$_2$SO$_4$，将其配制成室温下的饱和溶液。将该饱和溶液加入到上述过滤后的 FeSO$_4$ 溶液中，然后在水浴中加热蒸发至溶液表面出现晶膜为止。注意：在蒸发过程中不宜过多搅动。从水浴中取出蒸发皿，静置，使其自然冷却至室温，得到浅蓝绿色的 FeSO$_4$·(NH$_4$)$_2$SO$_4$·6H$_2$O 晶体。用减压过滤的方法进行分离，晶体用少量乙醇洗液淋洗，以除去晶体表面所附着的水分（此时应继续抽滤）。将晶体取出，用滤纸吸干，称重。

2. 三草酸合铁（3）酸钾的制备

（1）FeC$_2$O$_4$·2H$_2$O 的制备

称取 6.0 g（NH$_4$）Fe(SO$_4$)$_2$·6H$_2$O（M=392 g·mol^{-1}）放入 250 mL 烧杯中，加入 1.5 mL 2 mol·L^{-1} H$_2$SO$_4$ 溶液和 20 mL 蒸馏水，加热使其溶解。另称取 5.0 g H$_2$C$_2$O$_4$·2H$_2$O 放到 100 mL 烧杯中，加 50 mL 蒸馏水微热，溶解后取出 22 mL 倒

入上述 250 mL 烧杯中，加热搅拌至微沸，并维持微沸 5 分钟，静置，得到黄色 $FeC_2O_4 \cdot 2H_2O$ 沉淀，用倾斜法倒出清液，用热蒸馏水洗涤沉淀 3 次，以除去可溶性杂质。

（2）$K_3[Fe(C_2O_4)_3] \cdot 3H_2O$ 的制备

在上述洗涤过的沉淀中加入 15 mL 饱和 $K_2C_2O_4$ 溶液，水浴加热至 40℃，滴加 10 mL 30% 的 H_2O_2 溶液，不断搅拌溶液并维持温度在 40℃左右，滴加完后，加热溶液至微沸以除去过量的 H_2O_2，取适量上述（1）中配制的 $H_2C_2O_4$ 溶液趁热加入使沉淀溶解至呈现翠绿色为止。冷却后加入 15 mL 95% 的乙醇水溶液，在暗处放置、结晶。减压过滤，抽干后用少量乙醇洗涤产品，继续抽干、称量，计算产率，并将晶体放在干燥器内避光保存。

五、实验中可能遇到的问题及对策

（1）在 $FeSO_4$ 的制备过程中，注意控制溶液的 pH 不大于 1，防止水解。可在实验过程中不断用 pH 试纸检测，如果 pH 大于 1，立刻补加 H_2SO_4 溶液。

（2）在 $FeC_2O_4 \cdot 2H_2O$ 的制备过程中，宜采用水浴加热，安全且效果好。酒精灯或电炉直接加热不易控制火候，易爆沸。

（3）在 $K_3[Fe(C_2O_4)_3] \cdot 3H_2O$ 的制备中，注意滴加 H_2O_2 溶液的速度不要过快。滴加过快会使反应不完全，产率低。

实验八　三草酸合铁（3）酸钾的组成测定

一、目的要求

（1）掌握用 $KMnO_4$ 法测定 $C_2O_4^{2-}$ 与 Fe^{3+} 的原理和方法。

（2）采用化学分析法定性分析 $K_3[Fe(C_2O_4)_3] \cdot 3H_2O$ 的组成。

（3）通过定量分析确定 Fe^{3+} 与 $C_2O_4^{2-}$ 的配位比。

（4）进一步巩固应用化学方法定性和定量分析物质的组成。

二、实验原理

$K_3[Fe(C_2O_4)_3] \cdot 3H_2O$ 为翠绿色单斜晶体，溶于水，在 0℃时溶解度为 4.7g/100g，在 100℃时溶解度为 117.7g/100g，难溶于乙醇，在 110℃时失去结晶水，在 230℃时分解。

1. $K_3[Fe(C_2O_4)_3] \cdot 3H_2O$ 组成的定性分析

（1）六硝基合钴酸钠，化学式为 $Na_3[Co(NO_2)_6]$，在中性或稀醋酸介质中可以与 K^+ 生成亮黄色的 $K_2Na[Co(NO_2)_6]$ 沉淀。

$$2K^+ + Na^+ + [Co(NO_2)_6]^{3-} = K_2Na[Co(NO_2)_6] \downarrow$$

（2）Fe^{3+} 与 KSCN 反应生成血红色 $Fe(NCS)_n^{3-n}$。

（3）$C_2O_4^{2-}$ 与 $CaCl_2$ 反应生成白色沉淀。

2. 定量分析

用 $KMnO_4$ 法测定产品中的 Fe^{3+} 含量和 $C_2O_4^{2-}$ 的含量，并确定 Fe^{3+} 含量和 $C_2O_4^{2-}$ 含量的配位比。在酸性介质中，用 $KMnO_4$ 标准溶液滴定试液中的 $C_2O_4^{2-}$，根据 $KMnO_4$ 标准溶液的消耗量可直接计算出 $C_2O_4^{2-}$ 的质量分数，其反应式为

$$5C_2O_4^{2-} + 2MnO_4^- + 16H^+ = 10CO_2 + 2Mn^{2+} + 8H_2O$$

在上述测定草酸根后剩余的溶液中，用锌粉将 Fe^{3+} 还原为 Fe^{2+}，再利用 $KMnO_4$ 标准溶液滴定 Fe^{2+}，其反应式为：

$$Zn + 2Fe^{3+} = 2Fe^{2+} + Zn^{2+}$$

$$5Fe^{2+} + MnO_4^- + 8H^+ = 5Fe^{3+} + Mn^{2+} + 4H_2O$$

根据 $KMnO_4$ 标准溶液的消耗量，可计算出 Fe^{3+} 的质量分数。根据 $C_2O_4^{2-}$ 和 Fe^{3+} 的质量分数可确定 Fe^{3+} 与 $C_2O_4^{2-}$ 的配位比。

三、主要仪器与试剂

仪器：分析天平、烧杯、表面皿、试管、量筒、称量瓶、干燥器、烘箱、酸式滴定管等。

试剂：$K_3[Fe(C_2O_4)_3] \cdot 3H_2O$、$0.1\ mol \cdot L^{-1}$ KSCN 溶液、$0.5\ mol \cdot L^{-1}$ $CaCl_2$ 溶液、$2\ mol \cdot L^{-1}$ H_2SO_4 溶液、$0.0200\ mol \cdot L^{-1}$ $KMnO_4$ 标准溶液、蒸馏水等。

四、实验步骤

1. 定性分析

（1）K^+ 的鉴定

在试管中加入少量 $K_3[Fe(C_2O_4)_3] \cdot 3H_2O$，用蒸馏水溶解，再加入 1 mL $Na_3[Co(NO_2)_6]$ 溶液，放置片刻，观察现象。

（2）Fe^{3+} 的鉴定

在试管中加入少量 $K_3[Fe(C_2O_4)_3] \cdot 3H_2O$，用蒸馏水溶解，加入 2 滴 $0.1\ mol \cdot L^{-1}$ KSCN 溶液，观察现象。再向试管中加入 3 滴 $2\ mol \cdot L^{-1}$ H_2SO_4，再观察溶液颜色有何变化，解释实验现象。

（3）$C_2O_4^{2-}$ 的鉴定

在试管中加入少量 $K_3[Fe(C_2O_4)_3] \cdot 3H_2O$，用蒸馏水溶解，加入 2 滴 $0.5\ mol \cdot L^{-1}$ $CaCl_2$ 溶液，观察实验现象。

2. 定量分析

（1）结晶水质量分数的测定

洗净两个称量瓶，在110℃烘箱中干燥1小时，置于干燥器中冷却，至室温时在分析天平上称量，然后再放到110℃烘箱中干燥0.5小时，即重复上述干燥—冷却—称量操作，直至质量恒定为止。在分析天平上准确称取两份$K_3[Fe(C_2O_4)_3]\cdot 3H_2O$各0.5 g，分别放入上述已质量恒定的两个称量瓶中。在110℃电烘箱中干燥1小时，然后置于干燥器中冷却，至室温后，称量。重复上述干燥—冷却—称量操作，直至质量恒定。根据称量结果计算产品结晶水的质量分数。

（2）草酸根质量分数的测定

用分析天平分别准确称取3份约0.15 g的$K_3[Fe(C_2O_4)_3]\cdot 3H_2O$分别放入锥形瓶中，均加入15 mL 2 mol·$L^{-1}$ H_2SO_4溶液和15 mL蒸馏水，微热溶解，加热至80℃左右，趁热用0.02 mol·L^{-1} $KMnO_4$标准溶液滴定至溶液变为粉红色即达到确定终点（保留溶液待下一步分析使用）。根据消耗$KMnO_4$溶液的体积，计算产物中$C_2O_4^{2-}$的质量分数。

（3）铁质量分数的测量：在上述保留的溶液中分别加入一小匙锌粉，加热近沸，直到黄色消失，将Fe^{3+}还原为Fe^{2+}即可，趁热过滤除去多余的锌粉，滤液收集到另一锥形瓶中，继续用0.02 mol·L^{-1} $KMnO_4$标准溶液进行滴定，至溶液呈粉红色，根据消耗$KMnO_4$溶液的体积，计算Fe^{3+}的质量分数。

根据（1）（2）（3）的实验结果，推导计算K^+的质量分数。

五、实验中可能遇到的问题及对策

（1）在草酸根和铁质量分数的测定实验中，注意$KMnO_4$溶液的滴定速度不要过快，否则部分$KMnO_4$溶液会转变成MnO_2沉淀。

（2）在草酸根质量分数的测定中，注意控制温度不要高于85℃，温度过高草酸会分解。

实验九　离子选择电极法测定水中氟的含量

一、目的要求

（1）复习巩固酸度计的使用原理和方法。

（2）探索正确使用氟离子选择电极的方法。

二、实验原理

以氟电极为指示电极，以饱和甘汞电极（或银－氯化银电极）为参比电极，插入试液中，组成一个测量电池：

氟离子选择电极│F⁻ 试液│饱和甘汞电极

当试液的离子强度为定值时，电池的电动势 E 与试液的 F⁻ 浓度 c_{F^-} 有确定的关系

$$E = K + \frac{2.303RT}{F} \lg c_{F^-}$$

E 与 $\lg c_{F^-}$ 成线性关系，因而可以用直接电位法测定 F⁻ 浓度。本实验用标准工作曲线法测定水中氟离子的含量。测量的 pH 范围为 5.5 ~ 9，加入含有柠檬酸钠、硝酸钠及盐酸的总离子强度调节缓冲剂（TISAB）以控制酸度，保持一定的离子强度和消除干扰离子对测定的影响。

三、主要仪器与试剂

仪器：pHS-3C 型精密酸度计、电磁搅拌器、氟离子选择电极和饱和甘汞电极各 1 支、玻璃器皿一套。

试剂：

（1）0.1000 mol·L⁻¹ 的氟标准溶液：准确称取于 105℃ 下烘 2 小时的 NaF 4.199 g，用二次去离子水溶解后定容于 1 L 容量瓶中，贮存于聚乙稀瓶中备用。

（2）总离子强度调节缓冲剂：称取二水柠檬酸钠 58.8 g 和硝酸钠 85 g，溶于约 800 mL 二次去离子水中，用盐酸（1：1）调节 pH 为 5.5 ~ 6.0，然后稀释至 1 L。

四、实验步骤

1. 标准系列溶液的配制及电动势的测量

在 5 个 100 mL 的容量瓶中配制含总离子强度调节缓冲剂均为 10.00 mL、氟浓度分别为 1.0×10^{-2} ~ 1.0×10^{-6} mol·L⁻¹ 的标准系列溶液。将适量标准系列液（能浸没电极即可）分别倒入烧杯中，放入磁转子，插入干净的氟电极和饱和甘汞电极，连接好测量仪器线路，开启电源，由稀至浓分别测量标准系列溶液的电动势值。标准系列溶液测定结束后，将电极用去离子水洗净，并浸泡在去离子水中，直到电动势在 −260 mV 以下，备用。

2. 水样的测定

移取 50.0 mL 水样于 100 mL 容量瓶中，加入 10.0 mL 总离子强度调节缓冲剂，用去离子水稀释至标线，摇匀，倒出适量试液于烧杯中测量其电动势。

3. 结果处理

根据标准系列溶液测得的数据，在直角坐标纸上绘制 E ~ $\lg c_{F^-}$ 标准工作曲线，或在半对数坐标纸上绘制 E - c_{F^-} 标准工作曲线。由试液测得的 E 从标准工作曲线中

求出试液 c_{F^-}，并计算水样中氟的含量。

五、实验中可能遇到的问题及对策

（1）测量标准系列溶液的电动势时，浓度应由稀到浓。每次测量过后，要用下一个标准溶液清洗电极。标准系列溶液测量结束后，应把氟电极泡洗至"空白电位"（−260mV）以下。

（2）测量过程中，溶液的搅拌速度应始终保持基本一致。搅拌速度不宜过快，以防止小气泡附着在电极的敏感膜上，影响测量的稳定性。

实验十　葡萄总酸度的测定

一、目的要求

（1）灵活运用酸碱滴定法测定水果的酸度。

（2）进一步巩固标准溶液的配制和指示剂的选择。

二、实验原理

水果中含有有机酸，如乙酸、柠檬酸、苹果酸、酒石酸等。这些酸可以用碱标准溶液滴定，以酚酞为指示剂，根据所消耗的碱标准溶液的浓度和体积，可以求出果品中的总酸度。

三、主要仪器与试剂

仪器：分析天平、烧杯、250 mL 容量瓶、过滤装置、移液管、碱式滴定管、锥形瓶等。

试剂：氢氧化钠、邻苯二甲酸氢钾、酚酞指示剂、蒸馏水。

四、实验步骤

1. 配制 0.05 mol·L⁻¹ 的 NaOH 标准溶液 250 mL 并标定

（1）称 0.5g NaOH 于小烧杯中，溶于 100 mL 煮沸后的蒸馏水中，搅拌，密闭放置至溶液清亮，然后用煮沸后的蒸馏水稀释至 250 mL。

（2）将基准试剂邻苯二甲酸氢钾置于 105℃ ~ 110℃烘箱中干燥至恒重，用分析天平准确称取邻苯二甲酸氢钾 0.1 g，加煮沸后的蒸馏水溶解，滴加 1 ~ 2 滴酚酞指示液，用配制好的 NaOH 溶液滴定至溶液呈粉红色，并保持 30 秒不褪色，记录滴定前后滴定管示数 V_1 和 V_2。平行操作三次，取平均值，计算出 NaOH 标准溶液的浓度。

2. 果品总酸度的标定

称取果肉约 30.0 g 于洁净干燥的小烧杯中，搅碎，过滤。用适量的水将滤液转移到 100 mL 的容量瓶中，定容，摇匀。移取 25 mL 溶液于锥形瓶中，加 1 ~ 2 滴酚酞指示剂，以 NaOH 标准溶液滴定到终点（浅粉红色 30 秒不褪色），平行操作 2 ~ 3 次。

五、实验中可能遇到的问题及对策

（1）NaOH 标准溶液的配制过程中，注意 NaOH 的称量方法和取用操作，防止 NaOH 腐蚀皮肤。如果不小心沾到皮肤上，应迅速用布擦去，然后用大量凉水冲洗，再涂抹上硼酸溶液。如果受伤严重的话，应尽快去医院治疗。

（2）葡萄酸度测定过程中，注意要将果肉搅碎，果肉不搅碎会使反应不充分，现象不明显。

实验十一　从红辣椒中提取红色素

一、目的要求

（1）巩固萃取、蒸馏、升华等基础操作的运用。

（2）活学活用"相似相溶"原理，能将所学的萃取知识应用到具体实例中，选择合适萃取剂。

（3）天然植物色素无毒副作用，应用前景广阔，探究天然植物色素的提取和应用。

二、实验原理

植物色素大多为花青素类、类胡萝卜素类、黄酮类化合物，可以作为着色用添加剂而应用于食品、药品及化妆品中，也可以应用在保健品中。在保健品中，这一类植物色素可分别发挥增强人体免疫机能、抗氧化、降低血脂等辅助作用。天然色素除在食品行业广泛使用外，在纺织、服装、家纺行业也被广泛作为天然染料使用。因此，植物色素应用前景广阔，值得研究。

红辣椒中的红色素的主要成分是类胡萝卜素，属于有机物，因而我们可以用萃取法提取红色素。萃取法的原理：利用物质在两种互不相溶（或微溶）溶剂中溶解度或分配比的不同来达到分离、提取或纯化的目的。自固体中萃取化合物，通常是用长期浸出法，靠溶剂长期的浸润溶解而将固体物质中需要的成分浸出来。萃取溶剂的选择，应根据被萃取化合物的溶解度而定，同时要易于和溶质分开，所以最好用低沸点溶剂。

三、主要仪器与试剂

仪器：天平、研钵、圆底烧瓶、抽滤装置、索氏提取器等。

试剂：二氯甲烷、乙醇等。

四、实验步骤

方法一：称取 5 g 干燥的红辣椒，用研钵研碎放入 100 mL 的圆底烧瓶中，加入 2 ~ 3 粒沸石，并且加入 20 mL 二氯甲烷，加热回流 1 小时。然后冷却抽滤，滤液转移至蒸发皿中用水浴蒸干，剩下的即粗红色素。如果有旋转蒸发仪，可以使用旋转蒸发仪将滤液蒸干，然后称重，计算产率。

方法二：称取 5 g 干燥的红辣椒，装入滤纸筒内，轻轻压实，滤纸筒上口塞一团脱脂棉，置于索氏提取器的抽提筒中，圆底烧瓶内加入 60 ~ 80 mL 二氯甲烷，加热至沸腾，连续抽提直到提取液颜色较浅为止，停止加热。稍冷后，将仪器改装成蒸馏装置，把提取液中的大部分二氯甲烷通过加热蒸出。将烧瓶内残留液倾入蒸发皿中，蒸发至近干，然后称重，计算产率。

五、实验中可能遇到的问题及对策

（1）使用圆底烧瓶回流时，注意加沸石。如果没有沸石，可以使用磁子（搅拌子）和磁力搅拌器代替。

（2）使用旋转蒸发仪时，注意真空度，防止烧瓶因真空度过小掉下来。

（3）使用索氏提取器时，滤纸包一定包好，防止辣椒粉从滤纸包中掉出堵塞虹吸管。

实验十二　饮料中维生素 C 的测定

一、目标要求

（1）了解维生素 C 的还原性及其含量的测定方法。

（2）能将所学的测定维生素 C 的方法、原理和操作技能应用于具体食品的检验中。

二、实验原理

维生素 C 又称抗坏血酸，分子式为 $C_6H_8O_6$，具有还原性，可被 I_2 定量氧化，因而可用 I_2 标准溶液直接测定。滴定反应式如下：

$$C_6H_8O_6 + I_2 = C_6H_6O_6 + 2HI$$

用淀粉溶液作指示剂，若溶液突变成蓝色，则到达滴定终点。

I_2 标准溶液的标定一般用 $Na_2S_2O_3$ 间接碘量法，但是 $Na_2S_2O_3$ 不是基准物质，不能直接配制标准溶液。因此，$Na_2S_2O_3$ 还需用基准物质 $K_2C_2O_7$ 来标定。I_2 标准溶液的标定方法为：先用 $K_2C_2O_7$ 溶液标定 $Na_2S_2O_3$ 的浓度，再用 $Na_2S_2O_3$ 标定 I_2 标准溶液的浓度。

（1）$K_2C_2O_7$ 作基准物质，用间接碘量法标定 $Na_2S_2O_3$ 溶液的浓度，其过程为：$K_2C_2O_7$ 与 KI 先反应析出 I_2，析出的 I_2 再用待标定的 $Na_2S_2O_3$ 溶液滴定，从而求得 $Na_2S_2O_3$ 的浓度。反应式如下：

$$6I^- + Cr_2O_7^{2-} + 14H^+ = 2Cr^{3+} + 3I_2 + 7H_2O$$
$$2S_2O_3^{2-} + I_2 = S_4O_6^{2-} + 2I^-$$

根据以上反应方程式可知，标定 $Na_2S_2O_3$ 溶液时 $K_2C_2O_7$ 与 $Na_2S_2O_3$ 的计量系数比为 1：6。

（2）用已标定的 $Na_2S_2O_3$ 标准溶液标定 I_2 标准溶液的浓度，用淀粉溶液作指示剂，若溶液突变成蓝色，则到达滴定终点。反应式如下：

$$2S_2O_3^{2-} + I_2 = S_4O_6^{2-} + 2I^-$$

根据以上各反应方程式可知，维生素 C、I_2、$Na_2S_2O_3$、$K_2C_2O_7$ 各物质的定量关系比为 1：1：2：（1/3）。

三、主要仪器与试剂

仪器：分析天平、研钵、容量瓶、棕色试剂瓶、烧杯、滴定管、锥形瓶、移液管、玻璃棒等。

试剂：某品牌饮料（如果粒橙、鲜橙多等宣传富含维生素 C 的饮料）、$K_2C_2O_7$ 固体、单质碘、KI 固体、$Na_2S_2O_3 \cdot 5H_2O$、Na_2CO_3、可溶性淀粉、HCl 溶液（1：1）、蒸馏水等。

四、实验步骤

1. 试剂配制

（1）0.005 mol·L^{-1} $K_2C_2O_7$ 标准溶液的配制

用分析天平准确称取约 0.37 g 的 $K_2C_2O_7$ 基准物质置于烧杯中。加入适量蒸馏水，待其全部溶解后转移至 250 mL 容量瓶中，定容，摇匀。

（2）0.015 mol·L^{-1} I_2 溶液的配制

称取 1.9 g I_2 和 3.7 g KI 置于研钵中加少量水，充分研磨。待 I_2 全部溶解后，将溶液转入棕色试剂瓶，加水稀释至 500 mL，摇匀，放置暗处保存。

（3）0.03 mol·L^{-1} $Na_2S_2O_3$ 标准溶液的配制

称取 2.4 g $Na_2S_2O_3 \cdot 5H_2O$ 置于 500 mL 烧杯中，加入新煮沸冷却的蒸馏水，使其全部溶解，再加入 0.02 g 的 Na_2CO_3，加蒸馏水稀释至 500 mL，将溶液转入棕色试剂瓶。

（4）KI 溶液（100 g·L^{-1}）的配制

用托盘天平称取 30 g KI 固体于 500 mL 烧杯中，加蒸馏水溶解，稀释至

300 mL，将溶液转入棕色试剂瓶，置于暗处保存。

（5）5% 淀粉溶液的配制

称 0.5 g 可溶性淀粉于小烧杯中，加入 5 mL 蒸馏水使其成糊状。将 65 mL 煮沸的蒸馏水倒入糊状淀粉中，再用 30 mL 蒸馏水冲洗烧杯 3 次，然后再加入 1 滴 10% 盐酸，微沸 3 分钟。放冷，倾取上层清液。

2. 标准溶液的标定

1. $Na_2S_2O_3$ 溶液的标定（用 $K_2C_2O_7$ 标准溶液标定）：准确移取 25.00 mL 已配置好的 $K_2C_2O_7$ 标准溶液于碘量瓶中，加入 10 mL 6 mol·L^{-1} HCl 溶液，15 mL 100g·L^{-1} KI 溶液，摇匀，放在暗处 5 分钟，待反应完全后，加入 100 mL 蒸馏水，用待标定的 $Na_2S_2O_3$ 溶液滴定至淡黄色，然后加入 2 mL 5% 的淀粉指示剂，继续滴定至溶液呈现亮绿色即达到滴定终点。平行滴定三次，注意滴定过程中碘量瓶中颜色的变化，并计算出 $Na_2S_2O_3$ 溶液的浓度。

2. I_2 标准溶液的标定（用已标定好的 $Na_2S_2O_3$ 溶液标定）：准确移取 25.00 mL $Na_2S_2O_3$ 溶液于锥形瓶中，加入 50 mL 蒸馏水，2 mL 5% 的淀粉指示剂，用碘溶液滴定至溶液呈稳定的蓝色，30s 内不褪色即达到滴定终点。平行测定三次，计算 I_2 标准溶液的浓度。

3. 饮料中维生素 C 含量的测定

用移液管移取 25.00 mL 某品牌饮料，置于锥形瓶中，加入 10mL 蒸馏水，2 mL 5% 的淀粉指示剂。用稀释 5 倍后的 I_2 标准溶液滴定，至溶液出现浅蓝色，并且 30s 内不褪色即达到滴定终点，记下 I_2 溶液的体积。平行操作三次，计算维生素 C 的含量。

4. 计算分析

根据实验计算的维生素 C 的含量与饮料包装表明的维生素 C 含量比较，分析不同的原因。

五、实验中可能遇到的问题及对策

（1）配制 I_2 溶液时应该注意以下问题：① I_2 微溶于水而易溶于 KI 溶液，但在稀的 KI 溶液中溶解很慢，所以配制 I_2 溶液时不能过早加水稀释。应先将 I_2 和 KI 混合，用少量水充分研磨，溶解完全后再加水稀释。I 与 KI 之间发生反应，$I_2 + I^- = I_3^-$。② 游离的 I_2 容易挥发造成损失，这是影响碘溶液稳定性的原因之一。因此，溶液中应维持适当过量的 I^-，以减少 I_2 的挥发。③空气能氧化 I^-，引起 I_2 浓度增加，$4I^- + O_2 + 4H^+ = 2I_2 + 2H_2O$。此氧化作用缓慢，但会由于光、热及酸的作用而加速，因而 I_2 溶液应处于棕色瓶中置冷暗处保存。④ I_2 能缓慢腐蚀橡胶和其他有机物，所以应避免 I_2 与此类物质接触。

（2） $Na_2S_2O_3$ 标准溶液配制时应该注意：用煮沸的水配硫代硫酸钠以去除溶解在水中的氧气，因为氧气会氧化硫代硫酸钠；硫代硫酸钠溶液不要加热，加热会加速空气中的氧气氧化硫代硫酸钠；硫代硫酸钠见光易分解，可用棕色瓶储于暗处。

实验十三　测定鸡蛋壳中钙、镁的总含量

一、目的要求

（1）进一步复习巩固配合（络合）滴定分析的方法与原理。

（2）复习使用配合掩蔽排除干扰离子影响的方法。

（3）学习"变废为宝"的绿色化学理念。

（4）训练对实物试样中某组分含量测定的一般步骤，通过实物操作全面提高分析解决问题的能力。

二、实验原理

随着人们生活水平的不断提高，鸡蛋的消耗量与日俱增，因此产生了大量的蛋壳。鸡蛋壳在医药、日用化工及农业方面都有广泛的应用。鸡蛋壳的主要成分为 $CaCO_3$，其次为 $MgCO_3$，另外还有蛋白质、色素以及少量的 Fe、Al 等。在 pH=10 时，用铬黑 T 作指示剂，EDTA 可直接测量 Ca^{2+}、Mg^{2+} 的总量。为提高配合选择性，在 pH=10 时，加入掩蔽剂三乙醇胺使之与 Fe^{3+}，Al^{3+} 等离子生成更稳定的配合物，以排除它们对 Ca^{2+}，Mg^{2+} 测量的干扰。

三、主要仪器与与剂

仪器：烧杯、酒精灯、石棉网、铁架台、铁圈、天平、250mL 容量瓶，500 mL 容量瓶瓶、玻璃棒。

试剂：鸡蛋、$6mol \cdot L^{-1}$ HCl 溶液、95%乙醇、乙二胺四乙酸二钠（$Na_2H_2Y \cdot 2H_2O$）、ZnO、0.5% 二甲酚橙指示剂、20% 六亚甲基四胺溶液、$NH_4Cl-NH_3 \cdot H_2O$ 缓冲溶液 (pH=10)、1:2 三乙醇胺水溶液、铬黑 T 指示剂、蒸馏水或去离子水。

四、实验步骤

1. EDTA 标准溶液的配制与标定

（1）浓度为 $0.1\ mol \cdot L^{-1}$ 的 EDTA 标准溶液的配制

称取 EDTA 二钠盐 1.9 g，溶解于 150 ~ 200 mL 温热的去离子水中，冷却后加到 500 mL 容量瓶中，定容，摇匀。

（2）锌标准溶液的配制

准确称取 0.2 g 的分析纯 ZnO 固体试剂，置于 100 mL 小烧杯中，先用少量去离子水润湿，然后加 2 mL 6 mol·L^{-1} 的 HCl 溶液，用玻璃棒轻轻搅拌使其溶解。将溶液定量转移到 250 mL 容量瓶中，用去离子水稀释到标线，摇匀。根据称取的 ZnO 质量计算锌离子标准溶液的浓度。

（3）EDTA 标准溶液的标定

用移液管吸取 25.00 mL 锌离子标准溶液，置于 100 mL 小烧杯中，加入 1 ~ 2 滴 0.5% 二甲酚橙指示剂，滴加 20% 六亚甲基四胺溶液至溶液呈稳定的紫红色后再加 2mL；然后用 0.01 mol·L^{-1} EDTA 标准溶液滴定至溶液由紫红色变为亮黄色，即达到终点，并记录所消耗的 EDTA 溶液体积。按照以上方法重复滴定 3 次，要求极差小于 0.05 mL，根据标定时消耗的 EDTA 溶液的体积计算它的准确浓度。

2. 鸡蛋壳中钙、镁含量的测定

（1）鸡蛋壳的预处理

取一些鸡蛋壳洗净，加水煮沸 5 ~ 10 分钟，取出内膜，然后把鸡蛋壳放在烧杯内小火烘干，研碎成粉末。

（2）溶解鸡蛋壳，配制溶液

准确称取一定量的鸡蛋壳粉末（约 0.10g），小心滴加 6 mo·L^{-1} HCl 溶液 2 mL。微火加热至完全溶解(可能有少量蛋白膜不溶)，冷却，转移至 250 mL 容量瓶中，稀释至接近刻度线，若有泡沫，滴加 2 ~ 3 滴 95% 乙醇，泡沫消除后，滴加蒸馏水至刻度线，摇匀。

（3）钙、镁总量的测定

吸取待测试液 25 mL 置于 250 mL 锥形瓶中，加 NH$_4$C1-NH·H$_2$O 缓冲液 20 mL 和三乙醇胺 5 mL，摇匀。放入少许铬黑 T 指示剂，用 EDTA 标准溶液滴定至溶液由酒红色恰好变为纯蓝色，即达到滴定终点。根据 EDTA 消耗的体积计算 Ca^{2+}、Mg^{2+} 的总量，以 CaCO$_3$ 的含量表示。

五、实验中可能遇到的问题及对策

（1）EDTA 标准溶液的配制使用的是 EDTA 二钠盐，而不是乙二胺四乙酸。

（2）锌标准溶液的配制如果没有 ZnO，可以使用金属锌基准物质进行配制。使用基准物质锌配制标准溶液时，注意要先对金属锌进行预处理。

（3）鸡蛋壳中测定钙、镁含量时，要先对鸡蛋壳进行预处理，否则鸡蛋壳表面的东西和蛋壳内膜都可能会影响反应结果。

实验十四　阿司匹林片中乙酰水杨酸含量的测定

一、目的要求

（1）掌握阿司匹林药片中乙酰水杨酸含量的测定原理和方法。

（2）学习利用滴定法分析药品的主要成分，巩固返滴定法的原理与操作。

（3）进一步学习设计酸碱标定步骤与酸碱体积比的步骤。

二、实验原理

阿司匹林是常用的解热镇疼药之一，其主要成分是乙酰水杨酸。乙酰水杨酸是有机弱酸，酸解离常数为 $K_a=1\times10^{-3}$（$pK_a=3.0$），分子式为 $C_9H_8O_4$，摩尔质量为 180.16 g/mol，微溶于水，易溶于乙醇，在干燥环境中稳定，遇潮易水解。乙酰水杨酸在强碱性溶液中溶解并水解为水杨酸和乙酸盐，反应式如下：

其中，产物水杨酸（邻羟基苯甲酸）易升华，随水蒸气一同挥发。水杨酸的酸性较苯甲酸强，与 Na_2CO_3 或 $NaHCO_3$ 中和可去羧基上的氢，与 NaOH 中和可去羟基上的氢。由于乙酰水杨酸的酸解离常数较小，可以作为一元酸用 NaOH 溶液直接滴定，以酚酞为指示剂。为了防止乙酰基水解，应在 10℃ 以下的中性冷乙醇介质中进行滴定。

直接滴定法适用于乙酰水杨酸纯品的测定，由于药片中一般都添加了一定量的赋形剂，如硬脂酸镁、淀粉等不溶物，在冷乙醇中不易溶解完全，不适合直接滴定，因而其含量的测定经常采用返滴定法。将药片研磨成粉末状后，加入过量的 NaOH 标准溶液，加热一段时间使乙酰基水解完全，再用 HCl 标准溶液回滴过量的 NaOH。以酚酞为指示剂时，滴定至溶液由红色变为接近无色即达到确定终点，此时，pH 为 7 ~ 8。由于碱液在受热时易吸收 CO_2，用酸回滴定时会影响测定结果，故需要在同样条件下进行空白校正。在这个滴定反应中，根据反应方程可以推出总的反应结果是 1 mol 乙酰水杨酸消耗 2 mol NaOH。虽然酚羟基的 pKa 约为 10，在 NaOH 溶液中为钠盐，但是加酸后，当 pH < 10 时，酚又游离出，所以 1 mol 乙酰水杨酸消耗 2 mol NaOH。

三、主要仪器与试剂

仪器：烘箱、称量瓶、电炉、研钵、分析天平、水浴锅、酸式滴定管、移液管、容量瓶等。

试剂：无水 Na_2CO_3 基准试剂、1 mol·L^{-1} NaOH 溶液、HCl 溶液，酚酞指示剂、

甲基橙指示剂、阿司匹林药片、甲基红指示剂、硼砂基准试剂等。

四、实验步骤

1. 标准溶液的配制

（1）1 mol·L⁻¹NaOH 溶液的配制

用烧杯在电子天平上称取 4 g 固体 NaOH，加入新鲜的或煮沸除去 CO_2 的蒸馏水，溶解完全后，转入带橡皮塞的试剂瓶中，稀释至 100 mL。

（2）0.1 mol·L⁻¹ HCl 溶液的配制

用量筒量取浓盐酸 5 mL 于烧杯中，稀释至 550 mL，混匀。

（3）0.1 mol·L⁻¹ HCl 溶液的标定

方法一：用 Na_2CO_3 标定。

用分析天平减量法称取三份无水 Na_2CO_3 基准物 (0.12 ~ 0.14 g) 于锥形瓶中，加 20 ~ 30 mL 蒸馏水溶解，加 2 滴甲基橙，用待标定的 HCl 溶液滴定至溶液由黄色变为橙色，即达到滴定终点。计算 HCl 溶液的准确浓度。

方法二：用硼砂标定。

用差减法准确称取 0.4 ~ 0.6 g 硼砂，置于 250 mL 锥形瓶中，加蒸馏水 50mL 溶解，滴加 2 滴甲基红指示剂，用 0.1 mol·L⁻¹ HCl 溶液滴定至溶液由黄色变为浅红色即达到滴定终点。计算 0.1 mol·L⁻¹ HCl 溶液的浓度，平行滴定三份，各次相对偏差在 ±0.2% 之内。

2. 药片中乙酰水杨酸含量的测定

将阿司匹林药片在研钵中研成粉末后，准确称量约 0.5g 药粉，置于干燥小烧杯中，用移液管准确加入 20.00 mL 1 mol·L⁻¹ NaOH 标准溶液，加入 30 mL 水，盖上表面皿，轻摇几下，水浴加热 15 分钟，迅速用流水冷却，将烧杯中的溶液定量转移到 100 mL 容量瓶中，用蒸馏水稀释至标线，摇匀。

准确移取上述溶液 10.00 mL 于 250 mL 锥形瓶中，加蒸馏水 20 ~ 30 mL，加入 2 ~ 3 滴酚酞指示剂，用 0.1 mol·L⁻¹ HCl 标准溶液滴定至终点。根据所消耗的 HCl 溶液的体积计算药片中乙酰水杨酸的质量分数（%）及每片药片（75 mg/ 片）中乙酰水杨酸的质量。

由于碱液在受热时易吸收 CO_2，用酸回滴定时会影响测定结果，故需要在同样条件下进行空白校正。NaOH 标准溶液与 HCl 标准溶液体积比的测定：用移液管准确移取 20.00 mL 1 mol·L⁻¹ NaOH 标准溶液于小烧杯中，在与测定药粉相同的实验条件下进行加热，冷却后，定量转移至 100 mL 容量瓶中，稀释至标线，摇匀。在 250 mL

锥形瓶中加入 10.00 mL 上述 NaOH 溶液，加蒸馏水 20 ~ 30 mL，加入 2 ~ 3 滴酚酞指示剂，用 0.1 mol·L^{-1} HCl 标准溶液滴定至终点，平衡测定三份，计算 V_{NaOH}/V_{HCl} 的值。

$$\omega_{乙酰水杨酸}(\%) = \frac{\frac{1}{2}(V_{NaOH} - V_{HCl} \times \frac{V_{NaOH}}{V_{HCl空白}}) \times c_{NaOH} \times M_{乙酰水杨酸} \times 10^{-3}}{m_{阿斯匹林}} \times 100\%$$

五、实验数据记录与处理

1. 0.1 mol·L^{-1} HCl 溶液的标定

表 3-14-1　0.1 mol·L^{-1} HCl 溶液的标定

项目	1	2	3
$m_{硼砂}$（g）			
V_{HCl}（mL）			
C_{HCl}（mol·L^{-1}）			
平均 C_{HCl}（mol·L^{-1}）			
相对偏差（%）			
相对平均偏差（%）			

2. NaOH 标准溶液与 HCl 标准溶液体积比的测定及氢氧化钠浓度的换算

表 3-14-2　NaOH 标准溶液与 HCl 标准溶液体积比的测定及氢氧化钠浓度的换算

项目	1	2	3
C_{HCl}（mol·L^{-1}）			
V_{HCl}（mL）			
V_{NaOH}/V_{HCl}			
平均 V_{NaOH}/V_{HCl}			
相对偏差（%）			
相对平均偏差（%）			

续　表

项目	1	2	3
平均 C_{HCl}（ $mol \cdot L^{-1}$ ）			
C_{NaOH}（ $mol \cdot L^{-1}$ ）			

3. 药片中乙酰水杨酸含量的测定（扣除空白值后）

表 3-14-3　药片中乙酰水杨酸含量的测定

项目	1	2	3	4	5
C_{HCl}（ $mol \cdot L^{-1}$ ）					
V_{HCl}（ mL ）					
乙酰水杨酸质量分数（%）					
乙酰水杨酸质量分数的平均值（%）					
相对偏差（%）					
相对平均偏差（%）					
药片质量 (mg/ 片)					
乙酰水杨酸的含量 (mg/ 片)					

六、实验中可能遇到的问题及对策

（1）由于实验内容较多，可以先处理样品，加碱水解阿司匹林，再标定 HCl 溶液或测定体积比。统筹安排时间，让实验更高效。

（2）水解后阿司匹林溶液不必过滤，带着沉淀移入容量瓶中。注意在移取时，取上清液。

（3）水浴加热溶液后，不能迅速使溶液冷却，因而冷却过程中溶液吸收了较多的 CO_2。

实验十五　从海带中提取碘

一、目的要求

（1）了解海带的营养价值及从海带中提取碘的过程。

（2）掌握萃取、抽滤、过滤的操作及有关原理。

（3）复习氧化还原反应的知识。

二、实验原理

海带又名纶布、昆布、江白菜，是多年生大型食用藻类。孢子体大，褐色，扁平带状。海带成本低廉，营养丰富，是一种重要的海生资源。海带是一种营养丰富的食用褐藻，含有 60 多种营养成分。比如，海带中含有丰富的海带多糖、岩藻半乳多糖硫酸酯、大叶藻素、半乳糖醛酸、昆布氨酸、牛磺酸、双歧因子等多种活性成分。因此，海带热量低、蛋白质适中、矿物质含量丰富，是一种理想的天然海洋食品。在海带的功效中，预防和治疗甲状腺肿是不容忽视的，这与海带中含有丰富的碘是分不开的。人体缺碘，会患甲状腺肿；幼儿缺碘，大脑和性器官不能充分发育，身体矮小，智力迟钝，即患所谓的"呆小症"。海带中碘含量非常丰富，食用海带对预防和治疗甲状腺肿有很好的作用。因此，测定海带中的碘含量对于人体健康和预防疾病十分重要。

海带中的碘元素主要以化合态的形式存在，如 KI、NaI 等。为了使碘较完全地转移到水溶液中，首先对海带进行灼烧。把干海带灼烧后生成的灰烬（海带中的碘元素以碘离子的形式存在）加入去离子水并煮沸，使碘离子溶于水中，过滤，除去杂质留取滤液，调节滤液 pH。由于海带灰里含有碳酸钾，酸化使其呈中性或弱酸性对下一步氧化析出碘有利。但是，强酸环境下则易使碘化氢氧化出碘而造成损失，所以最终调节滤液 pH 为中性。蒸干滤液后，得到白色固体粉末，将该固体粉末与重铬酸钾混合均匀，研磨。在烧杯中加热该混合物，使得碘单质升华，用注满冰水的圆底烧瓶盖在烧杯口处，碘就会凝华在烧瓶底部。刮下生成的碘，称量，计算产率。

三、主要仪器与试剂

仪器：电子天平、圆底烧瓶、烧杯、酒精灯、剪子、带盖坩埚、泥三角、坩埚钳、蒸发皿、脱脂棉、研钵、吸滤瓶、导管、橡皮管、小刀等。

试剂：干海带、蒸馏水、自来水、H_2SO_4 溶液、pH 试纸、定量滤纸、重铬酸钾固体试剂等。

四、实验步骤

1. 预处理

取 50 g 食用干海带，用刷子把干海带表面的附着物刷净，不要用水洗。将海带剪碎，为了便于灼烧，先用酒精润湿，然后放入瓷坩埚中，把坩埚置于泥三角上。

2. 灼烧

用酒精灯灼烧盛有海带的坩埚，至海带完全烧成炭黑色灰后，停止加热，自然冷却。

3. 抽滤

将海带灰倒在烧杯中，依次加入 50 mL、30 mL、10 mL 蒸馏水熬煮，每次熬煮后，倾出上层清夜，抽滤。

4. 过滤

将滤液和三次浸取液合并在一起，总体积不宜超过 40 mL，再加入 15 mL 蒸馏水，不断搅拌，煮沸 4 ~ 5 分钟，使可溶物溶解，10 分钟后过滤。

5. 酸化

向滤液里加稀 H_2SO_4 溶液酸化，调节滤液 pH 直至显中性。把酸化后的滤液倒入蒸发皿中，蒸发掉溶剂并尽量炒干，将固体转移至研钵中，加入 2 g 重铬酸钾固体，研细。

6. 升华

将上述混合物放入干燥的烧杯中，将装有冷却水的烧瓶放在烧杯口上，堵住烧杯口。在烧杯的缺口部位用脱脂棉塞紧，加热烧杯使生成的碘遇热升华。碘蒸气在烧瓶底部遇冷凝华。当没有紫色碘蒸气产生时，停止加热。取下烧瓶，将烧瓶凝聚的固体碘刮到小称量瓶中，称重。计算海带中碘的百分含量。

该升华步骤也可以是将混合物倒入蒸发皿中，把普通漏斗颈部用脱脂棉塞好，松紧合适。把该漏斗倒扣在蒸发皿上，再加热蒸发皿。

7. 产品检验

取少量的产品溶于蒸馏水中，加入淀粉试剂，观察是否变蓝。其余的碘单质存放于棕色瓶中，贴标签，存放。

五、实验中可能遇到的问题及对策

（1）灼烧过程中会产生大量白烟，并伴有焦糊味，所以应在通风橱内加热灼烧，或者使用通风设备去除白烟和难闻气味。

（2）灼烧过程中边加热边搅拌，注意使用坩埚钳固定住坩埚，玻璃棒小心搅拌，以免弄翻坩埚。玻璃棒搅拌还有助于海带受热均匀，加速灰化速度。

（3）灼烧完，不要将坩埚直接放在冷的实验台上，防止坩埚骤冷破裂。

（4）抽滤实验操作注意防止倒吸。

实验十六　卡拉胶的提取

一、目的要求

（1）查找卡拉胶的分布、组成以及应用的相关资料。

（2）根据所学知识并查找文献资料，总结卡拉胶的提取的方法。

二、实验原理

卡拉胶的利用起源于数百年前，在爱尔兰南部沿海出产一种海藻，俗称爱尔兰苔藓，现名为皱波角藻，当地居民常把它采来放到牛奶中加糖煮，放冷凝固后食用。卡拉胶又名鹿角菜胶、角叉菜胶，其广泛存在于角叉菜、麒麟菜、杉藻、沙菜等海藻中，是一类从海洋红藻中提取的海藻多糖，是一种亲水性胶体，是由 D-半乳糖和 3.6-脱水 -D-半乳糖残基所组成的多糖类硫酸酯的钙、钾、钠、铵盐。由于其中硫酸酯结合形态的不同，可分为 K 型（Kappa）、I 型（Iota）、L 型（Lambda），广泛用于制造果冻、冰淇淋、糕点、软糖、罐头、肉制品、八宝粥、银耳燕窝、羹类食品、凉拌食品等。卡拉胶纯品为白色或淡黄色粉末，可完全溶解于 60℃ 以上的水，溶液冷却至常温则成黏稠液或透明冻胶，不溶于有机溶剂。卡拉胶无味、无臭。

卡拉胶的化学结构是由硫酸基化的或非硫酸基化的半乳糖和 3,6-脱水半乳糖通过 α-1,3 糖苷键和 β-1,4 键交替连接而成的，在 1,3 连接的 D 半乳糖单位 C4 上带有 1 个硫酸基。分子式为 $(C_{12}H_{18}O_9)_n$，分子量为 20 万以上。卡拉胶不溶于冷水，但可溶胀成胶块状，不溶于有机溶剂，易溶于热水成半透明的胶体溶液；在钾离子存在下能生成热可逆凝胶（胶凝性）；浓度低时形成低黏度的溶胶，接近牛顿流体，浓度升高形成高黏度溶胶，则呈非牛顿流体（增稠性）；与刺槐豆胶、魔芋胶、黄原胶等胶体产生协同作用，能提高凝胶的弹性和保水性（协同性）。另外，卡拉胶的保健作用也不容忽视，其具有可溶性膳食纤维的基本特性，在体内降解后的卡拉胶能与血纤维蛋白形成可溶性的络合物，可被大肠细菌酵解成 CO_2、H_2、沼气及甲酸、乙酸、丙酸等短链脂肪酸，成为益生菌的能量源。

三、主要仪器与试剂

仪器：凝胶强度测定仪、分析天平、恒温水浴、真空干燥箱、200 目尼龙纱布、30 目不锈钢筛网等。

试剂：原料海藻、15% KOH 溶液、氢氧化钠 (NaOH)、5% KCl 溶液、酒精 (C_2H_5OH)。

四、实验步骤

（1）准确称量原料海藻 50g，用蒸馏水洗净，剪成碎块，用 15% KOH 溶液浸泡，把藻体完全浸没为准。

（2）在恒温水浴中，加热至 60℃，搅拌，恒温 4 小时。过滤，滤去碱液，用自来水冲洗藻体至中性。加入 300 mL 蒸馏水，煮沸 50 分钟，用尼龙纱布滤去藻渣，保留滤液。

（3）待滤液冷却到40℃以下，再按胶液体积的1/5加入5%KCl溶液进行盐析，充分搅拌，使胶液与KCl溶液混合均匀，用不锈钢筛网把游离水过滤掉。

（4）在装有凝胶的烧杯中加入200 mL的酒精，搅拌混匀。用尼龙纱布挤压过滤，滤饼在烘箱中干燥即得产品，称重，计算产率。

五、实验中可能遇到的问题及对策

（1）天然的卡拉胶往往不是均一的多糖，而是多种组分的混合物。因此，提取的产品很可能是混合物，天然的卡拉胶有多种类型，不要纠结提纯得到的是否为纯净物。

（2）原料海藻的量不要太少，否则反应后可能得不到产品。

实验十七　吸光光度法测定废水中的总磷

一、目的要求

（1）了解氧化剂消解水样的方法，巩固吸光光度法的使用。

（2）探索用吸光光度法测定水中总磷的方法。

（3）了解磷在自然界中的作用，培养环保意识。

二、实验原理

总磷分析方法由两个步骤组成：第一步，可用氧化剂过硫酸钾、硝酸－高氯酸或硝酸－硫酸等，将水样中不同形态的磷转化为正磷酸盐；第二步，测定正磷酸盐（常用钼锑抗钼蓝光度法、氯化亚锡钼蓝光度法以及离子色谱法等），从而求得总磷含量。

过硫酸钾消解法具有操作简单、结果稳定的特点，适用于绝大多数的地表水和部分工业废水中总磷的检测。对于严重污染的工业废水和贫氧水，则要采用更强的氧化剂（如HNO_3-HClO_4）才能消解完全。本实验采用过硫酸钾氧化－钼锑抗钼蓝光度法测定总磷。在高压釜内120℃加热，微沸条件下，过硫酸钾将试样中不同形态的磷氧化为磷酸根。磷酸根在硫酸介质中同钼酸铵生成磷钼杂多酸，其反应如下：$PO_4^{3-}+12MoO_4^{2-}+24H^++3NH_4^+=(NH_4)_3PO_4 \cdot 12MoO_3+12H_2O$。生成的磷钼杂多酸立即被抗坏血酸还原，生成蓝色的低价钼的氧化物即钼蓝。生成钼蓝的多少与磷含量成正比关系，以此测定水样中的总磷。实验中采用中等强度还原剂抗坏血酸，可避免还原游离的钼酸铵的测定结果的影响。酒石酸锑钾可催化钼蓝反应，在室温下显色可较快完成。本法最低检出浓度为$0.01mg \cdot L^{-1}$，测定上限为$0.6mg \cdot L^{-1}$，砷大于$2mg \cdot L^{-1}$干扰测定，可用硫代硫酸钠去除；硫化物大于$2mg \cdot L^{-1}$干扰测定，通氮气可以去除；铬大于$50mg \cdot L^{-1}$干扰测定，用亚硫酸钠去除。

三、主要仪器与试剂

仪器：分光光度计、玻璃瓶等。

试剂：过硫酸钾溶液 $50 g \cdot L^{-1}$、（3：7）和（1：1）的 H_2SO_4 溶液、$1 mol \cdot L^{-1}$ H_2SO_4 溶液、$1 mol \cdot L^{-1} NaOH$、$10 g \cdot L^{-1}$ 酚酞（溶剂：95% 乙醇溶液）、抗坏血酸、钼酸铵、酒石酸锑钾等。

四、实验步骤

1. 实验前准备

（1）$100 g \cdot L^{-1}$ 抗坏血酸溶液的配制

溶解 10g 抗坏血酸于水中，并稀释至 100 mL，贮存于棕色玻璃瓶中。在冷处可稳定几周，如颜色变黄，应弃去重配。

（2）钼酸盐溶液的配制

溶解 13 g 钼酸铵 $(NH_4)_6MoO_7 \cdot 4H_2O$ 于 100 mL 的蒸馏水中，溶解 0.35 g 酒石酸锑钾 $KSbC_4H_4O_7 \cdot 1/2H_2O$ 于 100 mL 蒸馏水中。在不断搅拌下，将钼酸铵溶液徐徐加到 300 mL（1：1）硫酸溶液中，再加入酒石酸锑钾溶液，混匀，贮存于棕色玻璃瓶中，于冷处保存，至少稳定两个月。

（3）磷标准贮备液的配制

将磷酸二氢钾（KH_2PO_4）在 110℃时干燥 2 h，干燥后放入干燥器中冷却。称取干燥后的磷酸二氢钾（KH_2PO_4）（0.2197 g ± 0.001 g），用水溶解后转移至 1000 mL 容量瓶中，加入大约 800 mL 蒸馏水，再加入 5 mL（1:1）H_2SO_4 溶液，定容并混匀。

（4）磷标准操作液的配制

吸取 10.00 mL 磷标准贮备液于 250 mL 容量瓶中，用蒸馏水定容。1.00 mL 此标准液含 2.0 μg 磷。该溶液应在使用当天配制。

2. 水样预处理

从水样瓶中吸取适量混匀水样于 150 mL 反应釜中，加蒸馏水至 50 mL，加 1 mL（3：7）H_2SO_4 溶液、5 mL $50 g \cdot L^{-1}$ 过硫酸钾溶液，于 120℃加热至微沸，保持微沸 30 ~ 40 分钟，冷却。将溶液转移至锥形瓶，加一滴酚酞指示剂，边摇边滴加氢氧化钠溶液至溶液刚呈微红色，再滴加 $1 mol \cdot L^{-1} H_2SO_4$ 溶液使红色刚好褪去。如溶液不澄清，则用滤纸过滤于 50 mL 比色管中，用水洗涤锥形瓶和滤纸，洗涤液加入比色管中，加水至标线，供分析用。

3. 标准曲线的制作

（1）取 7 支 50mL 比色管，分别加入磷标准操作溶液 0 mL、0.05 mL、1.00 mL、

3.00 mL、5.00 mL、10.00 mL、15.00 mL，加蒸馏水至 50 mL。

（2）显色：向比色管中加入 1 mL 抗坏血酸溶液，混匀。30 秒后加 2 mL 钼酸盐溶液，充分混匀，放置 15 分钟。

（3）测量：使用光程为 3 cm 的比色皿，于 700 nm 波长处，以试剂空白溶液为参比，测量吸光度，绘制标准曲线。

4. 试样测定

将预处理后的水样按标准曲线制作步骤进行显色和测量。从标准曲线上查出含磷量，计算水样中总磷的含量（$P_总$ 以 mg·L^{-1} 表示）。

五、实验中可能遇到的问题及对策

（1）如果水样污染比较严重可能会气味比较大，注意在通风橱或者通风的地方进行实验。

（2）水样预处理时，先将水样在反应釜中加热 120℃处理。在该步骤中不能使用普通玻璃瓶代替反应釜，以免高温受热，发生爆炸。

实验十八　柑橘皮中果胶的提取及应用

一、目的要求

（1）了解柑橘皮中的天然产物的组分和果胶的性质。

（2）熟练应用萃取的原理提取自然界有机物质。

（3）结合食品专业知识，探讨果胶的检验方法和应用，培养实践能力。

二、实验原理

天然果胶类物质以原果胶、果胶、果胶酸的形态广泛存在于植物的果实、根、茎、叶中，是细胞壁的一种组成成分，它们伴随纤维素而存在，构成相邻细胞中间层黏结物，使植物组织细胞紧紧黏结在一起。在可食的植物中，有许多蔬菜、水果含有果胶。柑橘、柠檬、柚子等果皮中约含有 30% 的果胶，是果胶最丰富的来源。原果胶是不溶于水的物质，但可在酸、碱、盐等化学试剂及酶的作用下，加水分解转变成水溶性果胶。

果胶的提取主要采用传统的无机酸提取法（酸萃取法）。该法利用果胶在稀酸溶液中能水解的特性，将果皮中的原果胶质水解成溶性果胶，从而使果胶转到水相中，生成可溶于水的果胶，然后分离出果胶。提取液经过滤或离心后，得到的是粗果胶液，还需要进一步纯化沉淀，本实验采用醇沉淀法。这是利用果胶不溶于醇类有机溶剂的特点，将大量的醇加入果胶的水溶液中，形成醇—水混合溶剂将果胶沉淀出来。

一般将果胶提取液浓缩，再添加 60% 的异丙基或乙醇，使果胶沉淀，然后离心得到果胶沉淀物，用更高浓度的异丙醇或乙醇洗涤沉淀数次再进行干燥、粉碎即可。

三、主要仪器与试剂

仪器：电子天平、烧杯、带塞锥形瓶、恒温水浴锅、纱布、表面皿、胶头滴管、玻璃棒、电炉等。

试剂：pH 试纸、柑橘皮、0.3% 盐酸溶液、1% 氨水、95% 的乙醇、白糖、柠檬酸、柠檬酸钠、蜂蜜等。

四、实验步骤

1. 果胶的提取

（1）原材料的预处理

取用水洗干净的新鲜柑橘皮置于 250 mL 烧杯中加水约 120 mL，加热至 90℃，将橘子皮放到烧杯中保持 10 分钟。取出用水冲洗后晾干，切成尺寸大约 1 cm 的小块放入锥形瓶中。

注：用清水处理柑橘皮的主要目的是除去泥土杂质和施用的农药化肥等；于 90℃直接加热果皮的目的是去除果皮中的果胶酶，防止果胶发生酶解。

2. 酸法萃取

加入稀盐酸溶液至恰好覆盖果皮为止，再次测定溶液的 pH，调节溶液 pH 在 2.0 ~ 2.5。盖上塞子，放入恒温水浴箱中，温度设置为 90℃，并保持 1 小时。隔一段时间测量溶液 pH，并及时补充水分和盐酸，1 小时后趁热用四层纱布过滤。

（3）酒精沉淀

溶液冷却后，测量 pH 并用 1.0% 氨水调节至 pH 为 3 ~ 4，在不断搅拌下按果胶：乙醇 =1∶1.3 加入 95% 的乙醇溶液，静置 15 分钟，让果胶沉淀完全，用四层纱布滤取果胶，酒精废液回收。

（4）干燥

将果胶至于已称重的表面皿上，水浴加热干燥，称重，计算产量。

2. 果胶的应用——制备软糖

称取白糖 7 ~ 8 g，以及柠檬酸和柠檬酸钠各 0.1 g 于小烧杯中，并加入少量蜂蜜，加入 10 mL 水置于电炉上加热煮沸，加入果胶及部分果冻，不断搅拌，煮沸至黏稠状为止，倒入果冻壳中冷却成型。

五、实验中可能遇到的问题及对策

（1）果胶的提取中原料要先进行预处理，除去橘皮表面的杂质和农药等。必须加热处理，使酶失活，防止果胶发生酶解。如果不加热预处理，可能得到果胶产量比较低。

（2）使用盐酸时，一定注意安全。盐酸具有一定的腐蚀性。如果不小心沾到皮肤上，应及时用大量水冲洗，水洗后涂上稀碳酸氢钠溶液或者稀氨水。严重时，及时就医。

（3）酒精沉淀时注意经常用 pH 试纸测试，以便快速调节溶液至 pH 为 3 ~ 4。

（4）制备软糖时一定注意操作环境安全卫生，否则不要直接品尝。

实验十九　橘皮中水溶性色素和脂溶性色素的提取

一、目的要求

（1）进一步了解柑橘皮中的天然产物的组分和色素的性质。

（2）熟练应用萃取的原理提取自然界中的有机物质，深刻理解"相似相溶"原理。

（3）结合学习过的"绿叶色素的提取""从茶叶中提取咖啡因"等提取实验，合理设计实验步骤。

（4）结合所学专业知识，探讨色素的应用。

二、实验原理

柑橘皮中的色素有两种：水溶性色素和脂溶性色素。水溶性色素可用水、乙醇、甘油等极性溶剂提取，脂溶性色素可用乙醇或多种其他有机溶剂（如石油醚）提取。通常采用乙醇作提取剂将两种色素同时从柑橘皮中提出，然后再用其他有机溶剂从中萃取分离出脂溶性色素。

三、主要仪器与试剂

仪器：烧杯、锥形瓶、减压浓缩装置（旋转蒸发仪）、真空干燥箱。

试剂：新鲜柑橘皮、95% 的乙醇、无水乙醇、石油醚、氢氧化钾、无水氯化钙或无水硫酸镁。

四、实验步骤

1. 原材料的预处理

取用水洗干净的新鲜柑橘皮置于 250 mL 烧杯中加水约 120 mL，加热至 90℃，将柑橘皮放到烧杯中保持 10 分钟。取出后用水冲洗、晾干，切成尺寸大约 1 cm 的小块放入锥形瓶中。

2. 色素的提取

方法一：使用回流装置提取

称取柑橘皮 5 g，清洗剪碎后放入装有 90 ℃净水的烧杯中，保持 10 分钟。倒去水，将柑橘皮转移到烧瓶中，加入 20 mL 95% 乙醇，在恒温水浴中回流 1 小时后，抽滤，保留滤液。

方法二：常温浸提

用95%乙醇进行常温浸提，乙醇加到完全淹没柑橘皮为止，浸提时间7～8小时。若加以缓慢搅拌，浸提时间可适当缩短。为防止乙醇挥发损失，浸提应在密封容器内进行。浸提后抽滤，滤液进行下一步处理。

方法三：使用索氏提取器提取

将称量好剪碎的柑橘皮放入滤纸包内，再将滤纸包放入索氏提取器中，在 100 mL 烧瓶内放入 95% 乙醇 30 mL，安装装置，加热回流。回流 1 小时后，抽滤，保留滤液。

3. 浓缩

用减压浓缩将浸提液中85%～90%的乙醇蒸馏回收循环使用。浓缩时温度应控制在 60℃以下，以防色素被高温破坏。浓缩到剩余液只有原液 10%～15% 时，停止浓缩，并让其冷却到常温，转入烧杯中。

4. 萃取脂溶性色素

用等体积石油醚萃取 3 次。静置分层，分离出上层石油醚，合并萃取的石油醚。萃取后，绝大部分脂溶性色素进入石油醚中，下层则是水溶性色素和残留的少量脂溶性色素。

5. 脂溶性色素的制备

将分离出来的石油醚萃取液用等体积含 10% 氢氧化钾的乙醇溶液洗涤 2 次，再用清水洗涤至中性。将洗涤后的萃取液用无水氯化钙或无水硫酸镁干燥。干燥后，减压蒸馏萃取液，回收石油醚，得到深红色膏状物，将膏状物移至真空干燥箱内，在 50℃以下真空干燥，得深红色脂溶性柑橘皮黄色素。

6. 水溶性色素的制备

将上述萃取的下层溶液用 3 倍体积的无水乙醇稀释，静置至不溶性悬浮物完全沉降，然后去除沉降物。将澄清液减压蒸馏，蒸馏温度控制在 60℃以下，蒸出乙醇。蒸馏到几乎无乙醇馏出时，停止蒸馏，将深红色剩余物移至真空干燥箱内，在 60℃以下环境中真空干燥去除残留乙醇和水分，得到的红黑色粉末即水溶性柑橘皮黄色素。

五、实验中可能遇到的问题及对策

（1）铁离子和铝离子对橘皮色素影响较大，因此实验中尽可能避免与铁制或铝制的容器接触。

（2）影响橘皮色素提取率的因素很多，如料液比例、温度、pH、提取时间等。如果一次实验提取效果不理想，可以从上述因素寻找原因，改进后进行第二次实验。

实验二十　葡萄糖酸钙的合成

一、目的要求

（1）了解葡萄糖酸钙的合成原理和方法。

（2）查找氧化反应在药物合成中的应用。

（3）通过对葡萄糖酸钙合成的设计实验，将基础实验与日常生活联系，进一步培养利用已有知识探索未知世界的能力。

二、实验原理

葡萄糖又称为血糖、玉米葡糖、玉蜀黍糖，甚至简称为葡糖，分子式为 $C_6H_{12}O_6$，与果糖互为同分异构体，是自然界分布最广且最为重要的一种单糖，是一种多羟基醛。纯净的葡萄糖为无色晶体，有甜味但甜味不如蔗糖，易溶于水，微溶于乙醇，不溶于乙醚。葡萄糖在生物学领域具有重要地位，是活细胞的能量来源和新陈代谢的中间产物。根据结构组成可知，葡萄糖是多羟基的醛，所以具有羟基和醛基的性质，具有还原性和氧化性。

葡萄糖酸钙纯品为白色结晶型或颗粒型粉末，熔点为 201℃，无臭，无味，易溶于沸水（20 g/100 mL），微溶于冷水（3 g/100 mL，20℃），不溶于乙醇或乙醚等有机溶剂。水溶液显中性（pH 为 6 ~ 7）。葡萄糖酸钙是一种促进骨骼及牙齿钙化、维持神经和肌肉正常兴奋、降低毛细血管渗透性的营养品，可用于血钙降低引起的手足抽搐及麻症的治疗。在食品中，葡萄糖酸钙主要用作钙强化剂、营养剂、缓冲剂、固化剂及螯合剂。

葡糖糖酸钙的生产工艺主要有两种：第一种是以葡萄糖和碳酸钙混匀后加葡萄糖氧化酶和过氧化氢酶氧化直接得到葡萄糖酸钙；第二种是由葡萄糖酸与石灰或碳酸钙中和，经浓缩而制得葡萄糖酸钙。在该实验中，我们采用第二种合成途径。首先将葡萄糖通过氧化制备葡萄糖酸，之后葡萄糖酸与碳酸钙中和制得葡萄糖酸钙。

三、主要仪器与试剂

仪器：水浴锅、试管、离心机、烘干机、漏斗、表面皿等。

试剂：葡萄糖、蒸馏水、1% 溴水、碳酸钙、乙醇、滤纸、硝酸银溶液等。

四、实验步骤

1. 葡萄糖溶液的制备

准确称取葡萄糖 0.64 g（3.23 mmol）加入小试管中，再加入 2 mL 蒸馏水使其溶解。

2. 葡萄糖氧化制备葡萄糖酸溶液

将试管置于水浴中加热至 50℃ ~ 60℃，摇动下逐滴加入 1% 溴水，待溶液褪色后再加第二滴，直到溶液为微黄色为止（0.5 ~ 1.0 mL）。再将试管在约 70℃ 的水浴中保温 10 分钟。

该实验操作过程中，使用溴水氧化，如果没有溴水也可以用 30% 双氧水氧化葡萄糖。具体操作：称取一定量的葡萄糖放入烧杯中，加入 3 倍量的 30% 双氧水，水浴加热，搅拌，一定时间后最终得到无色透明的葡萄糖酸溶液。

3. 葡萄糖酸钙溶液的制备

将 0.33 g（3.3 mol）研细的碳酸钙缓慢加入上述溶液中，水浴加热，不断摇动至无气泡产生。若有固体物可用倾斜法或热过滤法将其除去。

4. 葡萄糖酸钙沉淀的析出

待溶液冷却后，加入等体积的乙醇，摇动，将试管放入离心机中离心，用滴管小心移去上层清液，用 40% 乙醇洗涤沉淀至检查无 Br^- 为止。用 2 mL 40% 乙醇将沉淀制备成悬浮液，用微型漏斗常压过滤，产品用滤纸压干，置于表面皿上，在 80℃ 左右环境中干燥，干燥后称量，计算产率。

五、实验中可能遇到的问题及对策

（1）葡萄糖氧化制备葡萄糖酸溶液中，滴加溴水时操作要规范，戴手套穿实验服操作，防止滴溅到身上。如果迸溅到皮肤上，赶紧水洗后就医。

（2）葡萄糖酸钙沉淀如果常压过滤比较慢，可以使用减压过滤。

实验二十一　由胆矾精制五水硫酸铜

一、目的要求

（1）复习巩固结晶与重结晶提纯物质的原理和方法。

（2）了解物质的提纯方法，应用固体加热溶解、蒸发浓缩、过滤、结晶与重结晶等基本操作。

（3）掌握重结晶等基本操作，以工业硫酸铜（俗名胆矾）为原料精制五水硫酸铜。

二、实验原理

工业硫酸铜，俗名胆矾，其中含有不溶性杂质及 Fe^{3+}、Fe^{2+} 和 Cl^- 等可溶性杂质。不溶性杂质可过滤除去；可溶性杂质由于其含量较少，在结晶和重结晶过程中，留在母液中可以除去。

当把硫酸铜溶液蒸发浓缩时，当浓缩到溶质浓度大于在该温度下溶质的饱和溶解度时，会析出晶体。在形成晶膜后，冷却此溶液，就会有大量的晶体析出，从而达到分离和提纯的目的。析出后的晶体根据五水硫酸铜的溶解度随温度升高而增大的性质，在近沸时，将晶体溶解制成近饱和溶液，然后在室温下冷却析出晶体，夹杂在晶体中的杂质则留在母液中，从而得到较纯的五水硫酸铜晶体，完成重结晶过程。

三、主要仪器与试剂

仪器：电子天平、短颈玻璃漏斗、布氏漏斗、抽滤瓶、玻璃棒、电热套等。

试剂：胆矾、3 mol·L^{-1} H$_2$SO$_4$ 溶液、95% 乙醇、滤纸、25% 硫氰酸钾溶液等。

四、实验步骤

1. 不溶性杂质的去除

称取 20.0 g 胆矾于烧杯中，加入 40 mL 水，加热、搅拌至充分溶解，趁热过滤除去不溶性杂质。

2. CuSO$_4$·5H$_2$O 的结晶提纯

将滤液转入蒸发皿内，加入 2 ~ 3 滴 3 mol·L^{-1} H$_2$SO$_4$ 溶液使溶液酸化。水浴蒸发浓缩至溶液表面形成薄层晶膜，冷却至室温。减压过滤，得到粗制硫酸铜，称重，量取母液体积并回收，另存备用。

3. CuSO$_4$·5H$_2$O 重结晶提纯

将粗硫酸铜晶体转入小烧杯中，按每克粗硫酸铜加入 1 mL 水的比例分批加入去离子水，再滴加 7 ~ 8 滴 3 mol·L^{-1} H$_2$SO$_4$ 溶液，加热近沸。若晶体溶解不完全，再逐滴加入去离子水。至沸腾时，晶体刚好全部溶解。若发现有不溶物，则需再次热过滤。溶液冷却至室温后减压过滤，用 5 mL 乙醇洗涤晶体 1 ~ 2 次。取出晶体，晾干、称量，并计算产率。

五、实验中可能遇到的问题及对策

（1）不溶性杂质的去除时，注意溶解后热过滤，并冲洗热过滤的装置，减少 CuSO$_4$·5H$_2$O 在漏斗上部析出。

（2）CuSO$_4$·5H$_2$O 重结晶提纯是利用了 CuSO$_4$·5H$_2$O 的溶解度随温度升高而增大的性质，使用重结晶的方法使得杂质留在母液中，从而提纯 CuSO$_4$·5H$_2$O。注意重结晶时配制的是近饱和溶液，溶剂过多会导致 CuSO$_4$·5H$_2$O 溶于母液中，降低产率。

实验二十二　　EDTA 测定溶液中铝的含量

一、目的要求

（1）了解二甲酚橙指示剂的使用及滴定终点颜色的变化。

（2）了解铝的作用和危害，培养健康的生活习惯。

（3）了解铝含量的测定方法，以二甲酚橙作指示剂，应用 EDTA 测定溶液中的铝。

二、实验原理

铝是一种常见的金属，具有很多优良的性能，如密度小、延展性好、导电性好等，应用十分广泛。铝表面因有致密的氧化物保护膜，不易受到腐蚀，并且延展性好，因而在食品包装中常见。但是，过多的铝在人体内会慢慢积累起来，引起慢性的中毒，后果非常严重。

Al^{3+} 与 EDTA 反应速度很慢，并对指示剂有封闭作用，故采用加热回滴法，即在含 Al^{3+} 的试液中加入过量的且已知量的 EDTA 标准溶液，用六次甲基四胺做缓冲液，在 pH 为 5 ~ 6 时加热使其充分反应，然后用二甲酚橙作指示剂，用标准锌溶液回滴过量的 EDTA，从而测出铝含量。反应过程如下：

$$Al^{3+} + H_2Y^{2-}（过量）= AlY^- + 2H^+$$
$$H_2Y^{2-}（余）+ Zn^{2+} = ZnY^{2-} + 2H^+$$
$$Zn^{2+} + H_3In^{4-}(黄色) = ZnH_3In^{2-}（紫色）$$

达到滴定终点时，溶液颜色为橙色（黄色与紫色的混合色）。

三、主要仪器与试剂

仪器：电炉、分析天平、滴定管、移液管、锥形瓶、烧杯等。

试剂：EDTA、金属锌、1:1 的盐酸溶液、10% 六次甲基四胺、0.2% 二甲酚橙指示剂等。

四、实验步骤

1. 0.01 mol·L⁻¹ 锌标准溶液的配制

用差减法称取 0.20 g 纯锌于 100 mL 烧杯内，盖上表面皿，加入 1:1 的盐酸 5 mL，溶解后，转移至 250mL 容量瓶中，定容，摇匀，备用。

2. 0.02 mol·L⁻¹ EDTA 溶液的配制与标定

用差减法称取 1.90 g EDTA，用热水溶解后，定量转移至 250mL 容量瓶中，摇匀，备用。

移取 25.00 mL 锌标准溶液于锥形瓶中，加入二甲酚橙指示剂 1 ~ 2 滴，滴加六次甲基四胺溶液至溶液呈现稳定的紫红色，再多加 5mL 六次甲基四胺溶液，用 EDTA 溶液滴定至亮黄色，即达到滴定终点。平行操作三次，计算 EDTA 标准溶液的浓度。

3. 铝的测定

准确吸取 Al^{3+} 试液 5.00 mL 于锥形瓶内，准确加入 EDTA 标准溶液 20.00 mL，加 10% 的六次甲基四胺缓冲溶液 1.00 mL，放置电炉上加热 5 分钟。取出冷却至室温后，再用少量蒸馏水冲洗锥形瓶内壁，加入二甲酚橙指示剂 2 滴。此时溶液应该呈黄色，如果不是黄色，应该用盐酸调节至黄色。以标准锌溶液滴定至溶液颜色由黄色变为橙色。平行操作三次，计算样品中铝的含量。

五、实验中可能遇到的问题及对策

（1）为保障实验结果的准确性，EDTA 溶液的标定和铝的测定实验操作都要平行操作三次以上，取平均值。

（2）EDTA 测定溶液中铝含量不能直接滴定，而是采用返滴定法。这是由于 Al^{3+} 与 EDTA 溶液反应速度很慢，对指示剂也有封闭作用，所以采用返滴定法。

实验二十三　水样中化学耗氧量的测定

一、目的要求

（1）了解环境分析的重要性及水样的采集和保存方法。

（2）了解水样中耗氧量与水体污染的关系，培养环保意识。

（3）了解化学耗氧量的测定方法，应用高锰酸钾法测定水中耗氧量的原理及方法。

二、实验原理

耗氧量也称化学需氧量（锰法），以 COD 表示，又称高锰酸钾指数。它是指以高锰酸钾为氧化剂，在一定条件下氧化水中的还原性物质，将消耗高锰酸钾的量用氧表示（O_2，$mg \cdot L^{-1}$）。水中还原性物质包括无机物和有机物，主要是有机物，因而耗氧量能间接反映水体受有机污染的程度，是评价水体受有机物污染总量的一项综合指标。

在酸性条件下，$KMnO_4$ 具有很强的氧化性。酸性高锰酸钾法的操作方法一般是向被测水样中定量加入 $KMnO_4$ 溶液，加热水样，水溶液中多数的有机污染物都可以氧化，加入定量且过量的 $Na_2C_2O_4$ 还原过量的 $KMnO_4$，最后再用 $KMnO_4$ 标准滴定溶液返滴过量的 $Na_2C_2O_4$ 至微红色，即达到滴定终点，由此计算水样的耗氧量。

在水样中加入 H_2SO_4 及一定量的 $KMnO_4$ 溶液，置沸水浴中加热使其中的还原性物质氧化，剩余的 $KMnO_4$ 用一定量过量的 $Na_2C_2O_4$ 还原，再以 $KMnO_4$ 标准溶液返滴定 $Na_2C_2O_4$ 的过量部分。由于高锰酸钾法操作简单、快速，常用于清洁的天然水、水厂出厂水及养殖水域水质的分析。对于污染严重的工业废水耗氧量的测定，因高锰酸钾法很难氧化成分复杂的污染物，故常用重铬酸钾法。特别是 Cl^- 对高锰酸钾法有干扰，含 Cl^- 较高的工业废水则应采用重铬酸钾法测定。

水中的有机物多数都可以被氧化，但反应过程相当复杂，在煮沸过程中，$KMnO_4$

和还原性物质作用一般用下列反应表示：

$$4MnO_4^- + 5C + 12H^+ = 4Mn^{2+} + 5CO_2 \uparrow + 6H_2O$$

剩余的 KMnO$_4$ 用定量且过量的 Na$_2$C$_2$O$_4$ 还原：

$$2MnO^{4-} + 5C_2O_4^{2-} + 16H^+ = 2Mn^{2+} + 10CO_2 \uparrow + 8H_2O$$

三、主要仪器与试剂

仪器：100 mL 小烧杯、250 mL 容量瓶、加热装置、移液管、250 mL 锥形瓶、水浴锅等。

试剂：0.002 mol·L^{-1} KMnO$_4$ 溶液、0.005 mol·L^{-1} Na$_2$C$_2$O$_4$ 溶液、（1:3）H$_2$SO$_4$ 溶液、（1:5）H$_2$SO$_4$ 溶液等。

四、实验步骤

1. 0.005 mol·L^{-1} Na$_2$C$_2$O$_4$ 标准溶液的配制

将 Na$_2$C$_2$O$_4$ 于 100℃ ~ 105℃ 环境中干燥 2 小时，准确称取 0.1662 g Na$_2$C$_2$O$_4$ 于小烧杯中加水溶解后定量转移至 250 mL 容量瓶中，以蒸馏水稀释至标线。

2. 0.002 mol·L^{-1} KMnO$_4$ 溶液的配制及标定

称取 KMnO$_4$ 固体约 0.16 g 溶于 500 mL 蒸馏水中，盖上表面皿，加热至沸腾并保持在微沸状态 1 小时，冷却后用微孔玻璃漏斗过滤存于棕瓶中。

用移液管准确移取 25.00 mL 标准 Na$_2$C$_2$O$_4$ 溶液于 250 mL 锥形瓶中，加入 1:3 H$_2$SO$_4$ 溶液在水浴上加热到 75℃ ~ 85℃，用 KMnO$_4$ 溶液滴定，滴定按由慢到快到慢的顺序滴加，至溶液呈微红色时停止滴加，记录数据。平行滴定三次。

3. 水样中耗氧量的测定

用移液管准确移取 100.00 mL 水样，置于 250 mL 锥形瓶中，加 10 mL 1:5 H$_2$SO$_4$ 后，加热至微沸，再准确加入 10.00 mL 0.002 mol·L^{-1} KMnO$_4$ 溶液，立即加热至微沸并持续 10 分钟，取下锥形瓶，趁热用移液管移入 10.00 mL Na$_2$C$_2$O$_4$ 标准溶液，摇匀，此时溶液由红色变为无色，再用移液管移入 10.00 mL Na$_2$C$_2$O$_4$ 标准溶液，趁热用 0.002 mol·L^{-1} KMnO$_4$ 标准溶液滴定至溶液呈稳定的淡红色即达到滴定终点。平行滴定三次，记录数据。

4. 空白样耗氧量的测定

用移液管准确移取 100.00 mL 蒸馏水，置于 250 mL 锥形瓶中后，操作如同步骤 3，记录数据。

5. 计算

根据数据，计算 KMnO$_4$ 溶液的平均浓度及水样的耗氧量。

五、实验中可能遇到的问题及对策

（1）煮沸时，控制温度不能太高，防止溶液溅出。

（2）严格控制煮沸时间，即氧化还原反应进行的时间，才能得到较好的重现性。

（3）水样中有机物含量较低，使用的 $KMnO_4$ 溶液浓度也低，所以滴定终点的颜色应该很浅，推测应为淡淡的微红色。

（4）高锰酸钾法适用于测定地表水、引用水和生活污水的耗氧量。

参考文献

[1] 李艳辉. 无机及分析化学实验（第二版）[M]. 南京：南京大学出版社，2014.

[2] 董岩. 化学基础实验 [M]. 北京：化学工业出版社. 2014.

[3] 唐向阳，余莉萍，朱莉娜，等. 基础化学实验教程（第四版）[M]. 北京：科学出版社，2015.

[4] 李厚金，石建新，邹小勇. 基础化学实验（第二版）[M]. 北京：科学出版社，2018.

[5] 邱晓航，李一峻，韩杰，等. 基础化学实验（第二版）[M]. 北京：科学出版社，2019.

[6] 韩晓霞，赵堂. 基础化学实验 [M]. 北京：化学工业出版社，2018.